复旦中文学科建设丛书
德国古典美学卷

和谐与自由

朱立元 编选

商务印书馆
创于1897
The Commercial Press

图书在版编目(CIP)数据

和谐与自由/朱立元编选.—北京:商务印书馆,2017
(复旦中文学科建设丛书·德国古典美学卷)
ISBN 978-7-100-15486-4

Ⅰ.①和… Ⅱ.①朱… Ⅲ.①美学史-德国-古代-文集 Ⅳ.①B83-095.16

中国版本图书馆 CIP 数据核字(2017)第 273958 号

权利保留,侵权必究。

和谐与自由
复旦中文学科建设丛书·德国古典美学卷
朱立元 编选

商 务 印 书 馆 出 版
(北京王府井大街36号 邮政编码100710)
商 务 印 书 馆 发 行
苏州市越洋印刷有限公司印刷
ISBN 978-7-100-15486-4

2017年11月第1版　　开本 710×1000 1/16
2017年11月第1次印刷　　印张 19
定价:52.00 元

前　言

　　复旦大学中文学科的开始，追溯起来，应当至1917年国文科的建立，迄今一百年；而中国语言文学系作为系科，则成立于1925年。1950年代之后，汇聚学界各路精英，复旦中文成为中国语言文学教学和研究的重镇，始终处于海内外中文学科的最前列。1980年代以来，复旦中文陆续形成了中国语言文学研究所(1981年)、古籍整理研究所(1983年)、出土文献与古文字研究中心(2005年)、中华古籍保护研究院(2014年)等新的教学研究建制，学科体制更形多元、完整，教研力量更为充实、提升。

　　百年以来，复旦中文潜心教学，名师辈出，桃李芬芳；追求真知，研究精粹，引领学术。复旦中文的前辈大师们在诸多学科领域及方向上，做出过开创性的贡献，他们在学问博通的基础上，勇于开辟及突进，推展了知识的领域，转移一时之风气，而又以海纳百川的气度，相互之间尊重包容，"横看成岭侧成峰"，造成复旦中文阔大的学术格局和崇高的学术境界。一代代复旦中文的后学们，承续前贤的精神，持续努力，成绩斐然，始终追求站位学术前沿，希望承而能创，以光大学术为究竟目标。

　　值此复旦中文百年之际，我们编纂本丛书，意在疏理并展现复旦中文传统之中具有领先性及特色，而又承传有序的学科领域及学术方向。其中的文字，有些已进入学术史，堪称经典；有些则印记了积极努力的探索，或许还有后续生长的空间。

　　回顾既往，更多是为了将来。我们愿以此为基石，勉力前行。

陈引驰
2017年10月12日

出 版 说 明

本书系为庆祝"复旦大学中文学科百年"所策划的丛书《复旦中文学科建设丛书》之一种。该丛书是一套反映复旦中文百年学术传统、源流，旨在突出复旦中文学科特色、学术贡献的学术论文编选集。由于所收文章时间跨度大，所涉学科门类众多，作者语言表述、行文习惯亦各不相同，因此本馆在编辑过程中，除进行基本的文字和体例校订外，原则上不作改动，以保持文稿原貌。部分文章则经作者本人修订后收入。特此说明。

编辑部
2017 年 11 月

目　录

德国古典美学的思想渊源 …………………………………… 蒋孔阳　001
对于德国古典美学的批判 …………………………………… 蒋孔阳　024
黑格尔美学的内在矛盾和局限 ……………………………… 朱立元　070
悲剧论 ………………………………………………………… 朱立元　095
《判断力批判》一书的真正根源 ……………………………… 曹俊峰　107
席勒的人性美学体系 ………………………………………… 张玉能　134
德国古典美学概论 …………………………………………… 张德兴　173
简论康德的美学思想 ………………………………………… 张德兴　180
德里达论黑格尔的哲学情结 ………………………………… 陆　扬　207
黑格尔：一个现代性的哲学回应 …………………………… 王才勇　220
在知识谱系中构筑学术个性
　　——蒋孔阳与《德国古典美学》 ……………………… 郑元者　234
论康德审美判断的共通感思想 ……………………………… 朱志荣　242
从主体到先验性
　　——海德格尔对康德知识论的本体论转化 …………… 李　钧　264
德国古典美学中的形式概念 ………………………………… 张旭曙　282

编后记 ………………………………………………………………… 295

德国古典美学的思想渊源

蒋孔阳

马克思说:"人们自己创造自己的历史,但是他们并不是随心所欲地创造,并不是在他们自己选定的条件下创造,而是在直接碰到的、既定的、从过去承继下来的条件下创造。一切已死的先辈们的传统,像梦魔一样纠缠着活人的头脑。"[①]恩格斯也说:"每一个时代的哲学作为分工的一个特定的领域,都具有由它的先驱者传给它而它便由此出发的特定的思想资料作为前提。"[②]因此,任何一种思想潮流,除了现实的阶级基础和社会基础决定它的根本方向和基本内容之外,它为什么会采取这样的形式和方法探讨这样的一些问题,而不是采取另外的形式和方法探讨另外的一些问题,则在很大的程度上决定于它所继承的思想资料。德国古典美学也并不例外。它既不是孤峰突起,更不是与现存的传统的美学思想毫不相干。它是西方美学思想发展的一个阶段,它是在现有的美学思想资料的基础上产生和形成起来的。因此,我们在探讨了它的阶级基础和社会基础之后,有必要探讨一下它的思想渊源,探讨一下它与当时已经存在的一些美学流派之间的关系。

---

① 马克思《路易·波拿巴的雾月十八日》,《马克思恩格斯选集》第1卷,第603页。
② 恩格斯《致康·施米特》,《马克思恩格斯选集》第4卷,第485页。

和谐与自由

黑格尔说:"那在时间上最晚出的哲学系统,乃是前此一切系统之总结。"[①]德国古典美学是西方资产阶级美学中内容最为庞大、体系最为完整的一个流派,因此,它更是当时西方前此美学思想发展的一个总结。以前西方美学中的各种思想和流派,差不多都以不同的形式,经过批判和改造,反映到德国古典美学中来。然而,像恩格斯说的:"人的全部认识都是沿着一条错综复杂的曲线发展的"[②],德国古典美学与过去美学之间的关系,也并不是直线的。它们之间存在着千丝万缕的错杂关系:有相同的方面,也有相反的方面;有着似相同而实相异的方面,也有着似相异实相同的方面;同中有异,异中又有同。黑格尔就深有体会地说:"新精神的开端乃是各种文化形式的一个彻底变革的产物,乃是走完各种错综复杂的道路并作出各种艰苦的奋斗努力而后取得的代价。"[③]德国古典美学与过去美学之间的关系,就是经过了艰苦的奋斗努力,总结了前人研究的经验和教训,然后根据本身特定的历史社会条件,适应当时阶级斗争的需要产生和形成起来的。我们的分析,主要包括三个方面:1.德国古典美学与十八世纪启蒙运动的关系;2.德国古典美学与英国经验派美学的关系;3.德国古典美学与德国理性派美学的关系。

一、与十八世纪启蒙运动的关系

一般所说的启蒙运动,主要是指十八世纪在法国以伏尔泰、卢梭和狄德罗为代表,在德国以莱辛和赫尔德为代表的启蒙运动。但广义地说,从文艺复兴一直到德国古典哲学,都可以说是资产阶级的启蒙运动。因为资产阶级诞生以后,它在反对封建阶级的斗争中,一直是高举理性的旗帜,反对中世纪的宗教迷

---

① 转引自黑格尔《精神现象学·译者导言》,商务印书馆出版,第19页。
② 转引自《马克思恩格斯论艺术》(二),人民文学出版社出版,第353页。
③ 黑格尔《精神现象学》,商务印书馆出版,第7页。

信；大力强调科学和文化知识，反对封建主义的愚民政策。马丁·路德在宗教改革运动中，要求撇开教会对于《圣经》的垄断，号召人们根据自己的理性来注释和理解《圣经》，事实上已经是启蒙运动的开端。接着培根高喊"知识就是力量"，笛卡尔提倡哲学上的怀疑方法，要求用理性的权威来代替教会的权威，这些都是对于中世纪教会垄断文化知识，鼓吹盲目信仰的有力抨击，都是要用理性来启蒙人们的思想，要人们从中世纪的愚昧和黑暗中醒悟过来。然而，一直到了十八世纪，由于资产阶级在经济上和政治上已臻成熟，由于资产阶级和教会以及绝对封建君主专制的矛盾日益尖锐，于是资产阶级各个阶层的知识分子，方才自觉地有意识地在文化教育和思想领域中掀起了一个反封建反教会的思想启蒙运动。这就是我们一般所说的十八世纪的启蒙运动。对于这个运动，恩格斯曾经这样加以论述："在法国为行将到来的革命启发过人们头脑的那些伟大人物，本身都是非常革命的。他们不承认任何外界的权威，不管这种权威是什么样的。宗教、自然观、社会、国家制度，一切都受到了最无情的批判；一切都必须在理性的法庭面前为自己的存在作辩护或者放弃存在的权利……以往的一切社会形式和国家形式、一切传统观念，都被当做不合理的东西扔到垃圾堆里去了；到现在为止，世界所遵循的只是一些成见；过去的一切只值得怜悯和鄙视。只是现在阳光才照射出来。从今以后，迷信、偏私、特权和压迫，必将为永恒的真理，为永恒的正义，为基于自然的平等和不可剥夺的人权所排挤。"[①]因此，启蒙运动是一个非常革命的运动，它具有明确的政治目的，要为资产阶级的革命做舆论准备。启蒙运动者不但是文学家，同时也是思想家和社会改革家。他们像列宁说的："在当时并没有表现出任何自私的观念"[②]。他们热诚地期望推倒封建专制的君主王国，建立一个把资产阶级利益理想化了的理性王国。正是从这样的阶级立场和阶级利益出发，他们在美学上提出了一系列反封建反宗

---

① 恩格斯《反杜林论》，《马克思恩格斯选集》第3卷，第56—57页。
② 列宁《我们究竟拒绝什么遗产？》，《列宁选集》第1卷，第128页。

教的论点。这些论点,有的为德国古典美学所接受,加以进一步的发展;有的则为德国古典美学所反对,倒退到另外的方向。总的来说,由于我们前面所分析的德国资产阶级的软弱性和妥协性,所以启蒙运动中的一些唯物主义的、现实主义的进步因素,启蒙运动那种公开表示自己的立场和观点的坦率的倾向性,不仅在德国古典美学中减少了,而且反过来,向着唯心主义的方向发展。同时,由于法国启蒙运动直接具有反封建反教会的政治目的,所以他们的美学主要是联系当时的现实斗争和艺术实际,来探讨文艺与现实的关系。具体的各门艺术理论,成了他们注意的中心。而德国古典美学为了寻求与现实相妥协的道路,主要是在思辨的理论中兜圈子,故意避免直接介入当时斗争和艺术的实际,而只是着力于建立抽象的美学体系。因此,从系统的完整性和思想的周密性来说,德国古典美学超过了法国启蒙运动的美学;但从现实的战斗意义来说,则德国古典美学是法国启蒙运动美学的倒退,远远赶不上法国启蒙运动的美学。不过,法国启蒙运动美学中已经有了一些萌芽的辩证观点和历史主义观点,却在德国古典美学中得到了进一步的发展,从而克服了启蒙运动美学中某些形而上学的性质,把美学向前大大推了一步,这又不能不说是德国古典美学优越于法国启蒙运动美学的地方。

对于这种复杂的关系,我们想从下面几个方面来谈:

第一,关于文学艺术的认识教育作用问题。

法国启蒙运动者强调理性,认为文学艺术的作用就是要从思想上来启发人的理性,对他们进行教育,使他们认识美丑善恶。狄德罗说:"使德行显得更为可爱,恶行更为可憎,怪事更为触目,这就是手拿笔杆、画笔或雕刀的正派人的意图。"[①]在《论戏剧艺术》中,他更认为戏剧使好人更愿意向上,使坏人"不那么倾向于作恶",而且戏剧还可以使"全国人民严肃地考虑问题而坐卧不安。那时

---

① 狄德罗《绘画论》,见《文艺理论译丛》1958年第4期,第57页。

人们的思想动荡起来,踌躇不决,摇摆不定,茫然无措;你的观众将和地震区域的居民一样,看到房屋的墙壁在摇晃,觉得土地在他们的足下陷裂"①。这不是明显地在号召通过文学艺术来达到掀起社会革命的风暴么?因此,法国启蒙运动者强调文学艺术的认识教育作用,是具有明显的政治革命目的的。

受了法国启蒙运动的影响,德国古典美学也很重视理性,重视文学艺术的教育作用。黑格尔说:"只有知识是唯一救星。"②这就和启蒙运动者一样,把知识看得十分重要。认为只有通过知识的传播,从思想上来启蒙人们,社会才可以进步。文学艺术的审美教育作用,就在这个意义上不仅受到了他们的重视,而且成了他们美学中的一个重要课题。席勒就是一个明显的例子。他在《审美教育书简》中,着重说明人要得到政治经济上的自由,必须先有精神上和人格上的自由。而要达到精神上和人格上的自由,必须通过文学艺术的审美教育。这样,他把美学和文学艺术看得比政治经济还重要。就在席勒和其他德国古典美学家的影响下,当时一些浪漫主义者把文学艺术的地位片面抬高,把文学艺术的作用也尽量扩大,似乎文学艺术比任何实际的问题更为重要,以致使文学艺术反而脱离了实际的现实斗争,不能发挥像法国启蒙运动者所要求的那种改革社会政治的作用了。

事实上,德国古典美学就是在这种矛盾的情况下,来接受法国启蒙运动者关于文学艺术的认识教育作用的说法的。一方面,他们承认文学艺术的认识教育作用;另方面却又排斥文学艺术与现实利害的联系。这在康德的美学中,表现得十分突出。一方面,他明确地把与现实的利害无关,作为美的第一个特征;另方面,他又一再说美是道德精神的表现,这又要求文学艺术在现实生活中能够发挥道德教育的作用。黑格尔强调文学艺术的思想认识意义,强调作品的思想内容,把艺术看成是理性认识的一个阶段。但是,他又认为艺术的认识作用

---

① 狄德罗《论戏剧艺术》,见《文艺理论译丛》1958年第1期,第150页。
② 转引自黑格尔《精神现象学·译者导言》,商务印书馆出版,第4页。

纯粹是消极的,不能达到改造现实的任何目的。他说:"艺术的使命在于用感性的艺术形象的形式去显现真实",那就是说,艺术的目的只在于"显现和表现",至于其他"如教训,净化,改善,谋利,名位追求之类,对于艺术作品之为艺术作品,是毫不相干的"。①这样,他所说的艺术的认识作用,和法国启蒙运动者所说的,就有本质的差别了。

因此,德国古典美学在法国启蒙运动者的影响下,虽然也强调文学艺术的认识教育作用,甚至在某些方面强调得更高一些;但由于他们所代表的阶级所处的具体的历史地位不同,他们所强调的具体内容以及所导致的方向,却是不同的。法国启蒙运动者引导文学艺术参与现实的反封建的实际斗争,向着唯物主义和现实主义的方向发展;德国古典美学却脱离这一实际斗争,转向内心人格的探讨,从而向着唯心主义和形式主义的方向发展。近代资产阶级美学"为艺术而艺术"的倾向,便是渊源于德国古典美学。

第二,关于文学艺术与现实生活的关系问题。

希腊史诗和悲剧所写的,多是具有人性的神,或具有神性的英雄;中世纪教会垄断一切,神更支配了文学艺术。当时文学艺术中所描写的人物,都是头戴光环的神圣,或身披翅膀的天使。到了文艺复兴以后,出现了资本主义的生产关系,人们方才像马克思和恩格斯所说的,"终于不得不用冷静的眼光来看他们的生活地位、他们的相互关系"②。这反映到文学艺术中来,就是要求把过去所描写的"官场人物,脚穿高底靴,头上环绕着光轮"③那种情况,彻底加以摧毁,而要求在现实的关系中,去描写"人物的真实面貌"。这方面,启蒙运动者可以说做了大量工作。在此以前,对于美的看法主要的不外两种:一是把美看成观念,一是把美看成形式,如多样、统一等。这两种看法,都没有注意到美与人类社会

---

① 黑格尔《美学》第1卷,人民文学出版社出版,第65页。
② 马克思、恩格斯《共产党宣言》,《马克思恩格斯选集》第1卷,第254页。
③ 引自《马克思恩格斯论艺术》(一),人民文学出版社出版,第13页。

现实生活的关系。但是，狄德罗却提出美在"关系"的讲法。他的讲法还比较粗糙，没有充分加以发挥，具有某些形而上学的性质。但是，他看到了美在于人类社会现实的关系，在于人物所处的"处境"，这就把美和人类社会生活联系了起来，应当说是美学思想的一大进步。正是从这样一种唯物主义的美学观点出发，他对于文艺与生活的关系问题，提出了一系列现实主义的看法。首先，他强调文学艺术的真实性，认为"任何东西都敌不过真实"[①]。他一再呼吁文学艺术要"自然"，要"真实"。其次，他反对奇迹，提倡接近现实生活的"严肃戏剧"。这种"严肃戏剧"，抛开贵族中头上戴光环的伟大人物而写普通的市民，抛开华丽虚饰的宫廷生活而写日常的家庭生活。第三，反对古典主义用一套固定的程式来描写人物性格，而要求把人物性格放在"关系"和"处境"中来写。也就是说，要把人物和现实生活联系起来，放在现实生活的关系中去写，这样，人物的性格就可以具有丰富的社会生活的内容。

和狄德罗相呼应，德国的莱辛提出了类似的主张。他说："公侯们和英雄们的名字能够给一个剧本以华丽和威严，但它们不能感动。周围环境和我们环境里最接近的人的不幸，自然会最深地打动我们的灵魂。如果我们同情国王，那么我们不是把他当作国王，而是把他当作一个人来同情。"[②]这就有力地要求文学艺术从过去那种虚伪的所谓"伟大人物"的宝座上走下来，走到普通的平凡的现实生活中来。这是资产阶级上升时期要求文学艺术走向现实生活的强有力的呼声！

启蒙运动的这种现实主义倾向，到了德国古典美学，在不同的人身上引起了不同的反映。歌德受狄德罗和莱辛的影响最深，基本上接受了他们唯物主义和现实主义的观点，并结合自己的创作经验，进一步加以发展。首先，他认为作家创作，必须从现实出发，并以现实为基础。当诗人"只是述说他主观的那一点

---

① 狄德罗《论戏剧艺术》，引自《文艺理论译丛》1958年第1期，第145页。
② 莱辛《汉堡剧评》，转引自朱光潜《西方美学史》上册，人民文学出版社出版，第301页。

感情时，还配不上诗人的称号；只有当他把握了现实的世界，并能加以表现时，他才算是一个诗人"。①其次，他还针对当时浪漫主义强调主观的倾向，说："所有没落和解体的时代都是主观的；所有进步的时代都是客观的。"②像这样一些看法，应当说是继承了启蒙运动的优秀传统并加以发扬了的。

　　黑格尔是个彻头彻尾的唯心主义者。然而，在唯心主义的形式下，他却从德国与封建贵族相妥协的资产阶级立场出发，吸收了许多启蒙运动者关于文学艺术的现实主义的观点。还在年轻时，他于1795年4月16日写给谢林的信就说："我认为，标志时代特征的话再好莫过于说：人类已以极可尊敬的姿态出现在它自己面前。围绕在人世间的那些压迫者和神灵人物头上的灵光正在消逝，即是一个证明。"他的这些话，和狄德罗、莱辛等人的话，真是相近极了。后来在他的《美学》中，也是贯彻了这种精神的。他反对文学艺术中的奇迹，反对神奇鬼怪，主张文学艺术应当描写"现实生活的旨趣"③；他把人对现实的掌握作为美学的出发点，把人物性格作为艺术描写的中心；他强调"情境"和"冲突"；所有这些，都是对启蒙运动美学优秀传统的进一步发展。

　　然而，德国古典美学从总的倾向来说，却不是启蒙运动唯物主义和现实主义文艺观点的继承和发展，而是相反的，它重新把文艺引向主观主义和唯心主义的道路。启蒙运动者处在资产阶级蓬勃向上的革命前夕，他们不仅要求文艺勇敢地面对现实，而且要求通过文艺来向现实挑战；可是到了德国古典美学时，资产阶级已在谋求和现实相妥协，并开始走下坡路了，因此文艺主要地已不是向现实挑战的斗争武器，而是逃避现实的某种避风港了。康德反对美与现实利害的任何联系，反对美与概念的联系，就是这种逆流的开始。席勒一方面深刻地看到了和剖析了资本主义社会的矛盾，另方面却又力图回避这一矛盾，把文

---

① 歌德《与艾克尔曼的谈话录》，《蓬斯丛书》英译本，第166页。
② 同上，第167页。
③ 黑格尔《美学》第1卷，人民文学出版社出版，第302页。

艺引向唯心主义的空想世界：

> 你不得不逃避人生的煎逼，
> 遁入你心中的静寂的圣所。
> 只有在梦之国里才有自由，
> 只有在诗歌里才有美的花朵。①

这难道不像带箭的鹁鸽，不敢再飞翔在现实的天空，而只好躲在幽静的岩谷中去吮吸自己身上的创伤吗？至于在德国古典美学思想中孵育起来的当时大批的消极浪漫主义者，甚至连席勒所向往的自由和理想也没有了，他们有的只是脱离人生现实的孤独和悲伤。

第三，关于感情和想象的问题。

在中世纪，由于经院哲学的影响，把物质和精神、肉体和灵魂，截然分开。罪恶的渊薮总是来自于物质世界，魔鬼总是用物质世界来引诱人们犯罪。而上帝创造了人的肉体，好像也只是为了使它受难。严格说，除了民间文学外，中世纪没有文学。如果有，那也无非是描写人类在肉体的枷锁下，怎样忍受苦难。当时，谈不上现世的享乐，更谈不上人类作为一个有血有肉的人应有的感情生活。巴塞尔夜莺的故事，就是一个典型的例子。传说1433年5月，宗教会议在巴塞尔召开。主教、博士以至各种修士们，都到巴塞尔附近的森林中去散步，讨论各种神学问题。忽然他们走到一株盛开的菩提树前，一只夜莺在树上唱着悠扬婉转的歌曲。温煦的春天的情调渗透到这些饱受经院教规束缚的心灵，他们干涸了的感情从昏迷的冬眠中苏醒过来，他们相互惊愕地欢欣地欷歔着。然而就是这么一点点感情的迸发，给他们带来了莫大的灾难。原来夜莺是魔鬼变的，听过歌声的人不久都病了，死了。这就是中世纪的美学，他们把文学艺术视为洪水猛兽，称之为"甜蜜的毒药"②。

---

① 席勒《新世纪的开始》，转引自《德国诗选》，上海文艺出版社出版，第133页。
② 波埃修斯(Boethius)在《哲学的安慰》一书中，有此讲法。罗马后期的哲学家，他的书在中世纪甚有影响。

和谐与自由

可是,文艺复兴来了。资产阶级的商业舰队发现了新大陆,资产阶级早期的文艺也发现了封闭已久的人类的感情世界。这时,感情驾着想象的翅膀,开始在文艺的园地飞舞。然而,封建的传统力量是顽固的,十七世纪的古典主义又重新把经院的教规转化为理性的戒律,文学艺术都得按照理性的规定去反映礼仪彬彬、豪华而又虚伪的宫廷贵族的生活。感情和想象,再次受到了窒息。以反封建反宗教为其中心内容的十八世纪启蒙运动,他们在把"理性"从封建教条中解放出来的同时,不能不注意到感情和想象的问题。所有十八世纪的启蒙运动者,差不多都要求文学艺术描写人类的感情。例如狄德罗,他就说:

> 诗人需要的是什么?是未经雕琢的自然,还是加过工的自然;是平静的自然,还是混乱的自然?他喜欢晴明宁静的白昼的美呢,还是狂风阵阵呼啸,远方传来低沉而连续的雷声,电光闪亮了头顶的天空的黑夜的恐怖?……
>
> 诗需要一些壮大的、野蛮的、粗犷的东西。①

启蒙运动者和古典主义者一样,都主张艺术应当摹写自然。但"自然"的含义,却迥然不同。对古典主义者来说,自然就是理性,就是宫廷的贵族文明,就是抽象的人性;而狄德罗与卢梭所说的自然,却是与文明相对的"野蛮",是粗犷的未经雕琢过的纯朴的自然。只有这样的自然,才能产生强烈的感情、丰富的想象:

> 什么时候产生诗人?那是经历了大灾难和大忧患以后,当困乏的人民开始喘息的时候。那时想象力被伤心怵目的景象所激动,就会描绘出那些后世未曾亲身经历的人所不认识的事物……
>
> 天才是各个时代都有的;可是,除非待有非常的事变发生,激动群众,使有天才的人出现,否则赋有天才的人就会僵化。而在那样的时候,情感在胸怀堆积、酝酿,凡是具有喉舌的人都感到说话的需要,吐之而后快。②

---

①② 狄德罗《论戏剧艺术》,《文艺理论译丛》1958年第2期,第137页。

因此,启蒙运动者反对古典主义文雅而萎靡的风尚,呼唤伟大的变革时代的到来。他们强调感情、想象和天才。尤其是卢梭,他关于"自然"和"感情"的言论,产生了巨大的影响,直接成为浪漫主义文艺运动的思想基础。这一运动,到了德国,通过莱辛和赫尔德的传播,更是形成了轰动一时的"狂飙突击"运动。歌德和席勒,早年都是这一运动的中心人物。德国古典美学,在理论上受到启蒙运动的影响,在创作上受到浪漫主义运动的影响,因此也十分重视感情、想象和天才的问题。他们对于这些问题在美学上的论述,又转过来推动了浪漫主义的运动。这样,在对于感情、想象和天才的重视上,启蒙运动、浪漫主义和德国古典美学,可以说是一线相通的。它们都代表新生的资产阶级要求自由和解放的精神,向着腐朽的封建传统势力冲击!

但是,德国古典美学的特色之一,是只能够从理论上来探讨天才、想象和感情的规律,以及它们和文学艺术的关系。这样,他们又唯心主义地把这些问题当成个人心灵和人格独立自主性的表征,并着重从哲学上来探讨它们与最高的宇宙观念的结合问题。于是,对于启蒙运动来说,是呼唤暴风雨一般的社会变革的感情和想象问题,到了德国古典美学,又变成纯粹思辨性的哲学问题了。

第四,关于历史主义和对于古代艺术的向往问题。

启蒙运动不仅是一个思想运动,而且也是一个革命运动。它为了解决当前迫切的现实问题,常常不能不对它们的历史来源作一些探讨和研究,并试图从历史的对比中去寻求反抗现实的理论根据和思想武器。马克思就说,资产阶级的斗士们,"在这些革命中,使死人复生是为了赞美新的斗争"[1]。启蒙运动者当时所表现出来的对于古代的崇拜,正好说明了他们对于现实的不满,他们要用理想化的古代来取代不合理的现实制度。卢梭研究人类不平等的起源,认为私有财产和国家是不平等的两个主要原因。因此,为了消灭不平等,使每个人都

---

[1] 马克思《路易·波拿巴的雾月十八日》,《马克思恩格斯选集》第1卷,第605页。

能自由地做人,他号召回到古代自然状态的社会中去。他这种讲法,当然不符合历史发展的规律,是错误的,但在当时却起了对于当时"文明社会"巨大的冲击作用。正是在这样的号召下,研究古代并用理想化的古代来否定现代,成了一时的风气。狄德罗、莱辛等,都把古代的艺术拿来和现代的艺术相比,并认为古代的艺术是艺术的典范。这一讲法,直接影响到德国古典美学对于古代艺术的向往。歌德对比"古典的"和"浪漫的"两种艺术,而向往古典的艺术;席勒对比"素朴的"和"感伤的"两种艺术,而向往古代的素朴的艺术;黑格尔把理想的艺术时代放在古代的希腊,并认为这是不可企及的典范;这些,都是在狄德罗、莱辛等人的基础上,进一步对比古代艺术和现代艺术,并进一步把古代艺术加以理想化。他们的崇尚古代,事实上都是强调希腊的自由民主,用来和当时德国封建专制的奴役状态,作一革命性的对比。

然而,启蒙运动者在对比古代艺术和现代艺术的时候,常常是把它们机械地形而上学地对立起来,而看不到它们之间的辩证的历史发展关系。这一点,在赫尔德的研究中,得到了初步的克服。他认为艺术中存在着各种不同的风格,它们取决于"时间、习惯与民族"。艺术风格是"一种盲蠊(npoteŭ),它在世界各地随着所呼吸的空气而变化其形态"①。这就否定了艺术是亘古不变的说法,从而为以后黑格尔在他那具有"宏伟的历史观"的美学著作中,对艺术的发展作出历史的探讨时开辟了先路。

从启蒙运动到德国古典美学,正是大变革的历史时期。因此,在这样的时期,产生和形成美学中的历史主义观点,也是很自然的。但由于德国古典美学的唯心主义性质,所以他们是从历史唯心主义的观点,来研究艺术的历史发展。他们把艺术看成是理念或精神的表现,因而艺术的发展不是随着客观社会的发展而发展,而是随着理念或精神的发展而发展,这就未免本末颠倒、头足倒

---

① 转引自《赫尔德的文艺观点》一文,见《现代文艺理论译丛》第6辑,人民文学出版社出版,第93页。盲蠊是一种变形杆菌。

置了。

总结以上四点,可见德国古典美学与十八世纪启蒙运动的关系,是十分密切而又十分复杂的。我们既要看到它们之间相互影响的渊源关系,也要看到由于资产阶级在不同的社会历史条件下所具有的不同特点,来分析它们之间具体的分歧和差异。

二、与英国经验派美学的关系

十八世纪法国的启蒙运动,对于德国古典美学的影响是多方面的。它不仅从美学思想上,而且也从社会政治思想上,从文艺思想上等等方面,影响了德国古典美学。至于从美学理论的本身来说,则德国古典美学所受到的影响,应当说主要地是来自于英国的经验派美学和德国的理性派美学。

英国经验派美学和德国理性派美学,都是在十八世纪所产生和形成的资产阶级美学。马克思说:"资产阶级著作家在资产阶级同封建主义进行斗争的时期提出的原则和理论无非是实际运动在理论上的表现,同时可以精确地看出,这种理论上的表现依其所处实际运动的阶段的不同……也往往不同。"[①]正是由于英国和德国资产阶级,在当时"所处实际运动的阶段的不同",所以它们在哲学思想和美学思想上,就发生了很大的差异:一个重经验,一个重理性。德国古典美学则根据自己所处的资产阶级实际运动的阶段,分别批判地继承了这两个美学流派中适合于自己需要的东西,然后加以调和、综合,形成了自己的美学体系。德国古典美学,可以说就是在批判和继承英国经验派美学和德国理性派美学的基础上发展起来的。因此,为了更好地理解德国古典美学,我们有必要对英国经验派美学和德国理性派美学,作一简单的介绍。

---

① 马克思《道德化的批判和批判化的道德》,《马克思恩格斯选集》第1卷,第191页。

首先,我们谈英国经验派的美学。

在1688年所谓的"光荣革命"之后,英国资产阶级和资产阶级化了的新贵族,联合建立了政权。从此,英国资本主义的发展欣欣向荣,超过了大陆上所有国家。她不仅在海上攫夺了霸权,建立了"日不落"的大英帝国,而且经过十八世纪的产业革命和工业革命之后,她的生产力蒸蒸日上,成为当时最先进的资本主义国家。这一情形,反映到意识形态上来,一方面是自然科学、政治经济学、哲学以及文学艺术等的高度繁荣;另方面,则是她不同于法国启蒙运动者,她不是激烈地为资产阶级夺取政权的革命准备舆论,而是要巩固已经夺取到的政权,这样,资产阶级十足的功利主义和重事实而轻理想的作风,就占据了支配的地位。牛顿的机械力学,就是一个例子。他把世界看成是一个由物体间相互吸引并相互起作用的机械整体,力图从直接得到的经验材料中归纳出宇宙运行的规律,而反对任何没有事实根据的假设。"我不捏造假设",他这句话,成了当时流行的口号。以亚当·斯密为代表的古典政治经济学,也是十分重视经验材料的归纳,而反对没有事实根据的臆说。斯威夫特、理查逊、菲尔丁、哥尔斯密等作家和诗人,雷诺兹、荷迦兹等画家,他们的风格各不相同,反映生活的内容也各不相同,然而,力图真实地揭示人们的思想感情,真实地描写人们的生活情况,使文学艺术愈来愈接近于实际的现实生活,则是他们共同努力的目标。就在这样的阶级基础和社会基础之上,产生和形成了十八世纪英国经验主义的哲学和美学。

恩格斯说:"英国唯物主义的真正始祖是培根……在他看来,感觉是可靠的,是全部知识的泉源。全部科学都是以经验为基础的,是在于用理性的研究方法去整理感官所提供的材料。归纳、分析、比较、观察和实验,是这种理性方法的主要形式。"[1]培根这种重视感觉经验和归纳分析的研究方法,经过霍布斯、

---

[1] 恩格斯《社会主义从空想到科学的发展》,《马克思恩格斯选集》第3卷,第382页。

洛克等人的发展，直接成了十八世纪英国经验派哲学和美学的理论基础。但是，英国资产阶级一方面像鲁滨逊①一样，是开拓世界、创家立业的事业家和野心家，另方面又是掌握政权的统治阶级。这样，他们一方面面对现实，尊重事实，提倡唯物主义和现实主义；另方面，却又害怕人民，始终忘不掉要向人民进行精神上的麻醉，因此，他们又自觉或不自觉地宣传唯心主义和反现实主义。正因为这样，所以就在英国经验主义的美学当中也展开了唯物主义与唯心主义两条路线的斗争。霍布斯、柏克等，是唯物主义美学的代表；夏夫兹博里、休谟等，则是唯心主义美学的代表。

但不管唯物主义或唯心主义，他们都注重感觉经验的心理分析，都是经验主义，都对德国古典美学产生过一定的影响。他们都从经验的事实出发，用归纳、比较、观察等方法，来研究美感经验的形成。他们都把美感的来源，归之于感觉上的快感和痛感。例如休谟就说："快感与痛感不只是美与丑的必有的随从，而且也是美与丑的真正的本质。"②正因为美感是建立在感觉上的快感与痛感之上的，所以他说："伦理学和美学与其说是理智的对象，不如说是趣味和情感的对象。道德的和自然的美，只会为人所感觉，不会为人所理解的。"③那么，这种以感觉为基础的美感，究竟是怎样形成的呢？他用心理分析的方法，说："按照人类内心结构的原来条件，某些形式或品质应该能引起快感，其他一些引起反感。"④那就是说，形成美感的是两方面的条件，一是心理的条件，即人的内心结构；一是外在的条件，即"某些形式或品质"。内心的结构是主观的，外在的形式或品质好像是客观的了，但是，休谟接着说："美丑，比起甘苦来，可以更肯定地说不是事物的内在属性，而完全属于内部或外部的感受范围。"这样，外在

---

① 鲁滨逊：笛福（1660—1731）所写的小说《鲁滨逊漂流记》中的主人公。他在一个无人的孤岛上创立了家业。
② 休谟《论人性》，转引自朱光潜《西方美学史》上卷，第210页。
③ 休谟《论人性》，引自《十六—十八世纪西欧各国哲学》，第670页。
④ 休谟《论趣味的标准》，引自《古典文艺理论译丛》第五册，1963年，第6页。

的形式或品质,仍然属于主观感受的范围。因此,对于休谟来说,美就不是客观的,而是主观的了。他不止一次地说:"美就不是客观存在于任何事物中的内在属性,它只存在于鉴赏者的心里;不同的心会看到不同的美;每个人只应当承认自己的感受,不应当纠正他人的感受。想发现真正的美和丑,就和妄图发现真正的甜和苦一样,纯粹是徒劳无功的探讨。"①休谟的这一观点,虽然并没有贯彻到底,时时出现矛盾的地方;但很明显的,他从感觉经验出发,不仅宣扬了唯心主义的美学观点,而且也把他的不可知论带到美学研究的领域中来了。

在把感觉经验当成美学研究的出发点,在把美感当成是感觉上的快感或痛感这一点上,柏克与休谟是一致的。但是,他们的根本差别在于:休谟是把美感经验建立在主观的感受上,认为美不在外物而在人的内心里面;柏克则相反,他把美感经验建立在客观事物物质性的基础上,认为不论是美或崇高,都是客观事物本身的属性。他说:"我认为美指的是物体中能够引起爱或类似的感情的一种或几种品质。"②又说:"美大半是借助于感官的干预而机械地对人的心灵发生作用的物体的某种品质。"③这都是把客观事物的品质,当成美的来源。谈到崇高时,他也说:"凡是能以某种方式适宜于引起苦痛或危险观念的事物,即凡是能以某种方式令人恐怖的,涉及可恐怖的对象的,或是类似恐怖那样发挥作用的事物,就是崇高的一个来源。"④因此,无论是美或崇高,在柏克看来,都是客观事物本身所具有的某种品质。他的美学是唯物主义的,关键就在于此。

但不管休谟唯心主义的观点也好,柏克唯物主义的观点也好,都曾对德国古典美学,特别是康德的美学,产生过巨大的影响。首先,康德在哲学上,就曾接受过英国经验派关于经验是知识的来源的讲法。他在《纯粹理性批判》一书

---

① 休谟《论趣味的标准》,引自《古典文艺理论译丛》,第4页。
② 柏克《关于崇高与美的观念的根源的哲学探讨》,引自《古典文艺理论译丛》,第38页。
③ 同上,第55页。
④ 转引自朱光潜《西方美学史》上卷,第220页。

中,开头就说:"吾人所有一切知识始于经验,此不容疑者也。"[①]然而,他不满足于经验,他认为经验是不可靠的。真正的知识,应当是可靠的,应当放之四海而皆准,行之百世而不惑。为了使知识具有这样的可靠性,他就离开了经验,而去探求先于经验的,也就是先天的知识形式。这样,他就从经验出发,而又超越了、背离了经验。促使他这样做的,正是休谟。休谟不仅是个唯心主义者,而且是个怀疑主义者。他认为感觉经验是认识的源泉,但人所认识的只能是心理上的感受,至于心理感受之外的东西,是不是真的有,以及究竟是什么样的东西,则是不可知的,不能认识的。据说休谟的这一怀疑的论点,曾把康德从独断的迷梦中惊醒过来。康德早年是唯物主义者,受了法国启蒙运动的影响,深信理性的威力。可是受了休谟的影响之后,他也开始怀疑理性的能力了。他把理性拿来重新审查,加以批判,从而写成了著名的《纯粹理性批判》。这一怀疑论的观点,反映到美学上,是认为美只是个人主观的感受,不能强求与旁人一致,因而审美趣味很难有普遍的标准。康德早年是相信这一说法的。但休谟又认为审美趣味虽然是个人的事,但事实上却应当有一个普遍的标准。他对这一个普遍的标准,作了详细的探讨。影响到康德,康德也力求去把本来是个别的美感经验,纳入他先天的,也就是具有普遍性和必然性的范围之内。休谟从共同的人性、从人心的结构一致,去探求审美趣味的共同标准,康德也把审美的普遍性和必然性,归之于人与人间的"共通感"。凡此种种,都说明了休谟的美学观点,对于康德是有影响的。

但是,比较起来,柏克对于康德美学思想的影响,却超过了休谟以及任何其他英国经验派的美学家。康德研究美学,可以说在很大的程度上是从柏克出发的。他早年写的《关于美和崇高的感情的考察》一文(1764年),就基本上是用柏克的观点来考察美与崇高的问题。首先,他接受了柏克关于美与崇高的区分;其次,他同意柏克关于审美活动是经验范围以内的事,是关于快与不快的感情

[①] 康德《纯粹理性批判》,生活·读书·新知三联书店出版,第27页。

的事。甚至到了他写《纯粹理性批判》时,先验的哲学体系已经形成了,但他对于美学的看法,仍然没有超出柏克的藩篱,认为审美判断属于经验范围以内的事,不能用先验的方法来研究。他在第一版的序言中,就批评理性派的鲍姆嘉敦,说他企图把关于美的判断建立在理性的原则上,这是徒劳的。因为美的问题,纯然是经验性的问题,不能用先天的原则来加以解释。可是,到了第二版,他却作了重大的修改。他写信给雷因霍尔德说:"我现在正在从事鉴赏的批判,比我以前所认识到的,我又发见了另外的一种先天的原则。"[①]那就是说,从这个时候起,他和柏克发生了根本性的分歧。他认为审美判断不能够用柏克那种经验的方法来研究,而应该用他自己的先验的方法来研究。经验的方法只能够罗列一些生理上和心理上的事实,而先验的方法却可以给审美的快感找出具有普遍性和必然性的先天原则来。美感不同于快感,就因为它具有普遍性和必然性。就这样,康德从与封建贵族相妥协了的德国资产阶级立场出发,把柏克的唯物主义美学加以唯心主义的改造,使之成为唯心主义的东西。

但是,改造不等于抛弃,这当中有取有舍。柏克美学中唯物主义的东西,康德抛弃了;但适合于他的唯心主义的要求的东西,则是继承下来,并加以发展。例如柏克关于美与效用无关、美与概念无关等观点,在康德美学中都得到了很大的发展。当时的英国资产阶级,一方面是一个上升的阶级,有其进步的一面;一方面又是一个既得利益的阶级,有其害怕人民的一面。柏克一方面拥护美国独立战争,另方面又激烈地反对法国革命,正是英国资产阶级两面性的反映。这一两面性,在美学上也得到了反映。因此,即使在柏克早年还基本上倾向于唯物主义的美学研究时期,他也不可避免地具有一些唯心主义的观点。正是这些观点,在康德的美学中得到了进一步的发展。

[①] 转引自凯尔德《康德的批判哲学》,英文本第2卷,第407页。

三、与德国理性派美学的关系

德国是德国古典美学的故乡,因此,德国本国的美学传统,对于德国古典美学的形成,就不能不具有特别重要的意义。十八世纪,在德国占据支配地位的美学流派,是以莱布尼兹、沃尔夫和鲍姆嘉敦为代表的理性派美学。康德读书时,所学习的就是莱布尼兹和沃尔夫的哲学。他在哥尼斯堡大学教书时,也曾多次采用鲍姆嘉敦和另一个理性派人物梅耶的著作作为课本。他的美学在很多方面都渊源于鲍姆嘉敦。克罗齐在《美学》第二部分谈美学的历史时,就认为康德的美学理论,基本上来自于鲍姆嘉敦。克罗齐的话不一定可靠,但从这里,至少可以看出德国理性派美学对于德国古典美学某些方面重要的历史渊源了。

当时英、法、德的资产阶级,都处于上升的历史阶段。但由于各自所处的具体的历史社会条件不同,因而表现也不同。英国已经夺取了政权,因此,它一方面保持了十七世纪以来优秀的唯物主义传统,另方面为了巩固自己的统治地位,又在开始倾向于保守,倾向于唯心主义。这样,彻底的唯物主义的传统,反而转到了当时已经强大但还没有取得政权的法国资产阶级,形成了声势浩大的法国启蒙运动。至于德国,资产阶级虽然已经登上了历史舞台,但由于我们前面所分析的先天不足、后天失调等等原因,它还没有能力提出夺取政权的革命口号,它只能谋求在封建势力的卵翼下创造某些适合于资本主义发展的条件。正因为这样,所以它不能像法国资产阶级那样大喊大叫地开辟自己前进的道路,发动现实的政治革命,它只能从理论思维上在传统的经院神学的唯心主义形式下,来曲折地表达自己某些革命的愿望。马克思说:"即使从历史的观点来看,理论的解放对德国也有特别实际的意义。德国的革命的过去就是理论性的,这就是宗教改革。"① 德国理

---

① 马克思《〈黑格尔法哲学批判〉导言》,《马克思恩格斯选集》第1卷,第9页。

性派的哲学和美学,则是宗教改革以后,德国资产阶级的革命在理论上的又一次表现。

  理性派的代表人物莱布尼兹,毕生供职于王室,与封建势力具有密切的联系。但他又是当时著名的哲学家和科学家,对当时学术的发展,特别是自然科学和技术的发展,起过很大的推动作用。就在这样的矛盾的情况下,他在笛卡尔和斯宾诺莎理性主义的基础上,建立了客观唯心主义的理性派的哲学体系。他的这一体系,是针对英国经验派唯物主义的路线而发的。英国经验派唯物主义路线的代表人物洛克于1690年发表了《人类理智论》,主张人的心灵本来是一块"白板",是感觉经验在上面打下了烙印,然后才形成了知识。因此,认识来源于经验。莱布尼兹不同意这个说法,他于1710年写了《人类理智新论》,来批驳这种观点。他说人的经验是靠不住的。例如"昼变成夜,夜变成昼",这好像万古如斯,到处皆然。但事实上,这不过是人的感觉经验而已,是靠不住的。你一到北极圈内的新地岛,那里整个夏天是白昼继白昼,整个冬天是黑夜继黑夜,昼与夜相互递换的经验,马上就行不通了。不仅这样,太阳与地球的关系将来是可能改变的,因此昼与夜的经验也是可能改变的。这样,感觉经验就不可能给我们带来永恒的真理。那些具有普遍性和必然性的永恒真理,不是来自于感觉经验,而是来自于我们内心中的"天赋观念"。许多不须举例就很清楚明白的自明真理,如1+1=2这样的数学公理,就是这样的"天赋观念"。人在本性上都具有"天赋观念",但要发见这些"天赋观念",使它们从"潜在"的东西变成"现实"的东西,则需要一个"加工"和"琢磨"的过程。例如大理石,它本身即具有某些能够雕出艺术形象来的纹路,"以某种方式天赋在这块石头里"。雕刻家通过"加工","使这些纹路显出来,加以琢磨,使它清晰,把那些阻碍这个像显现的纹路去掉"①。我们认识外物,也正是如此。心灵中本来有某些"天赋观念",经过感觉经验的"机缘",加

---

  ① 莱布尼兹《人类理智新论》,《十六—十八世纪西欧各国哲学》,商务印书馆出版,第505页。

以触发,于是本来是"潜在"的东西,就变成是"现实"的可以认识的东西了。

莱布尼兹"天赋观念"的理论,要求真理必须具有普遍性和必然性,对于德国古典美学的影响很大。首先,康德的美学,一方面接受英国经验派的影响,认为美感是关于快与不快的感情,是属于感性经验方面的事;另方面又受德国理性派的影响,要求美感必须具有普遍性和必然性。莱布尼兹从"天赋观念"来给认识制定普遍性和必然性的原则,而康德则不仅用先天的观念,来研究人的认识,而且也用先天的原则来研究美学的问题。其次,如何使"潜在"的"天赋观念"变成"现实"的真理,使"潜在"在大理石中的纹路变成雕刻家所雕塑出来的艺术形象,莱布尼兹的这一思想,在德国文学艺术和美学中也发生了很大的影响:黑格尔"美是理念的感性显现"的说法,不正是在莱布尼兹这一思想"火花"的触发下,所迸发出来的熊熊大火吗?当然,黑格尔已经远远地超过了莱布尼兹,我们再不能用莱布尼兹的讲法来解释黑格尔了。

另外,莱布尼兹还宣扬了一套"预定的和谐"的目的论观点。人的观念既然是"天赋"的、内在的,那么,它又怎么能够反映客观世界,使我们的认识符合客观世界呢?莱布尼兹请出了上帝,说是上帝的安排。上帝在创造心灵时,就使它的"知觉"符合外在世界的变化过程,它们之间具有一种"预定的和谐"。因为是上帝安排的,所以在各种可能的世界中,这个世界是最完美的。这一讲法,无疑是在为当时反动的现有秩序进行辩护,受到了伏尔泰的辛辣嘲笑[①]。然而,它在美学上却启发了康德"天意安排"的说法。那就是说,在审美判断中,仿佛上天有意安排一样,外界事物的形式恰好符合了人的主观目的,于是在感情上产生了审美的快感。

但是,真正从美学上为德国古典美学开辟先路的,却是鲍姆嘉敦。他在

[①] 伏尔泰写有小说《老实人》。其中主角"老实人",服膺哲学老师邦葛罗斯的话:"事无大小,皆系定数。万物既皆有归宿,此归宿自必为最美满的归宿。"因此,宣扬世界是十全十美的乐观主义。但事实却证明了这个世界不但不是十全十美的,而且是无恶不有,坏得惊人。邦葛罗斯的哲学,就是指莱布尼兹的哲学。

1750年出版了《美学》一书,不仅第一次确立了"美学"这门学科的名称,而且也第一次确定了美学研究的对象和范围。我们说,美学作为一门学科,是从鲍姆嘉敦开始的,一点也不过分。他对德国古典美学的影响,至少有下列几点:

(1) 确定了美学研究的对象和范围。从希腊开始,就已经有了对于美学问题的研究,但对象和范围却是不明确的。有的分析美的本质,有的探讨人的鉴赏力和鉴赏标准,有的则侧重于艺术原理的研究。鲍姆嘉敦根据莱布尼兹人的认识是从"混乱的认识"到"明确的认识"的过程,也就是从"感性认识"到"理性认识"的过程,从而把美学研究的对象和范围,明确地规定为"感性认识"。他认为人的心理活动,主要分成知、情、意三个部分。关于知,也就是理性认识,已有逻辑学来研究;关于意,也就是道德活动,已有伦理学来研究;那么,关于情,也就是莱布尼兹所说的"混乱的认识"即感性认识的部分,也应该有一门独立的学科来研究,他认为这就是"美学"。"美学"一词,在他看来就是"感性学"的意思。就这样,他从认识论的角度出发,明确地把美学规定为是研究感性认识的科学,使之与研究理性认识的逻辑学对立起来。他的这一讲法,直接为康德以后的西方资产阶级美学所接受,他们也都是从认识论出发,把美学联系于感性认识来研究的。

(2) 照莱布尼兹看来,感性认识所面对的是直观的现象世界,因此比起逻辑思维的理性认识来,它是低级的、朦胧的,不那么清楚明白。正因为这样,所以他称之为"混乱的认识"。鲍姆嘉敦继承了这个讲法。但是,他又接受了沃尔夫"美在于完满"的讲法。那就是说,感性认识虽然是"混乱的",但却是"完满的"。所谓"完满的",就是完满无缺,自成一个多样统一的和谐而又有秩序的世界。当感性认识达到"完满性"的程度时,它反映了客观世界的和谐和秩序,使人一目了然,因而也就是美的。美就是感性认识的"完满"。因为"完满"着重客观世界的多样统一,着重秩序与和谐,所以它是属于形式方面的。同时,感性认识又是以具体的事物形象作为对象的。具体的事物总是有个性的,和人的感情相联系的。因此,美也是有个性的,饱和着感情色彩的。这一点,使鲍姆嘉敦背离了当时的古典主义,而倾向于浪漫主义。康德的美学,也是着重形式,强调感情,不能不说是受了鲍姆嘉敦的影响。另外,鲍姆嘉敦认为美学是以混乱的感性认识为对象,等到有了明确的理性认识产生之后,就可以取美而代之。黑格尔认为哲学将要取代艺术,其论点与此基本一致。

(3) 感性认识的"完满性",在形式方面的讲法为康德所继承,但在内容方面的含义却为康德所否定。康德在《判断力批判》第十五节中,主要就是从内容方面来批判鲍姆嘉敦关于"完满性"的讲法,他的标题就是"鉴赏判断完全不系于完满性的概念"[①]。他所说的那位"有名的哲学家",就是指鲍姆嘉敦。他的批判有两个方面:从客观方面来说,完满性是指一事物符合于它本身的概念。例如一匹骏马,必须符合"骏"的概念,才是骏马。但美和概念无关,一涉及概念,美就不成其为美了。因此,用完满性来解释美,是不对的。再从主观方面来看,完满性是指一事物符合我们主观的目的,适应了我们某种实用的要求。例如林中一块草地,我们想到它可以用来作为舞蹈场。康德说:美只是在形式上符合我们的主观目的,至于一牵涉到内容和效用,马上就不美了。因此,用富有实际内容的完满性来解释美,也是不对的。

就这样,康德不但继承了德国理性派美学中的某些东西,而且也批判了德国理性派美学中的某些东西。在批判和继承的当中,他常常用经验派来批判理性派,同时又用理性派来批判经验派。他想调和理性派和经验派,然后形成他自己先验派的唯心主义的美学观点。总的来说,他的目的是达到了的,虽然当中还存在着许多矛盾和不能自圆其说的地方。调和的结果,他不是走向唯物主义,而是走向了更深入更细致的唯心主义。他第一次给资产阶级的美学建立了一套完整的唯心主义体系。

本文原为蒋孔阳《德国古典美学》之一节,商务印书馆2014年版

[①] 康德《判断力批判》上卷,商务印书馆出版,第64页。

对于德国古典美学的批判

蒋孔阳

对于德国古典美学及其主要的代表人物康德、费希特、谢林、歌德、席勒和黑格尔,上面作了一些分析和介绍,也作了一些批判。当然,这个分析和介绍是很不全面的,批判也是很不深刻和很不有力的。然而,就从这些分析和批判中,我们已经可以看出来,德国古典美学的根本性质是唯心主义的,它是当时德国的资产阶级与封建贵族相妥协的产物,因此,虽然在不少方面它也反映了当时资产阶级的一些进步要求,但在更多的方面它却起了为当时反动的统治阶级服务的作用。不过,虽然这样,由于当时科学文化水平的高度发展,文学艺术的繁荣,以及德国古典哲学的成就,德国古典美学收获和总结了所有这一切,所以它的内容就比较丰富和复杂,理论就比较深刻和完整,差不多美学中的各种重要问题,它都涉及了,并且提出了一系列比较富有创造性的看法,因此,它能够对以后的美学产生出很大的影响。各种反动的资产阶级美学家,固然从他们这里继承了唯心主义的衣钵,并加以进一步的发展,形成了近代资产阶级形形色色的唯心主义的美学;就是进步的美学家,也莫不在不同的程度上,受到他们的影响,并从对他们的批判出发,展开了对于唯心主义美学的斗争。费尔巴哈[①]、别

[①] 费尔巴哈(1804—1872):德国唯物主义的哲学家,曾对德国古典的唯心主义哲学,做过坚决的斗争。主要著作有《黑格尔哲学批判》《基督教的本质》等。

对于德国古典美学的批判

林斯基①、车尔尼雪夫斯基②等,就是著名的代表。至于马克思和恩格斯,在某种意义上来说,也是从对于德国古典美学的批判开始,然后把它加以革命性的改造,从而建立了无产阶级的美学。因此,怎样正确而又全面地评价和批判德国古典美学,就成了马克思列宁主义美学重要任务之一。马克思主义的经典作家,已经完成了这一艰巨的任务,为我们开辟了前进的道路。我们必须努力学习马克思主义,并力图运用马克思主义的观点,来尝试性地探讨一下:资产阶级右翼和资产阶级左翼,是怎样从不同的立场和角度,来批判德国古典美学的;马克思主义又是怎样从无产阶级的立场和观点出发,以辩证唯物主义和历史唯物主义为武器,对德国古典美学进行了革命性的批判和革命性的改造,然后加以继承的。

一、资产阶级右翼对于德国古典美学的批判

列宁在《唯物主义和经验批判主义》一书中,曾谈到"从左边和从右边对康德主义的批判"③的问题。对于德国古典美学,后来也有来自右翼和左翼两方面的评价与批判。由于德国古典美学本身具有矛盾的性质,它既有唯心主义的方面,也有因为运用了辩证法而具有的某些合理的方面。同时,在对于一些具体的美学问题的看法上面,它也常常存在着一些矛盾。例如拿康德来说,一方面,他为了论证美和实际的利害是无关的,因而否定了美与道德的任何联系,但是,另方面,他又一再谈到人的美的理想,而这种美的理想是和理性概念相联系的,是和道德相联系的,这样,他又一再肯定了美与道德的联系。正是由于德国古

---

① 别林斯基(1811—1848):俄国革命民主主义者、文艺批评家、哲学家。早年曾受黑格尔影响,后来成为唯物主义的哲学家。在和唯心主义美学思想的斗争中,起过很大的作用。
② 车尔尼雪夫斯基(1828—1889):俄国革命民主主义者,唯物主义哲学家、文艺批评家。主要著作有《果戈理时期俄国文学概观》《生活与美学》等。
③ 列宁《唯物主义和经验批判主义》,第189页。

典美学的这种两面性、复杂性和矛盾性,所以由于批评者本身的立场不同,就既可以从左面来批评他们,也可以从右面来批评他们。从左面来批判,是否定他们唯心主义的体系,而批判地继承其中辩证法的合理的内核;从右面来批判,则是否定他们辩证法的合理的内核,而夸大和发展他们唯心主义的思想体系。所有资产阶级右翼的美学家,都是从右面来批判德国古典美学的。现在,我们想以叔本华[①]对于康德的批判、克罗齐[②]对于黑格尔的批判,作为例子,来简单地说明这个问题。

1. 叔本华对于康德美学的批判

叔本华在他的《意志和表象的世界》第二卷中,主要是批判康德的哲学。其中对于康德的美学著作《判断力批判》,也曾经简单地作过批判。他的批判,主要表现了这样一个意思:康德的唯心主义,还不够彻底。他认为,在康德以前研究美学的人,如像亚里士多德、莱辛等,走的主要是这样一条道路:分析什么事物是美的,什么事物是不美的,把重点放在客观事物的上面。而康德却走了另外一条道路:他不是从分析客观事物出发,而是从分析人的主观的感情出发,从而把美学从客观的方面转到了主观的方面。叔本华对于康德的这一做法,甚加赞许,认为康德所走的道路完全是正确的。从这里可以看出来,在美学中唯物主义与唯心主义的斗争中,叔本华是支持康德的唯心主义的路线的。不过,他还认为康德的唯心主义不够彻底。那么,什么地方不够彻底呢?在哲学上,他是讲得很清楚的,他把康德的"现象世界"变成"表象",认为"世界就是我的表象",从而彻底地否定了客观世界的存在;又把康德的"物自体"变成"意志",认为世界的本体就是盲目的、非理性的"意志",从而把康德的不可知论改造成为

[①] 叔本华(1788—1860):德国唯心主义的哲学家,唯意志论者,宣传悲观主义。主要著作有《意志和表象的世界》等。

[②] 克罗齐(1866—1952):意大利唯心主义的哲学家、美学家。主要著作《美学原理》《精神哲学》《黑格尔哲学中的活东西和死东西》等。

彻底的主观唯心主义。但是，在批判《判断力批判》的时候，他却没有进一步分析康德唯心主义的美学观点，究竟怎样不彻底。不过，虽然这样，我们从他在其他地方专门讨论美学的言论中，却可以看出来，他是把康德关于美的主观性和与利害无关等这样一些唯心主义的观点，进一步加以发展了。他所发展的东西，正是他认为康德的唯心主义还不够彻底的地方。

在康德看来，美虽然是主观的，但毕竟还要在一定意义上联系于客观的事物，对具体的客观的感性事物进行审美的判断。审美的主体和作为审美对象的客体，都还具有一定的现实意义。可是，到了叔本华手上，他把这一切的现实意义全部清除了。他认为审美的主体，不是现实生活中具体的人，而是完全脱离现实的、没有任何现实关系的人。那就是说，审美主体不是某一个张三或李四，而是他所臆造出来的一种没有意志的人，所谓"纯粹的主体"。审美的客体，也就是作为审美的对象，也不是现实生活中某种具体的事物，而是表现了事物种类性的某种柏拉图式的理念，这种东西，他称之为"纯粹的客体"。纯粹的主体在直觉中对纯粹的客体进行观照，这就成了叔本华所说的美。这样，美到了叔本华手上，比康德变得更为主观，更缺少现实的意义和内容了，它变成了一种纯粹的观照。如果说，在康德的美学中，还一方面主张美与道德无关、与概念无关，另方面又主张美是道德的象征，美是理性概念与感性形象的统一；一方面主张美没有任何现实的目的，另方面又承认有些美（如依存美）具有一定的现实的目的；那么，叔本华则把这一切都连根斩断，把美看成完全是与道德、与概念、与现实的目的没有任何关系的东西。正因为这样，所以他会说：落日对于乞丐与国王同样是美的[①]，从监狱里或从皇宫里看落日也没有任何差别[②]。这真是反动到了极点。

然而，问题还不仅止于此。叔本华和康德有一个根本的分歧点：那就是在

[①②] 叔本华《意志和表象的世界》，英译本第 1 卷，第 38 节。

康德看来，宇宙的本体虽然是不可知的，但人所认识的世界还是合乎规律的、理性的。而叔本华则用意志来摧毁了这个合乎规律的、理性的世界，他认为宇宙的本体就是一种非理性的、不合乎规律的、盲目的生存意志。因此，康德的美学，一方面是唯心主义的，另方面却还是理性的，他认为审美活动是想象力与理解力的自由和谐。想象力是自由的，理解力则是合乎规律的，审美活动的特点就是合乎规律的自由活动。但叔本华却否定了这一点，他认为审美活动完全是一种非理性的直觉活动。这种直觉活动，不可言谈，不可理喻，不仅不合理性，而且就是一种盲目的反理性的活动。从这一点看来，可见叔本华对于康德美学的批判，不仅把康德的美学向着更加彻底的唯心主义方向发展，而且向着反理性的方向发展。以后资产阶级唯心主义的美学家，基本上都是从反理性的角度来批判德国古典美学，并将之推向反理性的直觉主义的方向。

2. 克罗齐对于黑格尔美学的批判

克罗齐是新黑格尔主义者。新黑格尔主义者，一般是从主观唯心主义的立场出发，阉割和否定黑格尔哲学中合理的内核辩证法，而将其唯心主义的体系加以进一步的夸大和发展。克罗齐正是这样做的。他从右面来批判黑格尔，把批判的目标集中在辩证法上面。他在《美学》的第二部分[①]，即历史部分，以及《黑格尔哲学中的活东西和死东西》两本书中，都集中了火力，攻击黑格尔的辩证法。他认为黑格尔把世界的本体看成是"绝对精神"，整个世界都是绝对精神发展的历史过程，这一唯心主义的观点，完全是正确的。不过，他比黑格尔更为彻底，他根本否认物质的存在，他认为哲学只研究精神活动，对于黑格尔用辩证法的矛盾观点来解释精神的历史发展过程，他大不以为然。他否定矛盾的普遍性。他认为在相反者之间，如善与恶、美与丑之间，可以有矛盾；但在相异者之间，如艺术与哲学、艺术与道德之间，却是既没有矛盾，又没有统一，它们是各自

[①] 克罗齐的《美学》一书，分为两部分。第一部分是《美学原理》，已有朱光潜的中译本；第二部分是《美学史》，尚无中译本。

独立的领域。由于他看不到差异者之中也包含得有矛盾,所以他认为黑格尔把相异者之间的关系也说成矛盾的关系,这是错误的。在克罗齐看来,黑格尔的美学有下面的一些缺点:

(1)克罗齐认为,从康德、谢林以来,德国古典美学都否认艺术能够表现抽象的概念,都否认艺术在它本身之外还有任何目的。这一点,黑格尔也是承认的。但是,由于黑格尔看不到艺术与哲学是相异者,他把艺术与哲学同样归属于绝对精神的领域,同样可以表现绝对精神,这样,他就不可能理解艺术真正的本质了,他就看不到艺术独立的价值了。那就是说,在克罗齐看来,黑格尔虽然承认艺术本身之外无目的,但因为他分不清哲学与艺术的界限,认为艺术可以像哲学一样表现绝对精神,这又给艺术加上了另外的目的,因此,他没有真正懂得艺术的本质。我们说,黑格尔把艺术归属于绝对精神的领域,固然是唯心主义的、错误的;但克罗齐所批判的,却不是黑格尔的唯心主义错误,而是从更为极端的主观唯心主义立场出发,要把艺术从人类生活和人类意识的其他领域中,完全孤立出来,达到"为艺术而艺术"的目的。黑格尔说:没有谓语的主语是空洞的,而克罗齐却说:"艺术正是没有谓词的主词。"①这样,黑格尔还在联系一定的世界情况和一定的时代精神来研究艺术,而到了克罗齐,艺术便完全脱离人类的社会生活和社会意识,变成孤立绝缘的东西了。

(2)黑格尔认为艺术虽然不能表现抽象的概念,但却可以表现具体的概念,即理念。艺术之所以有内容,艺术之所以有认识意义,正在于它表现了理念。在唯心主义美学中,黑格尔强调艺术的思想认识意义,正是他独特的地方。然而,克罗齐却特别不满意于他的这一点。克罗齐认为艺术是直觉。直觉与概念是相异者,它们之间既没有矛盾,也不能统一,但黑格尔却要把它们统一在一起,这是一个大错误。直觉的知识是完全不依靠理性的知识的,这正是艺术的

---

① 克罗齐《黑格尔哲学中的活东西和死东西》,商务印书馆出版,第70页。

审美活动的特点。可是,黑格尔却掺杂进理性的知识,这就破坏了艺术的审美活动了。因此,克罗齐像叔本华批判康德一样,是从反理性主义的立场来批判黑格尔的。他彻底地否定了艺术的思想性,否定了艺术的认识意义。在他看来,"原始的感性的确实性——这是我们在审美的瞑想中所具有的,那里没有主体和客体的区别,没有一种事物跟一种事物的比较,没有在时空系列中的分类"①。一句话,艺术就是直觉,而且只是直觉。

(3) 黑格尔认为艺术与哲学,同样属于绝对精神,是绝对精神自我认识的不同阶段。艺术发展到最后,应当让位给哲学。这一点,克罗齐也深为不满。他认为这是因为黑格尔把辩证法运用到相异的概念,从而降低了艺术的地位,不仅没有正确地估价艺术,而且是"让哲学来给艺术写墓志铭"②,是一种"惊人的怪说"③。这一点,我们应当说,克罗齐是看到了一点问题的。黑格尔受了他的唯心主义体系的限制,最后不能不得出艺术将要灭亡的结论。但是,克罗齐自己给艺术所指出的道路,却不仅不比黑格尔高明,反而更为反动。黑格尔的缺点是看不到艺术的未来,而克罗齐却直接宣扬艺术脱离现实、脱离思想,直接号召把艺术当成逃避现实、粉饰现实的手段。这就比黑格尔更荒谬了。

从以上所谈,可见无论是叔本华也好,克罗齐也好,或者其他的资产阶级右翼美学家也好,他们都是从右面来批判德国古典美学的。他们把德国古典美学,导向更为反动的方向。他们夸大了其中唯心主义的因素,否定了其中合理的内核。他们的表现是多方面的,但主要的却不外两点:(1)进一步把艺术从人类社会生活中孤立出来,宣传"为艺术而艺术";(2)抽掉德国古典美学中的理性因素,强调反理性的直觉主义和神秘主义。

---

① 克罗齐《黑格尔哲学中的活东西和死东西》,第69—70页。
② 克罗齐《美学》英译本第二部分。
③ 克罗齐《黑格尔哲学中的活东西和死东西》,第73页。

二、资产阶级左翼对于德国古典美学的批判

资产阶级右翼的美学家,像我们前面所说的叔本华和克罗齐,夸大和发展了德国古典美学的唯心主义,否定和反对了它的辩证法。资产阶级左翼呢?对于德国古典美学的唯心主义,则进行了坚决的斗争和反对;而对于它的辩证法,虽然有时也有所肯定,但总的来说,是不重视的,是忽略的。正因为这样,所以他们反对了德国古典美学的保守方面,具有一定的激进的革命民主的倾向;但由于他们抛弃或忽略了德国古典美学中的辩证法,没有很好地加以批判继承,所以他们的批判不仅是不彻底的,有时甚至反而比德国古典美学更后退了。这一情形,我们可以拿费尔巴哈和车尔尼雪夫斯基为例,来加以说明。

1. 费尔巴哈对于康德和黑格尔美学的批判

普列汉诺夫在《从唯心主义到唯物主义》一文中,说:"费尔巴哈本人很少谈到而且只是顺便地谈到艺术。但是他的哲学对于文学和美学却有很大的影响。"[①]因此,我们此地与其说是谈费尔巴哈对于德国古典美学的批判,不如说是谈他的哲学对于德国古典哲学中唯心主义的批判,从而动摇了德国古典美学唯心主义的理论基础,导致了德国古典美学的终结。

费尔巴哈出生于1804年,1824年到柏林大学读书,听黑格尔的课,是一个青年黑格尔左派。这时,正是德国资产阶级革命的前夕,阶级斗争非常尖锐,所以他很快地背叛了黑格尔。1826年,他向黑格尔告别说:"我听了您两年课,我两年来完全献身于研究您的哲学,但是,现在,我感觉到需要就教于与思辨哲学直接相对立的其他科学,即自然科学。"[②]1836年,他发表《黑格尔哲学批判》一书,正式与黑格尔决裂了。1841年,他出版了他主要的著作《基督教的本质》,跟

[①] 《普列汉诺夫哲学著作选集》第3卷,生活·读书·新知三联书店出版,第780页。
[②] 黑格尔《逻辑学》下卷附《黑格尔生平和著作年表》,商务印书馆出版,第575页。

着又出版了《未来哲学原理》《宗教的本质》等书。在这些书中,他沿着批判宗教的道路,背叛了当时"占统治地位的哲学——黑格尔的哲学"①,高举起了唯物主义的旗帜。费尔巴哈的唯物主义在当时所引起的震动,只要我们读一下恩格斯下面的一段话,就可以知道了。恩格斯说:

> 这时,费尔巴哈的《基督教的本质》出版了。它一下子就消除了这个矛盾②,它直截了当地使唯物主义重新登上王座。……这部书的解放作用,只有亲身体验过的人才能想象得到。那时大家都很兴奋:我们一时都成为费尔巴哈派了。③

然而,正像黑格尔这个唯心主义的高峰不是孤立的一样,费尔巴哈这个马克思列宁主义以前的唯物主义的高峰,也不是凭空产生的,它有它时代的和阶级的根源。康德与黑格尔时,德国资产阶级与封建贵族相妥协,他们虽然也曾经向往革命,但他们却不但不敢得罪国王,而且歌颂国王,歌颂普鲁士的君主专制制度。可是,到了费尔巴哈时,德国资产阶级的力量已经壮大起来了,1848年的革命已经遥遥在望了,因此,他不仅不歌颂国王,而且把矛头直接指向当时封建的专制君主。他说:"在一个一切以专制君主的慈悲和专横为转移的国家中,每一个规章都会变为朝令夕改的……无限制的君主国乃是无道德的国家。"④适应这种政治上的激进的革命民主精神,他在哲学上主张唯物主义,反对唯心主义。他的反对,主要集中在对于宗教的批判上。为什么呢?这一方面,是因为像恩格斯所说的:"政治在当时是一个荆棘丛生的领域,所以主要的斗争就转为反宗教的斗争。"而封建专制的政治制度,又总是和盲目信仰的宗教结合在一

---

① 费尔巴哈《黑格尔哲学批判》,《十八世纪末—十九世纪初德国哲学》,商务印书馆出版,第456页。
② 这个矛盾,指青年黑格尔分子,为了反对宗教而返回到英国和法国的唯物主义,但他们曾经信奉的黑格尔哲学,却是唯心主义的。
③ 恩格斯《路德维希·费尔巴哈和德国古典哲学的终结》,第13页。
④ 《费尔巴哈哲学著作选集》上卷,生活·读书·新知三联书店出版,第596页。

起,因此,反宗教的斗争,"间接地也是政治斗争"①。另方面,则因为以黑格尔为代表的思辨哲学,事实上是在理性形式下的"创世说"。费尔巴哈就尖锐地指出,黑格尔"绝对理念""外在化"为自然的学说,不过是改装了的神学,"只是用理性的说法来表达自然为上帝所创造,物质实体为非物质实体亦即抽象的实体所创造的神学学说"②。正因为这样,所以"黑格尔哲学是神学最后的避难所和最后的理性支柱"③。因此,费尔巴哈对于宗教的批判,实质上是包括了对于黑格尔哲学的批判在内的。

与费尔巴哈同时,青年黑格尔派的施特劳斯④、鲍威尔⑤等人,已经在批判宗教了。施特劳斯写的《耶稣传》,其中检证了《圣经》中所写的一些奇迹和故事,不是真实的,而只是一些神话。这些神话是在基督教团体内部形成的,反映了这些团体信仰救世主的观念。这些神话的形成,都是无意识的。鲍威尔在《福音故事批判》中,不同意这个看法。他说,神话并不是无意识的,而是有些人为了宗教的目的,有意识地编造出来的。但是,只有到了费尔巴哈,方才对宗教进行了系统的深入的批判。因此,恩格斯说:"唯有费尔巴哈是个杰出的哲学家"⑥。

那么,费尔巴哈是怎样批判宗教的呢?他在《未来哲学原理》一书的开头,就说:"近代哲学的任务,是将上帝现实化和人化,就是说:将神学转变为人本学,将神学溶解为人本学。"那就是说,他是从人本学的立场出发来批判宗教的。他认为宗教的本质就是人的本质。按照宗教的说法:上帝创造人。费尔巴哈说:不对,是人创造上帝。"人是怎样想的,有怎样的心思,他的上帝就是怎样的;人的价值有多大,他的上帝的价值就有多大,一点也不更大些。上帝的意识就是人的自我意识,上帝的认识就是人的自我认识。你从人的上帝认识人,反

---

① 恩格斯《路德维希·费尔巴哈和德国古典哲学的终结》,第12页。
②③ 《费尔巴哈哲学著作选集》上卷,第114页。
④ 施特劳斯(1808—1874):德国哲学家,青年黑格尔左派代表人物之一。
⑤ 鲍威尔(1809—1882):德国唯心主义的哲学家,青年黑格尔左派的代表人物之一。
⑥ 恩格斯《路德维希·费尔巴哈和德国古典哲学的终结》,第32页。

过来又从人认识他的上帝；这两者是一回事。"①这就像希腊的色诺芬尼所说的："假如牛和狮子都有一双手，能像人一样创作艺术品，那么它们也同样会描绘出神，并把它们自己的体形给予这些神。"②费尔巴哈认为宗教不是别的，它无非是人的本质的对象化，是人把自己的本质、品德、形象、生活等从人身上分离出去，把它说成是脱离人而独立存在的东西，并把它从地上搬到天上，使之成为神圣的和神秘的东西。就这样，费尔巴哈揭穿了宗教的秘密。马克思给予了肯定的评价，说："他致力于把宗教世界归结于它的世俗基础。"③

费尔巴哈揭穿了宗教的秘密，也就否定了超自然的东西。他认为唯一真实的存在，就是自然。离开了自然的本身，另外去找自然的原因，例如"从精神里面推出自然"，那就"等于算账不找掌柜的，等于处女不与男子交媾仅仅凭着圣灵生出救世主，等于从水里做出酒，等于用语言呼风唤雨，用语言移动山岳，用语言使瞎子复明"④。人也不是旁的，人首先是一个自然的物质实体，即肉体。灵魂不能离开肉体而存在，它与肉体统一在人的身上。因此，他反对黑格尔那种在自然和人的生活之外，另外去讲什么精神、思维。精神、思维，就是作为人的实体的属性。人的意识，附属于人的存在，"存在的界限也就是意识的界限"⑤。人的意识包括三个方面：理性、意志、心情。理性是为了认识，意志是为了希望，心情是为了爱。人都要认识，都要希望，都要爱。而认识、希望和爱，又都和对象分不开。"人没有对象就不存在。"这个对象不是别的，就是自然。自然是人的存在的基础。作为人的对象的自然有多大，人的本质也就有多大。

---

① 费尔巴哈《基督教的本质》，《十八世纪末—十九世纪初德国哲学》，第 494 页。
② 色诺芬尼(约公元前 430—约前 355)：古代希腊的历史学家。这段话引自列宁《哲学笔记》，第 256 页。
③ 马克思《关于费尔巴哈的提纲》，《马克思恩格斯选集》第 1 卷，第 17 页。
④ 费尔巴哈《宗教的本质》，《十八世纪末—十九世纪初德国哲学》，第 579 页。
⑤ 费尔巴哈《基督教的本质》，《十八世纪末—十九世纪初德国哲学》，第 483 页。

"毛虫赖以生活的小树叶子,在毛虫看来就是一个世界,一个无限的空间。"①因此,人的本质,也就决定于他所生活于其中的自然。生活与自然,是费尔巴哈的哲学的出发点,也是他的美学的出发点。

从生活与自然出发,费尔巴哈把黑格尔的美学从"天上领域"引回到人间的领域。他说:"我并不否认……智慧、善良、美;我只是不承认它们这些类概念是存在物,不管它们是表现为神或神的属性的存在物,还是表现为柏拉图的理念或黑格尔的自己设定的概念的存在物。"②又说:"哲学是关于真实的、整个的现实界的科学;而现实的总和就是自然(普遍意义的自然)。最深奥的秘密就在最简单的自然物里面,这些自然物渴望彼岸的幻想的思辨者是踏在脚底下的。只有回到自然,才是幸福的源泉。把自然了解成与道德上的自由相矛盾,是错误的。自然不仅建立了平凡的肠胃工场,也建立了头脑的庙堂;它不仅给予我们一条舌头,上面长着一些乳头,与小肠的绒毛相应,而且给予我们两只耳朵,专门欣赏声音的和谐,给予我们两只眼睛,专门欣赏那无私的发光的天体。"③从这两段话看来,可见费尔巴哈反对黑格尔把美看成是概念的存在物,反对黑格尔等思辨者把自然物踏在脚底下,而另外去"渴望彼岸的幻想"。他认为美就在自然之中。回到自然,追求人的幸福生活,这应当是新的美学的出发点。"人性的东西就是神圣的东西,有限的东西就是无限的东西:这个果断的、变成有血有肉的意识,乃是一种新的诗歌和新的艺术的源泉。"④普列汉诺夫引了海涅的诗,来证明费尔巴哈的美学观点:

呵,朋友,现在我们要编制

新的歌,更好的歌:

---

① 费尔巴哈《基督教的本质》,《十八世纪末—十九世纪初德国哲学》,第 489 页。
② 引自列宁《哲学笔记》,第 63 页。
③ 费尔巴哈《黑格尔哲学批判》,《十八世纪末—十九世纪初德国哲学》,第 475—476 页。
④ 《费尔巴哈哲学著作选集》上卷,第 629 页。

和谐与自由

> 我们要把人间变成天堂，
> 人间将成为我们的乐园。①

"艺术上最高的东西是人的形相……一切要想超出自然和人类的思辨都是浮夸。"②费尔巴哈这两句话，清楚地说明了，他所说的新的诗歌和新的艺术，与海涅的话完全是一个意思。他认为美学不应当去追求天上的和谐，而应当回到人间的自然，追求人类的幸福生活。他还专门写了《幸福论》，认为"只有幸福的存在才是存在，只有这种存在才是被渴望的和可爱的存在。"③"人的任何一种追求都是对于幸福的追求"④。正是把美学与自然、与现实的人的生活、与对于幸福的追求联系起来，费尔巴哈在西方美学发展的历史过程中，给美学研究开辟了一条新的途径：那就是把美看成是生活，是人所希望的和人所热爱的生活！这条道路，与德国古典美学中那种到思维的最高存在中去寻求美学的根据，是截然相反的。正因为这样，所以我们说：费尔巴哈导致了德国古典美学的终结！然而，费尔巴哈不过开了一个头，对于这一理论的真正发挥，还得等待车尔尼雪夫斯基。

在自然和生活中，是什么引起我们美的快感呢？费尔巴哈是从人的本质的对象化，来回答这个问题的。他说："人照镜子；他对自己的形体有一种快感。这种快感是他的形体完满和美丽的一个必然的、自然的结果。美丽的形体是满足于自己的，它必然对自己有一种喜悦，它必然反映在自身之内。"⑤那就是说，人在他自己创造的世界中，把自己对象化，从而欣赏着这世界。他所欣赏的，不是旁的，就是他自己的本质。因此，艺术的本质就是人的本质，艺术是人的本质的表现。这一点，他在谈论音乐时，讲得特别清楚。他说：

---

① 海涅《德国——一个冬天的童话》，引自《普列汉诺夫哲学著作选集》第 3 卷，第 780 页。
② 费尔巴哈《黑格尔哲学批判》，《十八世纪末—十九世纪初德国哲学》，第 475 页。
③ 费尔巴哈《幸福论》，《费尔巴哈哲学著作选集》上卷，第 535 页。
④ 同上，第 536 页。
⑤ 费尔巴哈《基督教的本质》，《十八世纪末—十九世纪初德国哲学》，第 488 页。

对于德国古典美学的批判

理性的对象就是对象化的理性，感情的对象就是对象化的感情。如果你对于音乐没有欣赏力，没有感情，那么你听到最美的音乐，也只是像听到耳边吹过的风，或者脚下流过的水一样。那么，当音调抓住了你的时候，是什么东西抓住了你呢？你在音调里面听到了什么呢？难道听到的不是你自己心的声音吗？因此感情只是向感情说话，因此感情只能为感情所了解，也就是只能为自己所了解——因为感情的对象本身只是感情。音乐是感情的一种独白。①

这段话，十分重要。它在黑格尔的美学和马克思主义的美学之间，起了一个中介的作用。我们前面说过，黑格尔把艺术看成是人的"自我创造"，看成是理念的"外在化"。它在讲法上，和费尔巴哈把艺术看成是人的本质的对象化，并没有多大的差别。但是，在实质上，却有根本的分歧。黑格尔是从精神性的理念出发，费尔巴哈则是从感觉的自然的人出发。黑格尔是理念显现为感性的形象，是唯心主义的；费尔巴哈则是人自己把自己对象化为艺术的形象，人是物质的、现实的，因此是唯物主义的。但是，黑格尔看到了思维的能动作用，看到了人在对象化的时候对于外界的改造作用，如像小孩投石冲起水的波浪；而费尔巴哈则看不到这一能动作用，他只是把人与人的对象看成是直观的关系，看成是被动的反映关系。这样，在对象化的过程中，他看不出更多的东西。他抛弃了黑格尔的辩证法，结果反而比黑格尔后退了。只有到了马克思，方才从更高的劳动实践的观点，既批判了黑格尔的唯心主义，又批判了费尔巴哈的直观的唯物主义，从而把美学推进到一个新的起了质的革命变化的阶段。这一点，我们后面再谈。

但不管怎样，经过费尔巴哈的批判，德国古典美学唯心主义的性质得到了揭发，而不得不终结了。接过费尔巴哈的接力棒，继续从资产阶级左翼的立场

---

① 费尔巴哈《基督教的本质》，《十八世纪末—十九世纪初德国哲学》，第490页。

来批判德国古典美学的,是车尔尼雪夫斯基。

2. 车尔尼雪夫斯基对于黑格尔美学的批判

费尔巴哈动摇了德国古典美学的哲学基础,但真正运用费尔巴哈的唯物主义哲学观点来批判德国古典美学的,却是车尔尼雪夫斯基。他在"艺术与现实的美学关系"(即中译本《生活与美学》)第三版序言中,一再谈到:他是"应用费尔巴哈的思想来解决美学的基本问题"①。"应用费尔巴哈的基本思想来解决美学问题,作者得出了和黑格尔左派的菲希尔②所主张的美学理论完全相反的思想体系,这正相当于费尔巴哈哲学与黑格尔哲学的关系。"③因此,车尔尼雪夫斯基的美学,运用的思想武器是费尔巴哈的,而批判的对象则是黑格尔的美学体系。但是,由于当时沙皇推行文化专制主义,所以不但费尔巴哈的名字是被禁止的,黑格尔的名字也"不便使用"。这样,在他这部著作中,虽然我们处处可以感觉到费尔巴哈和黑格尔的存在,但却看不到他们两人的名字。

车尔尼雪夫斯基把黑格尔的美学,称为当时"流行的概念"。那就是说,它在当时是占统治地位的。车尔尼雪夫斯基在《俄国文学果戈理时期概观》一书的第六篇中,分析了黑格尔的哲学为什么会在青年中具有那么大的影响,是因为德国古典哲学比起其他的一些哲学体系来,有一个十分优异的地方。他们不是为了维护自己的信念而去研究哲学,他们是为了真理而去研究哲学。为了真理,他们可以牺牲自己心爱的"意见"。他们的方法是"思维的辩证方法"。这个方法的实质是:不要随便肯定哪一个结论,而应当去搜索,去全面地完整地研究对象。只有经过这样的研究之后,所得出来的结论,方才是具体的真理,而不是"片面的偏见"。例如对于"下雨是善还是恶"这样一个问题,就很难片面地回

---

① 车尔尼雪夫斯基《生活与美学》,人民文学出版社出版,第4页。
② 菲希尔(1807—1887):黑格尔派的美学家,著有《美学》六大卷。
③ 车尔尼雪夫斯基《生活与美学》,第5页。

答,必须研究了当时田地具体的情况,然后才能说:下雨是善的或是恶的。①

车尔尼雪夫斯基认为德国古典哲学不是为了维护自己的信念,而是为了真理才去研究哲学,这一论断,并不确切。因为德国古典的哲学家们,象我们前面所指出来的,是具有明确的阶级立场和信念的。但是,我们之所以特别提到这些话,是想说明车尔尼雪夫斯基对于德国古典的哲学和美学,是有所肯定的。他所肯定的,正是辩证法。然而,由于车尔尼雪夫斯基所运用的是费尔巴哈直观的唯物主义观点,所以他虽然肯定了德国古典美学中的辩证法,但他自己却不能运用这一辩证的方法,他在不少的地方犯了形而上学的错误。不过,虽然这样,他在反对德国古典美学的唯心主义的思想体系以及建立在这一思想体系上的各种唯心主义的美学观点上,都进行了坚决的斗争。这一斗争,具有重要的历史意义,可以说是马克思列宁主义以前,唯物主义美学对于唯心主义美学最重要的一次斗争。这个斗争是系统的,也是多方面的,此处,我们只想简单地谈两点:

(1) 关于美的本质的问题:美是什么？这对于任何一个美学体系来说,都是一个最根本的问题。不同的哲学体系,会得出不同的答案。黑格尔根据他的客观唯心主义的哲学体系,宣称"美是理念的感性显现"。在这里,理念占据统治的地位,美就是显现为感性形式的理念。车尔尼雪夫斯基反对这样一个唯心主义的观点。他说:根据这一观点,美就不在客观事物本身当中,而在理念当中。人们说长江美,并不是因为长江本身美,而是因为长江显现了大河的理念,所以才美。车尔尼雪夫斯基认为这样一种讲法,是把美神秘化,使美脱离现实生活。同时,这一讲法,明显地违背事实。显现了理念的东西,无非是"出类拔萃的东西,在同类中无与伦比的东西"。但是,出类拔萃的东西不一定美,例如出类拔萃的田鼠,你能说美吗？车尔尼雪夫斯基从费尔巴哈关于生活与自然的人本主

---

① 参考《车尔尼雪夫斯基论文学》上卷,新文艺出版社出版,第 376—377 页。

义出发,提出了"美是生活"的有名的定义。他说:"任何事物,我们在那里面看得见依照我们的理解应当如此的生活,那就是美的;任何东西,凡是显示出生活或使我们想起生活的,那就是美的。"①

"美是生活"的定义,很明显的,把美从黑格尔的理念世界,回复到了现实世界,美成了生活中随处都可以碰到的东西。美既然就在现实生活之中,因此,文学艺术应当反映现实生活,而不应当在现实生活之外,另外去追求空幻的神秘的美的理念。从这一点来说,车尔尼雪夫斯基的美学,保卫了文学艺术中的现实主义原则,结合当时一些浪漫主义者脱离生活的真实,"对幻想生活的偏嗜"②来说,应当说是起了重大的历史的战斗作用的。我们应当肯定。

但是,起了重大的历史的战斗作用是一回事,这一定义本身是否完全正确,却是另一回事。车尔尼雪夫斯基所根据的是费尔巴哈的人本主义。人本主义所理解的"人",是自然的人、生理学上的人,因此,他所说的"美是生活",就偏于从生理学上的健康、旺盛等等方面来谈美,从而重复了他所批评的英国美学家柏克的错误:"陷入纯粹生理学的说明"③,而忽略了美的社会历史的意义。其次,他谈到"应当如此的生活"以及"使我们想起生活的",那就是美的。这一讲法,在强调生活上固然是唯物主义的,但某些方面、特别是谈自然美的方面,却又与黑格尔的讲法一致。因为黑格尔在谈自然美时,也是说自然物之所以美,只有当它"和人的特性有一种契合"④,然后才美。因此,直观的唯物主义,是不可能彻底地战胜唯心主义的。列宁说费尔巴哈和车尔尼雪夫斯基的人本主义原则,"都只是关于唯物主义的不确切的肤浅的表述"⑤,正是这个意思。另外,

---

① 车尔尼雪夫斯基《生活与美学》,第6—7页。
② 《车尔尼雪夫斯基选集》上卷,生活·读书·新知三联书店出版,第109页。
③ 车尔尼雪夫斯基《美学论文选》,第47页。
④ 黑格尔《美学》第1卷,第166页。
⑤ 列宁《哲学笔记》,第78页。

车尔尼雪夫斯基曾经肯定黑格尔的"思维的辩证法",又曾说要"在错误中找真理"①。但他在批评黑格尔"美是理念的感性显现"这一提法时,却并没有贯彻他的这一精神。黑格尔的这一定义,是唯心主义的,当然应当批判。但是,它却是西方美学中长期以来关于理性与感性、内容与形式、一般与特殊的关系之最为辩证的一个解决。车尔尼雪夫斯基没有进行深入的具体的分析,连着这一定义的辩证因素都一齐否定了,那就不免显得有些简单和肤浅了。

(2)关于自然美与艺术美的关系问题:黑格尔根据"美是理念的感性显现"这一定义,认为自然不能充分地显现理念,因此不美,或者至少不够美;只有艺术才能真正地显现理念,因此只有艺术才是真正的美。艺术美来自自然的缺陷,它远远地超过自然美。对于这样一个论点,车尔尼雪夫斯基也猛烈地加以抨击。他说,既然美是生活,就在生活之中,因此存在于生活中的自然美,就是"真正美的,而且十分美的"②。"真正的最高的美正是人在现实世界中所遇到的美,而不是艺术所创造的美。"③他并举了许多例子,从各方面来证明自然美高于艺术美。例如他说自然美是真正的黄金,艺术美不过是通用的钞票。钞票的价值来自于黄金,艺术美的价值也来自于自然美。再美的艺术,也没有自然物本身美。画的晚霞,无论如何也及不上晚霞本身美。正因为自然本身很美,而且自然的美非常丰富,所以我们才想到在艺术中把它再现出来。艺术美之所以还有价值,就因为它保存和再现了自然美,使见不到自然美的人,也能通过艺术见到它。但因为艺术美只是自然美的再现,所以艺术美无论如何也赶不上自然美,正好像印的画无论如何赶不上原画一样。

车尔尼雪夫斯基对于黑格尔的这一批判,结合当时文艺思想斗争的情况来看,我们也是应当加以肯定的。当时唯心主义的美学家,力图利用黑格尔的观

---

① 车尔尼雪夫斯基《美学论文选》,第67页。
② 同上,第64页。
③ 车尔尼雪夫斯基《生活与美学》,第11页。

点,使艺术脱离现实,并用艺术来粉饰现实的所谓缺陷,妄图把艺术抬高到一切的上面,鼓吹"艺术至上论"。对于这样一些反动的意图,车尔尼雪夫斯基的批判,起了对症下药、发聩震聋的历史进步作用。但是,车尔尼雪夫斯基在这里又忘了他曾经肯定过的黑格尔的辩证法,他为了反对一种倾向,忘记了另外的一种倾向。黑格尔根据客观唯心主义的观点,认为自然当中没有真正的美,认为艺术美是绝对精神的自我认识,这些观点,当然是唯心的、错误的,应当批判;但是,在自然美与艺术美的关系上,黑格尔认为艺术剔除了自然当中的一些偶然性的东西,艺术比自然更能"抓住事物的普遍性",艺术是"从一大堆偶然的东西中所拣回来的现实",这样一些思想却是光辉的,正确地说明了自然与艺术的辩证关系,说明了艺术美之所以优越于自然美,是因为它比自然美更能够抓住本质的东西,因而更带有普遍性和典型性。然而,车尔尼雪夫斯基却连这些正确的东西都一齐否定了,就显得他比黑格尔更缺少辩证法,更远离真理了。

　　列宁说:"聪明的唯心主义比愚蠢的唯物主义更接近于聪明的唯物主义。"[①]车尔尼雪夫斯基是马克思列宁主义以前最伟大的唯物主义美学家,但由于忽视了辩证法,所以他对于德国古典美学的批判,就不但没有完全击中要害,而且有的地方反而赶不上德国古典美学,这就完全证实了列宁所说的这句话。只有到了马克思列宁主义,建立了科学的世界观,运用辩证唯物主义和历史唯物主义的观点,方才能够对德国古典美学作出全面而又正确的批判。

三、马克思主义经典作家对于德国古典美学的批判和继承

　　资产阶级右翼对于德国古典美学的批判,是把德国古典美学愈来愈引向唯心主义,引向反动;资产阶级左翼对于德国古典美学的批判,在反对它的唯心主

[①] 列宁《哲学笔记》,第305页。

义方面,的确起了很大的进步作用。黑格尔的唯心主义体系,经过费尔巴哈等人的批判,也的确是解体了。但是,"黑格尔学派虽然解体了,但是黑格尔哲学并没有被批判地克服"①。真正批判地克服德国古典美学,经过革命性的改造,然后加以继承的,是马克思主义的经典作家。下面根据自己学习的一点体会,试对马克思主义的经典作家是如何对德国古典美学进行批判和继承的,作一点探讨。

1. 马克思主义经典作家对待德国古典美学的基本态度

马克思主义的经典作家对待德国古典美学的基本态度,总的来说,就是粉碎它的唯心主义的外壳,从中剥出辩证法的"合理的内核",并把经过唯心主义地歪曲了的辩证法,神秘化了的、头足倒置了的辩证法,经过批判,重新恢复它的生命力。这表现在美学上,则是粉碎它的唯心主义的哲学基础,具体地分析它在人与现实的审美关系上以及艺术中的一些美学问题上,哪些看法是符合客观的事实的,在历史上曾经起过一些怎样的进步作用;哪些看法则不过是唯心主义的糟粕,无论在历史上或今天都是反动的。恩格斯谈到马克思对于政治经济学的批判时说:"马克思过去和现在都是唯一能够担当起这样一件工作的人,这就是从黑格尔逻辑学中把包含着黑格尔在这方面的真正发现的内核剥出来,使辩证方法摆脱它的唯心主义的外壳并把辩证方法在使它成为唯一正确的思想发展方式的简单形式上建立起来。马克思对于政治经济学的批判就是以这个方法作基础的,这个方法的制定,在我们看来是一个其意义不亚于唯物主义基本观点的成果。"②恩格斯的这段话,不但适用于政治经济学,也适用于美学。它是马克思主义对待德国古典美学的基本态度,也是马克思主义批判和继承德国古典美学的基本方法。我们都知道,马克思列宁主义是在和德国古典哲学以及其他资产阶级学说的斗争中,产生和形成起来的。马克思和恩格斯,年轻时

---

① 恩格斯《路德维希·费尔巴哈和德国古典哲学的终结》,第14页。
② 恩格斯《卡尔·马克思〈政治经济学批判〉》,《马克思恩格斯选集》第2卷,第121—122页。

和谐与自由

都是黑格尔左派。列宁说：马克思大学毕业时，"按其观点来说，当时还是一个黑格尔唯心主义者。在柏林，他加入过'黑格尔左派'（布鲁诺·鲍威尔等人）的小组"①。谈到恩格斯，也说："当时在德国哲学界占统治地位的是黑格尔学说，于是恩格斯也成了黑格尔的信徒。"②正是这种历史关系，使马克思和恩格斯对于以黑格尔为代表的德国古典哲学，具有深刻的了解，从而使他们能够"从内部攻击"③，打破这个体系。但是，是什么促使他们从这个体系中分裂出来的呢？那是当时无产阶级革命斗争的形势。十九世纪三十至四十年代，英国的大宪章运动、法国的里昂职工起义、德国的西里西亚职工起义，相继发生。它们都是无产阶级的革命运动，它们不仅宣布无产阶级登上了历史的舞台，而且说明无产阶级已经成了历史的主导力量。在这种形势下，德国的资产阶级革命很快地转化为无产阶级的革命。马克思和恩格斯亲身参加并领导了这一革命。革命斗争的实践，使他们很快地和黑格尔划清了界限。他们为了寻求和制定无产阶级革命的策略和理论，不得不和德国古典哲学以及其他的资产阶级学说进行斗争。就在斗争中，他们创造了马克思主义。

因此，马克思主义从一开始，就和德国古典哲学、特别是黑格尔的哲学，发生过深刻的关系。我们运用马克思主义的观点，来分析和批判德国古典美学，应当注意这一点。关于这一点，马克思主义的经典作家曾经一再加以证明和肯定。例如恩格斯就说："科学社会主义本质上是德国的产物，而且也只能产生于古典哲学还生气勃勃地保存着自觉的辩证法传统的国家，即产生于德国……如果说，德国资产阶级的教书匠们已经把关于德国大哲学家和他们所创立的辩证法的记忆淹没在一种无聊的折衷主义的泥沼里……那么，我们德国社会主义者却以我们不仅继承了圣西门、傅立叶和欧文，而且继承了康德、费希特和黑格尔

---

① 列宁《卡尔·马克思》，《列宁选集》第2卷，第576页。
② 列宁《弗里德里斯·恩格斯》，《列宁选集》第1卷，第88页。
③ 恩格斯《在大陆上社会改革运动的进展》，《马克思恩格斯全集》第1卷，第589页。

而感到骄傲。"①列宁讲得更为明确:"马克思和恩格斯不止一次地指出,他们思想的发展,有很多地方得益于德国的大哲学家,尤其是黑格尔。恩格斯说:'没有德国哲学,也就没有科学社会主义。'"②

美学是哲学的一个组成部分,因此,德国古典美学也必然与马克思列宁主义美学之间,存在着不可割裂的既继承又斗争的关系。事实上,构成马克思列宁主义美学的一些重要文献,如像马克思的《黑格尔法哲学批判》《经济学—哲学手稿》《神圣家族》《政治经济学批判导言》以及与恩格斯合写的《德意志意识形态》等书,都是从批判黑格尔和其他德国古典哲学家出发的。列宁说:通过这些书,十分清楚地向我们表明,马克思是如何"离开黑格尔走向费尔巴哈,又进一步从费尔巴哈走向历史(和辩证)唯物主义"③。马克思的《资本论》,不仅是马克思列宁主义最光辉的经典文献,而且也是马克思列宁主义美学理论重要的基石之一,对于这本书,列宁也说:"不钻研和不理解黑格尔的全部逻辑学,就不能完全理解马克思的《资本论》,特别是它的第1章。因此,半世纪以来,没有一个马克思主义者是理解马克思的!!"④同样,恩格斯的一些与建立马克思列宁主义美学具有极其重要关系的理论著作,如像《自然辩证法》、《反杜林论》、《路德维希·费尔巴哈和德国古典哲学的终结》等书,更可说没有一部不是一方面对以黑格尔为代表的德国古典哲学,展开了无情的批判;另方面又对黑格尔的历史贡献,表示出深厚的敬意。他在告别黑格尔时说:"当然,我已经不再是黑格尔派了,但是我对这位伟大的老人仍然怀着极大的尊敬和依恋的心情。"⑤至于列宁,不说旁的,只要我们看一下他的《哲学笔记》,其中对黑格尔所作的那么深入而又细致的分析,那么犀利而又准确的批判,就可以知道他曾经对黑格尔下过

---

① 恩格斯《社会主义从空想到科学的发展》,《马克思恩格斯选集》第3卷,第377—378页。
② 列宁《弗里德里希·恩格斯》,《列宁选集》第1卷,第88页脚注。
③ 列宁《哲学笔记》,第387页。
④ 列宁《哲学笔记》,第191页。
⑤ 恩格斯《致弗·阿·朗格》,《马克思恩格斯选集》第4卷,第359页。

多大的功夫！而《哲学笔记》以及列宁其他有关哲学和文学艺术的著作，都是马克思列宁主义美学极其重要的理论基石！

因此，要学习马克思列宁主义美学，而不理解和研究德国古典美学，是不可能的。恩格斯说：现代社会主义，就其理论形式来说，"和任何新的学说一样，它必须从已有的思想材料出发"。[①]这一已有的思想材料，固然包括了"以往的科学所提供的全部知识"[②]，但德国古典哲学却是其中最重要的一个组成部分。对于马克思列宁主义的美学来说，则德国古典美学也应当是最重要的思想材料之一。因此，怎样批判地继承德国古典美学，并在这一批判继承的基础上，来建立马克思列宁主义的美学，应当说是我国美学战线的任务之一。

但是，这只是问题的一个方面。德国古典美学固然是马克思列宁主义美学批判继承的思想材料，但从根本的性质上来说，它是资产阶级的美学，是唯心主义的美学，因而是马克思列宁主义必须与之斗争的思想对象。马克思和恩格斯在《共产党宣言》中说："共产主义革命就是同传统的所有制关系实行最彻底的决裂；毫不奇怪，它在自己的发展过程中要同传统的观念实行最彻底的决裂。"[③]德国古典美学也是传统的观念之一，因此，我们也必须和它"决裂"，和它划清界限。我们不能因为它是马克思列宁主义美学思想来源之一，就与之和平共处。我们要与之斗争！但并不是简单地抛弃它、毁掉它，或者封存起来。事情没有这么简单。思想是毁弃不了的，也封存不了的。对历史上文化遗产，采取虚无主义、否定一切，这并不是战斗。恩格斯说：

> 仅仅宣布一种哲学是错误的，还制服不了这种哲学。像对民族的精神发展有过如此巨大影响的黑格尔哲学这样的伟大创作，是不能用干脆置之不理的办法加以消除的。必须从它的本来意义上"扬弃"它，就是说，要批

---

① 恩格斯《反杜林论》，《马克思恩格斯选集》第3卷，第56页。
② 列宁《青年团的任务》，《列宁选集》第4卷，第347页。
③ 马克思、恩格斯《共产党宣言》，《马克思恩格斯选集》第1卷，第271—272页。

对于德国古典美学的批判

判地消灭它的形式,但是要救出通过这个形式获得的新内容。①

那就是说,对于德国古典美学,我们只有通过革命的批判,才能真正地加以继承。通过批判,消灭它那唯心主义的形式;通过批判,改造它那由于运用了辩证法而具有的"合理的内核",使之从唯心主义的东西变成唯物主义的东西。一句话,通过"扬弃"的过程,把它改造成为建设马克思列宁主义美学的新养料。只有强大的胃口,才能消化各种食物。只有站稳了无产阶级的立场,真正学会了马克思列宁主义的人,才敢于批判地继承过去的各种传统观念。事实上,也只有通过批判和改造,才能彻底消灭过去传统观念的不良影响,才能继承它的合理内核。马克思主义的经典作家,在这方面给我们树立了光辉的典范。

2. 马克思主义经典作家对于德国古典美学的批判和继承

在探讨马克思主义的经典作家,对德国古典美学进行革命性的批判和改造以前,我们想先说明两点:德国古典美学之所以能够改造,是因为德国古典美学中存在着可以改造和继承的因素。如果德国古典美学中完全是反动的东西,也就不可能改造成为马克思列宁主义美学的新内容。因此,我们所说的改造,主要是指德国古典美学中的一些合理的因素而言。改造的目的,是为了继承。第二,所谓"改造",是指发生了质的变化。例如辩证法,马克思说:"辩证法在黑格尔手中神秘化了……在他那里,辩证法是倒立着的。必须把它倒过来,以便发现神秘外壳中的合理内核。"②那就是说,在黑格尔还是唯心主义的辩证法,经过马克思的改造,变成了唯物主义的辩证法。对于德国古典美学的改造,也是如此。把经过改造之后的东西继承过来,就不再是德国古典美学的东西,而变成了马克思列宁主义美学中的新内容了。

明确了以上两点,我们再从下列几个方面,来看一下马克思主义的经典作

---

① 恩格斯《路德维希·费尔巴哈和德国古典哲学的终结》,第 14 页。
② 马克思《资本论》第 1 卷第二版跋,第 24 页。

和谐与自由

家是怎样对德国古典美学进行改造的。

（1）关于美学的性质问题。人类的审美意识可说是与人类的文明同时产生的。因此，在人类最初的哲学著作中，就已经在探讨人类的审美意识，已经有了美学思想。但是，作为一门独立的科学，美学却是从鲍姆嘉敦于1750年出版的《美学》一书而正式成立的。自此以后，美学的发展是很快的。德国理性派、英国经验派、法国启蒙派，他们都从不同的角度和侧重点来探讨人类的审美活动，以及这一活动在整个人类社会生活中的地位和作用。德国古典美学的巨大的历史功绩，不仅在于他们批判地继承了过去一切美学的传统，力图把美学组织进他们庞大的哲学体系中；而且更在于他们把人当成美学研究的中心，把美看成是人的自我创造，把人的审美活动看成是社会性的活动。这样，当时剧烈的社会变化以及由于资本主义生产方式所造成的各种矛盾，如像人与自然、个人与社会、自由与必然、感性与理性等等，都在他们的美学中得到了反映，他们的美学就建立在这些矛盾的基础上。但是，虽然这样，由于他们阶级的妥协性和软弱性，由于他们美学的唯心主义的性质，他们主要的目的却不在于解决这些现实生活和文艺创作中实际存在的矛盾，而毋宁是要站在奥林匹斯的神山上，俯视和赏玩这些矛盾，并以此来满足他们理论上的兴趣和哲学体系的需要。这样，他们的美学就具有浓厚的脱离实际的思辨性质。例如康德，他就公开声称，他的《判断力批判》只是要"使哲学的两部分成为整体的结合手段"①。谢林也把艺术哲学看成是他整个体系的完成，他的体系是"从自我意识中最初级的、最简单的直观开始，而到最高级的，即美感的直观为止"②。黑格尔的美学，比起他的同时代人来说，无疑具有最为丰富的现实内容，但也并不例外，他也是把他的美学服从于他的哲学体系的。正因为这样，所以他们在揭示矛盾方面，在探讨人类自我的审美意识和艺术创作的特殊规律方面，虽然也作出过某些"划时代"的

---

① 康德《判断力批判》，商务印书馆出版，第14页。
② 谢林《先验唯心论体系》，商务印书馆出版，第278页。

对于德国古典美学的批判

贡献,但在解决实际的矛盾和现实的问题上,他们的美学却不仅是完全无能的,而且导致了错误的方向。例如康德看到资本主义的"利益"不利于审美活动,资本主义的强迫劳动不利于艺术的创造,他就没有办法解决这些矛盾,于是反过来鼓吹审美活动的"无利害感",鼓吹艺术不是劳动,而仅只是一种游戏。又例如席勒和黑格尔,看到资本主义的生产关系所造成的人性分裂,看到资本主义分工的生产方式不利于艺术的生产,他们在实际上也没有办法解决这些矛盾,于是或者企图使艺术成为调和人性的工具,要求在现实中分裂了的人性经过审美教育,重新在艺术中统一起来;或者把艺术的理想时代摆在过去,而为艺术的未来发展则唱出挽歌。在文艺与现实的关系上,德国古典美学受到他们唯心主义性质的限制,更是不能正确地解决艺术是现实的反映这样一个根本的命题。他们或者把艺术创作看成只是人的主观诸能力之间的自由和和谐(如康德),或者把艺术创作看成是与人间的现实内容无关的"自由游戏"(如席勒),或者把艺术仅仅看成是绝对理念的自我显现(如黑格尔)。他们都要到超现实的地方去寻找美学的根据。这样,在他们那儿就形成了这样一个奇怪的逻辑:艺术高于现实,而理念又高于艺术。艺术的是否真实,不在于它是否反映了客观现实,而在于它是否显现了理念。因此,最高的艺术境界,不是深刻地反映客观现实的矛盾,而是调和这些矛盾,使之达到理想的和谐与静穆,达到人格的完善。

针对德国古典美学这种唯心主义的性质,马克思和恩格斯从革命的实践观点出发,予以彻底地批判和改造。首先,他们把被德国古典美学颠倒了的思维与存在的关系重新颠倒过来,认为"不是意识决定生活,而是生活决定意识"。正因为这样,所以他们认为"德国哲学从天上降到地上;和它完全相反,这里我们是从地上升到天上"[1]。那就是说,他们反对德国古典美学唱道德的高调,玩弄抽象的理论体系,而要一切从客观的现实出发,把在德国古典美学那儿只是

---

[1]《德意志意识形态》,第20页。

观念的东西转化为现实存在的东西。恩格斯在致康·施米特的信中说:"我们的历史观首先是进行研究工作的指南,并不是按照黑格尔学派的方式构造体系的方法。必须重新研究全部历史,必须详细研究各种社会形态存在的条件,然后设法从这些条件中找出相应的政治、私法、美学、哲学、宗教等等的观点。"[1] 马克思在《1844年经济学—哲学手稿》一书中,就最早运用了这种与德国唯心主义相反的历史唯物主义的观点,一方面批判了当时资产阶级国民经济学对于劳动的本质的歪曲,另方面则具体地论证了人类的劳动不仅不是与美和艺术相敌对的,而且从本质上来说,正是劳动创造了美和艺术,人类的劳动是依照"美的规律来造形"的。资本主义社会疏远化了的劳动不利于美和艺术的生产,这说明的只是资本主义社会的必然没落,而不是美和艺术的没落。就这样,马克思和恩格斯把德国古典美学从唯心主义的基础上,改造成为建立在辩证唯物主义和历史唯物主义基础上的美学。以后,在他们的一系列的著作中,凡是谈到美和艺术的问题,而这些问题又是和德国古典美学有关时,他们都是从辩证唯物主义和历史唯物主义的观点出发,批判其唯心主义的体系,而继承其"合理的内核"。

其次,马克思和恩格斯不仅批判了德国古典美学唯心主义的性质,而且要使美学革命化。他们强调指出:"批判的武器当然不能代替武器的批判"[2],"对实践的唯物主义者,即共产主义者说来,全部问题都在于使现有世界革命化,实际地反对和改变事物的现状"[3]。正因为这样,所以他们认为人类的美学理想,不在于人格的完善和理想的静穆之类,而在于参与现实生活的斗争,就在现实生活的土壤中,播下种子,开出鲜花,结出果实。德国古典美学那种要到天上去追求"美的王国"的做法,他们是反对的。德国古典美学要到古希腊罗马去追求

---

[1] 《马克思恩格斯选集》第4卷,第475页。
[2] 马克思《〈黑格尔法哲学批判〉导言》,《马克思恩格斯选集》第1卷,第9页。
[3] 《德意志意识形态》,第38页。

理想的艺术，他们也是反对的。他们认为作为意识形态的文学艺术，必然是一定的"历史潮流"和"阶级倾向"的反映。不同时代，应当有不同的文学艺术。他们不仅不排斥古代的文学艺术，而且认为应当继承古代文学艺术的优秀遗产。但是，为了反映我们当前现实生活的斗争，他们满腔的热情都在于发掘和培养新生的无产阶级的革命的文学艺术。马克思赞扬西里西亚职工之歌，说："这是一个勇敢的战斗的呼声。"[①]恩格斯赞扬许布纳尔关于西里西亚职工的一幅画，说："从宣扬社会主义这个角度来看，这幅画所起的作用要比一百本小册子大得多。"[②]因此，马克思和恩格斯不仅批判了德国古典美学的性质，而且也改造了他们对于文学艺术的看法。他们把美学和文学艺术，按照历史唯物主义的观点，纳入到了整个社会的上层建筑之中，纳入到了无产阶级革命的轨道。他们不仅要"解释世界"，而且要"改变世界"[③]。这是他们和德国古典美学的根本分歧。

（2）人的对象化和美的本质：美是美学的基本范畴，因此，从古到今，美学家都在美的本质问题上进行争论。在德国古典美学以前，差不多都是割裂审美的主体——人，与审美的客体——物，来探讨美的本质的。他们有的认为美在于物的形式或者物的其他属性上面，有的则认为美感是人所先天具备的一种能力，是与生俱来的。只有到了德国古典美学，方才开始联系主体与客体来探讨美的本质。康德就认为美是客观事物的形式符合了人的主观目的，然后产生出来的。因此，在康德看来，美既是形式的，又是主观的。为了克服康德形式主义和主观主义的片面性，席勒力图联系客观自然与主观形式两方面来谈美。他说，人在审美的游戏中，观照外物的"外观"。这时，他在外物中，不仅看到了实用的方面，而且看到了人的智慧和创造，那就是说，他在外物中看到了人自己。

---

① 马克思《评"普鲁士人"的"普鲁士国王和社会改革"一文》，《马克思恩格斯全集》第1卷，第483页。
② 恩格斯《共产主义在德国的迅速进展》，《马克思恩格斯全集》第2卷，第589页。许布纳尔（1814—1879）：德国画家。
③ 马克思《关于费尔巴哈的提纲》，《马克思恩格斯选集》第1卷，第19页。

这在外物中反映出来的人自己,就是人的"对象化"。席勒初步有了这样的思想,但他并没有进一步加以发挥。到了黑格尔,这就成为他的美学中的一个十分重要的观点了。

黑格尔认为"美是理念的感性显现",但是只有自然发展到最高阶段的人,才能自觉地具有理念。人既是认识的主体,又是认识的客体,他有意识地把理念显现于感性的形象。因此,只有人才能创造美和欣赏美。人是美学的中心。美的本质就是人的本质的对象化。那就是说,一方面是主体的人,一方面是客体的物或自然,这两方面是分开的。但是,人却通过认识和实践的活动,"把他的环境人化了"①,从而在改变外在事物的过程中实现自己的目的,"在外在事物中进行自我创造"②。美和艺术,就是人的"自我创造",就是人"自己活动的结果"③。因此,美和艺术的本质不是别的,无非是人把自己的本质外在化、对象化,成为自我认识和自我实现的手段。

黑格尔所说的人,是思维的主体,是理念的化身,因此是唯心主义的。费尔巴哈反对黑格尔把人看成是思维,是精神,他认为人就是实际存在的人,是自然的、生理的人,是灵魂与肉体统一的人。因此,人的对象化就是通过人的感官所建立起来的外在自然,自然就是人的对象。人在对象化的外在世界中看到美,就像照镜子一样,"他对自己的形体有一种快感"。人的本质有多大,他的对象也就有多大。本质上没有欣赏音乐的能力,再美的音乐对他也不存在。"艺术,宗教,哲学或科学,只是真正的人的本质的现象或显示。人,完善的,真正的人,只是具有美学的或艺术的,宗教的或道德的,哲学的或科学的官能的人——一般的人只是那一点也不排除本质上属于人的东西的人。"④就这样,费尔巴哈反对了黑格尔关于人的本质的理解,也反对了黑格尔关于美的本质的理解。

---

① 黑格尔《美学》第 1 卷,第 318 页。
②③ 同上,第 37 页。
④ 费尔巴哈《未来哲学原理》,生活·读书·新知三联书店出版,第 77—78 页。

对于德国古典美学的批判

黑格尔和费尔巴哈联系审美的主体和客体,从人的本质的对象化,来理解美的本质,这应当说是西方美学中的一大进步。马克思既肯定了黑格尔把艺术看成是人的"自我创造"的讲法,也肯定了费尔巴哈对于黑格尔的批判,说费尔巴哈"巧妙地拟定了对黑格尔的思辨以及一切形而上学的批判的基本要点"①。但是,马克思列宁主义的经典作家,既没有停留在黑格尔上面,也没有停留在费尔巴哈上面,而是对他们都进行了革命性的批判和改造,然后给马克思列宁主义的美学开辟了完全是新的广阔的道路!

首先,什么是人的本质?黑格尔把人看成是"能思考的意识"②,因此把人的本质看成是思维,是理念,这一点,马克思是同意费尔巴哈的批判的。但是,费尔巴哈所理解的人,不是"现实的、活生生的人"③,而是从历史社会中孤立出来,抽象地存在的生物学上的"自然"人。这样的人,除了爱情、友谊之类的空话之外,什么也没有。为了给这样的人寻找共同的统一的根据,于是费尔巴哈在批判了宗教之后,自己却不得不企图去建立什么"爱的宗教"。这完全是向唯心主义的倒退。费尔巴哈为什么会这样呢?马克思说:那是因为他"过多地依据自然,而过少地依据政治"④;恩格斯说:那是因为他"不能找到从他自己所极端憎恶的抽象王国通向活生生的现实世界的道路"⑤。那也就是说,费尔巴哈离开了政治,离开了现实的社会,去孤立地抽象地谈人的本质,必然不能正确地理解人的本质。要正确地理解人的本质,必须把"人当做在历史中行动的人去研究"⑥,也就是说,必须把人放在社会关系中去研究。马克思和恩格斯正是从历史唯物主义的观点出发,把人当成社会的存在,放在社会关系中来研究,从而得出了下面的著名的结论:

---

① 马克思、恩格斯《神圣家族》,《马克思恩格斯全集》第2卷,第177页。
② 黑格尔《美学》第1卷,第36页。
③ 马克思、恩格斯《神圣家族》,《马克思恩格斯全集》第2卷,第118页。
④ 马克思1843年3月18日致卢格的信。
⑤⑥ 恩格斯《路德维希·费尔巴哈和德国古典哲学的终结》,第31页。

人的本质并不是单个人所固有的抽象物。在其现实性上,它是一切社会关系的总和。①

因为人的本质是"社会关系的总和",所以不仅整个人类的物质生活世界是在一定的社会历史条件下形成的,整个人类的感觉世界和精神世界也都是在一定的社会历史条件下形成起来的。人能欣赏音乐的耳朵,欣赏绘画的眼睛,以及人类全部感受美的能力,都是历史地社会地形成的。"个体是社会的存在"②,"五官感觉底形成是全部至今的世界史底一个工作"③,审美活动离不开感觉,社会的感觉的丰富性是人类审美能力的物质基础,因此,我们既不能离开社会关系的总和来谈人的本质,也不能离开社会关系的总和来谈人的审美能力。人的审美能力是由人的本质所决定的。

其次,马克思列宁主义的经典作家不仅批判地改造了黑格尔和费尔巴哈关于人的本质的理解,而且也批判地改造了他们关于"对象化"的理解。费尔巴哈从直观的唯物主义出发,把人与对象的关系看成是直观的照镜子的关系,对象就是直接呈现于人的对象。而人,离开了对象,也就不存在。这里,人与对象之间完全是一种被动的关系,那就是说,人对于对象是无所作为的。至于人能通过自己的实践活动以改变对象,并在对象中实现自己的目的,使自己的本质对象化,这一能动的关系反而是在黑格尔那里得到了发展。正因为这样,所以马克思给予了黑格尔以很高的评价,说黑格尔"认识到劳动的本质,把对象化的人——现实的所以是真实的人——了解为他自己的劳动的结果"④。

但是,马克思随即指出,黑格尔的讲法完全是唯心主义的。他所说的劳动,不是社会生产的劳动;他所说的实践,也不是社会生产和阶级斗争的实践;而是

---

① 马克思《关于费尔巴哈的提纲》,《马克思恩格斯选集》第1卷,第18页。
② 马克思《1844年经济学—哲学手稿》,第85页。
③ 同上,第99页。
④ 马克思《黑格尔辩证法和哲学一般的批判》,第14页。

精神的劳动,思维的实践。这样,他所说的对象化,就只是"概念到感性事物的异化"①。那就是说,在黑格尔看来,对象化就是精神性的理念把自己转化为与自己相反的外在事物,然后,"使这异化了的东西还原为心灵本身"②。因此,黑格尔所说的对象化,只是理念的对象化。对象化的过程,就是理念通过思维的活动,改变外在的事物,使外在的事物符合于理念的要求。对象化的结果,是理念的自我实现和自我认识。美的本质是理念,因此美就是显现于外在感性形象中的理念。

马克思对于黑格尔这种唯心主义的讲法,进行了彻底地唯物主义的改造。第一,人的本质不是理念,而是社会关系的总和,因此,对象化的主体不是理念,而是现实地活在社会关系中的人。第二,对象化的过程不是一种思维的实践过程,而是人通过自己的劳动,在改变客观世界的当中同时也改变自己的主观世界的过程。这一过程,是物质的现实的过程,是革命的实践过程。第三,对象化的结果不是理念的自我实现和自我认识,而是人的本质的丰富性,在具体的历史社会条件下得到丰富的展开。不仅客观世界改造了,人的主观世界也改造了。

在这一对象化的过程中,物质的劳动实践是关键。劳动不仅"创造了人类本身"③,而且创造了美。人类是"依照美底规律来造形"④的。为什么呢?这就因为人的劳动不同于动物的劳动。动物的劳动是一种无意识的本能的活动,而人类则不仅有意识地从事劳动,而且能够自由地对待劳动的对象,在劳动的过程中,不仅"使自然物发生形式变化,同时他还在自然物中实现自己的目的"⑤。那就是说,人的本质力量通过劳动在对象中实现出来,从而使劳动的产品"表现

---

① 黑格尔《美学》第 1 卷,第 14 页。
② 黑格尔《美学》第 1 卷,第 15 页。
③ 恩格斯《自然辩证法》,第 149 页。
④ 马克思《1844 年经济学—哲学手稿》,第 59 页。
⑤ 马克思《资本论》第 1 卷,第 202 页。

成他的作品和他的现实界"①。人就在这个由"他来创造的世界中直观着自己本身"②,从而不仅得到了物质上的满足,也得到了精神上的享受。这时,劳动的对象成了审美的对象,劳动的现实成了美的现实,美就这样在劳动中产生,并在劳动中形成。人的本质是劳动,美的本质也是劳动。人的本质随着社会关系的发展而发展,变化而变化;美的本质也随着社会关系的发展而发展,变化而变化。这样,在黑格尔是唯心主义的美学观点,经过马克思列宁主义的改造,就成了唯物主义的美学观点。

然而,问题还不仅止于马克思列宁主义的经典作家把黑格尔唯心主义的美学观点改造成为唯物主义的美学观点,而且还在于因此得出了革命的结论。美的本质是劳动,劳动应当创造美。但是,在资本主义社会中,却由于私有制的关系,劳动者与劳动对象的分离,从而使劳动变成了疏远化的劳动。"劳动替富者生产了惊人作品(奇迹),然而,劳动替劳动者生产了赤贫。劳动生产了宫殿,但是替劳动者生产了洞窟。劳动生产了美,但是给劳动者生产了畸形。"③因此,资本主义社会疏远化的劳动,完全把人的劳动还原为动物的劳动,歪曲了劳动的本质。这样的劳动不符合人的本质,不是人的本质力量的对象化,对劳动者来说是不美的。为了改变这种劳动的状况,就必须改变资本主义的生产关系,使疏远化的劳动重新变为自由的劳动。无产阶级革命的任务,就是要重新创造符合人的本质的劳动条件,使劳动者能够自由地对待劳动,自由地创造美的作品。

(3) 艺术的历史发展。恩格斯说:"黑格尔第一次——这是他的巨大功绩——把整个自然的、历史的和精神的世界描写为一个过程,即把它描写为处在不断的运动、变化、转变和发展中,并企图揭示这种运动和发展的内在联系。"④又

---

①② 马克思《1844年经济学—哲学手稿》,第59页。
③ 同上,第54页。
④ 恩格斯《反杜林论》,《马克思恩格斯选集》第3卷,第63页。

说:黑格尔"划时代的功绩"就在于"提出了这个任务"[①]。因此,黑格尔关于历史发展的观点,得到了马克思列宁主义经典作家极其崇高的评价。黑格尔的这一历史发展的观点,不仅表现在他的其他著作中,也贯彻在他的美学中。他的三大卷的《美学》,从头到尾都贯穿了"宏伟的历史观"[②]。他对人类艺术的历史,作了一次全面的系统的描绘。

但是,黑格尔的历史发展的观点是唯心主义的。列宁说:"黑格尔的哲学谈论精神和观念的发展,它是唯心主义的哲学。它从精神的发展中推演出自然界的发展,人的发展,人与人的关系即社会关系的发展。马克思和恩格斯保留了黑格尔关于永恒的发展过程的思想,而抛弃了那种偏执的唯心主义观点;他们转向实际生活之后看到,不能用精神的发展来解释自然界的发展,恰恰相反,要从自然界,从物质中找到对精神的解释。"[③]列宁这段话,十分清楚地说明了黑格尔历史发展观点的唯心主义的性质,以及马克思列宁主义经典作家对它所进行的革命性的改造。这一改造的工作,主要表现在两个方面:

第一,从发展的动力来说,黑格尔认为世界的本体是绝对理念,因此,在物质与精神的关系上,精神是第一性的,先有精神、思维,然后才有物质、存在。这样,精神性的理念,就成了世界历史发展的动力和主宰。这表现在美学中,则美和艺术是理念的感性显现,理念的自我发展决定了美和艺术的发展。美和艺术,不过是理念的工具。理念发展到什么阶段,艺术也就表现为什么样的类型。对于这种唯心主义的讲法,马克思和恩格斯给予了彻底的批判。他们说:不是"儿子生出母亲",不是"结果产生起源",不是"精神产生自然界"[④],而是相反的,是母亲生出儿子,起源产生结果,自然界产生精神。"人们首先必须吃、喝、住、

[①] 恩格斯《反杜林论》,《马克思恩格斯选集》第3卷,第63页。
[②] 恩格斯《卡尔·马克思〈政治经济学批判〉》,《马克思恩格斯选集》第2卷,第121页。
[③] 列宁《弗里德里希·恩格斯》,《列宁选集》第1卷,第88页。
[④] 马克思、恩格斯《神圣家族》,《马克思恩格斯全集》第2卷,第214页。

穿,然后才能从事政治、科学、艺术、宗教等等;所以,直接的物质的生活资料的生产,因而一个民族或一个时代的一定的经济发展阶段,便构成为基础,人们的国家制度、法的观点、艺术以至宗教观念,就是从这个基础上发展起来的,因而,也必须由这个基础来解释,而不是像过去那样做得相反。"[1]这就很清楚地说明了,马克思和恩格斯把历史发展的动力,从黑格尔的精神和理念,改造成为物质生活资料的生产。在物质资料的生产中,最积极的因素是生产力。生产力的发展导致了整个生产关系即经济基础的变革和发展,从而也导致了整个上层建筑包括美学和艺术的变革和发展。就这样,黑格尔的历史唯心主义,被改造成了历史唯物主义。

根据历史唯物主义的观点,艺术不再是理念的显现,而是属于上层建筑的意识形态。上层建筑随着经济基础的改变而改变,因此艺术也随着经济基础的改变而改变。不同的经济基础,形成不同的社会生活。艺术是社会生活的反映,不同时代的社会生活构成了不同时代的艺术的内容。同时,上层建筑是为经济基础服务的,作为上层建筑的艺术因此也必须为经济基础服务。在阶级社会中,上层建筑是有阶级性的,因此艺术也具有阶级性,艺术是阶级斗争的"精神武器"。过去的美学以及德国的古典美学,都追求艺术的和谐与静穆,把艺术当成调和矛盾的手段。可是,到了马克思列宁主义,艺术的女神却从奥林匹斯山上的神殿中走出来,走到充满矛盾和斗争的人间来,参与人间的斗争!艺术不再是调和矛盾的手段,而是反映矛盾、参与矛盾,成为干预生活和推动历史前进的有力工具。

第二,从发展的前途来看,黑格尔不断发展的辩证法受到他的唯心主义体系的限制,因而发展是有终点的。当绝对理念还没有全部实现自己的时候,一切都处于发展之中,当绝对理念全部实现了自己,发展也就结束了。至于艺术,

---

[1] 恩格斯《在马克思墓前的讲话》,《马克思恩格斯选集》第3卷,第574页。

则不仅发展是有限制的,而且它只是绝对理念发展的一个阶段。这样,艺术的前途就具有宿命论的性质,当它正发展到黑格尔所说的顶峰——古典主义——的时候,已经宣布了自己的没落。和黑格尔相反,按照马克思列宁主义的观点,首先,艺术发展有一个顶峰的说法就是不正确的。艺术是社会生活的反映。不同时代不同社会的艺术,各有其不同的特点。社会不断向前发展,艺术也就不断向前发展。但是,在这一总的发展过程中,艺术的发展与社会生产的发展并不是完全平衡的。马克思就说:"关于艺术,大家知道,它的一定的繁盛时期决不是同社会的一般发展成比例的,因而也决不是同仿佛是社会组织的骨骼的物质基础的一般发展成比例的。"①正因为这样,所以适应某一社会生活并在反映这一社会生活的基础上所产生的某种艺术形式,如像史诗或神话,虽然在希腊时就已达到了很高的成就,而且后来也很难超过它,但这并不等于说,艺术到希腊就已经发展到了顶峰。近代社会中产生的长篇小说,黑格尔自己就给以很高的评价。黑格尔以后所产生出来的电影、报告文学等,更是古人想都没有想过的。这样,我们又怎么能够把过去某一个时代和社会的艺术,当成是全部艺术发展的顶峰呢?顶峰的论点,本身就是违反辩证法的。黑格尔为了适应他的唯心主义的体系,才违反历史事实地制造出希腊艺术是人类艺术发展的顶峰的说法,其错误是很明显的。

其次,黑格尔看到资本主义的生产方式不利于艺术的发展,因而断定艺术到了资本主义的近代社会已经没有前途了。黑格尔的这种讲法,是由于他不能正确地理解资本主义社会的缘故。马克思在《经济学—哲学手稿》等著作中,深刻地分析了资本主义社会之所以不利于艺术的发展,是因为资本主义社会是建立在私有制的基础上,私有制使人的劳动变成疏远化,劳动者在劳动中失去了自由对待产品的乐趣,失去了美感,因而不利于艺术的生产。但是,马克思随即

---

① 马克思《〈政治经济学批判〉导言》,《马克思恩格斯选集》第2卷,第112—113页。

指出,这种疏远化的劳动,本身就会制造反对资本主义生产方式的掘墓人,那就是无产阶级。无产阶级推翻资本主义社会之后,将要建立崭新的共产主义社会。在共产主义社会中,劳动从疏远化的劳动变成自由的劳动,人的本质真正得到解放,于是一个艺术繁荣和百花盛开的局面,就会展开。那时,人人都是劳动者,同时也是艺术家。因此,艺术无限美好的前途正在未来,艺术的黄金时代决不在于黑格尔所说的过去。

这样,黑格尔虽然第一次全面地系统地阐述了艺术发展的历史观点,但由于他的这一发展观点是建立在历史唯心主义的基础之上的,所以不可能贯彻到底。只有马克思列宁主义将之作了唯物主义的改造之后,用历史唯物主义的观点来解释艺术,艺术发展的观点方才正确地全面地贯彻到美学中去。

(4) 典型问题:典型问题,是个别性与普遍性在艺术形象中的统一问题。这个问题,早在希腊时的亚里士多德已经看到了。他说:"诗所描述的事带有普遍性……所谓'有普遍性的事',指某一种人,按照可然律或必然律,会说的话,会行的事。"①某一种人以及他所说的话,所做的事,这是个别的;但是这些话、这些事,又要符合必然律或可然律,这就具有普遍性了。因此,亚里士多德已经初步涉及到了典型的问题。但是,以后的很长一段时间,从罗马时代一直到十七世纪的新古典主义,都只强调典型中的普遍性的一面,从而把典型当成类型。十八世纪启蒙运动以后,由于资产阶级强调个性和个性解放,于是典型问题又偏重于个性的特征方面。当时的浪漫主义者,主要就是从个性特征方面来理解典型的。德国古典美学总结了古典主义和浪漫主义的经验,企图调和它们之间的矛盾,于是又重新从个别性与普遍性的统一上来理解典型。

例如康德,就一方面认为美是个别的单称判断,另方面又认为美必须具有人人赞同的普遍性和必然性。基于他对于美的这种理解,他认为美的理想是理

---

① 亚里士多德《诗学》,人民文学出版社出版,第29页。

性概念和感性形象的统一。他说:"理想本来意味着一个符合观念的个体的表象。"①这"理想",事实上就是典型;"符合观念的个体的表象",也就是普遍性与个别性的统一。因此,康德是从普遍性与个别性的统一,来谈典型问题的。黑格尔关于"美是理念的感性显现"这一定义的本身,就说明了美一方面是具有普遍性的理念,一方面却又是个别的感性形象。艺术的理想,就在于通过个别的感性形象来显现普遍的理念。因此,黑格尔所说的"理想",实质上也是指典型。他是从典型的意义上,来运用理想一词的。他说:"因为艺术要把被偶然性和外在形状玷污的事物还原到它与它的真正概念的和谐,它就要把现象中凡是不符合这概念的东西一齐抛开,只有通过这种清洗,它才能把理想表现出来。"②在这段话中,黑格尔不仅把理想理解为典型,而且论述了塑造典型的方法,也就是典型化的方法。在他看来,典型化就是要把现实中不符合概念要求的偶然性的东西清洗掉,使个性化的感性形象能够充分地表现出普遍的概念来。只有经过这样的"清洗"或典型化之后,艺术的理想或典型,才既是个别的感性形象,又能符合概念的普遍规律。概念不是抽象地表现出来,而是"融会在个性里";而外在事物,"也解脱了单纯的有限性和条件制约性,而与灵魂的内在生活结合为一种自由的和谐的整体"。③那就是说,普遍性的理念显现在个别性的感性形象中,而个别的感性形象又心灵化,成为"可以显出心灵的自由"的东西。就这样,在普遍的理念与个别的感性形象的统一上,黑格尔建立了他关于典型的理论。由于"性格就是理想艺术表现的真正中心"④,所以理念作为普遍力量体现到个别人的身上去,融会成为一个整体,就成为人物性格。什么样的人物性格才是理想的或者典型的性格呢?黑格尔说:"真正的自由的个别性,如理想所要求的,却

---

① 康德《判断力批判》,第17节。
② 黑格尔《美学》第1卷,第195页。
③ 同上,第196页。
④ 同上,第197页。

不仅要显现为普遍性,而且还要显现为具体的特殊性,显现为原来各自独立的这两方面的完整的调解和互相渗透。"①因此,理想的典型性格,就是普遍性与特殊性统一在具体的个别的人物形象身上的性格。这样的人物性格,"每个人都是一个整体,本身就是一个世界,每个人都是一个完满的有生气的人,而不是某种孤立的性格特征的寓言式的抽象品"②。

对于德国古典美学从普遍性与特殊性的辩证统一上来理解典型,尤其是对于黑格尔从人物性格的完满的多样统一上来理解典型,马克思列宁主义的经典作家是给予了肯定的评价的。恩格斯在给敏·考茨基的信中,就明确指出:"每个人都是典型,但同时又是一定的单个人,正如老黑格尔所说的,是一个'这个',而且应当是如此。"③这就说明了,马克思列宁主义的经典作家是在批判继承德国古典美学、特别是黑格尔美学的基础上,来探讨典型问题的。他们也认为,典型是个别性与普遍性的统一,是通过个别的人物形象来反映社会生活中某些普遍性的东西。然而,在典型问题上也像在其他问题上一样,马克思列宁主义的经典作家所批判地继承的,只是德国古典美学中辩证法的合理内核,只是他们关于典型是个别性与普遍性的辩证统一的讲法;至于他们唯心主义的思想体系,则坚决地予以否定和抛弃。否定和抛弃了唯心主义的东西之后,再把他们合理的因素,经过唯物主义的改造,使之适应无产阶级的革命需要,使之成为马克思列宁主义美学的组成部分。这一改造,主要地表现在三个方面:

第一,对于典型的理解。德国古典美学把典型称为"理想",这就因为他们从唯心主义出发,或者把典型理解为符合理性概念的个体表象,如康德;或者把典型理解为"符合理念本质而现为具体形象的现实"④,如黑格尔。在这里,理性

---

① 黑格尔《美学》第1卷,第197页。
② 同上,第295页。
③ 恩格斯《致敏·考茨基》,《马克思恩格斯选集》第4卷,第453页。
④ 黑格尔《美学》第1卷,第88页。

概念或理念,都成了典型概念中的决定性的东西。典型不是来自于客观的现实生活,而是理念下降凡尘,走到现实生活中,在个别的人物身上自我显现为感性的形象。在具体分析上,虽然他们有的人也接触到了典型与现实生活的关系问题,如黑格尔就说:"理想就是从一大堆个别偶然的东西之中所拣回来的现实。"①但在根本的倾向上,他们却是彻头彻尾的唯心主义者。他们认为典型就是理念给我们树立的某种具体的典范,就是作为"理想"而使我们向往的某种个性化了的理念世界。典型人物的性格之所以是理想的性格,就是因为理念化为具体的普遍力量,化为神,走到了人物的内心里面,使这个人物成了普遍力量的代表。人物性格的典型意义,就在于他代表了这种普遍的精神力量。

马克思列宁主义的经典作家,从辩证唯物主义和历史唯物主义出发,彻底地否定了德国古典美学关于典型的这种唯心主义的理解。马克思说:"人的本质并不是单个人所固有的抽象物。在其现实性上,它是一切社会关系的总和。"②马克思在这里所批判的,是费尔巴哈把人的本质理解为"许多个人纯粹**自然**地联系起来的共同性"③。但是,无疑的,马克思在这里也批判了德国古典美学把人的本质理解为超自然的超现实的理念。人的本质既不是纯粹自然的东西,也不是来自于另外一个世界的理念,而就是社会关系的总和。正因为人的本质是社会关系的总和,所以作为"理想艺术表现的真正中心"④的人物性格,也不可能是来自于什么神秘的"普遍力量",而就是在人们的社会关系中,具体地历史地形成起来的。"不管个人在主观上怎样超脱各种关系,他在社会意义上总是这些关系的产物。"⑤正因为人物的性格是在社会关系中形成起来的,而社会关系在阶级社会中主要的是指阶级关系,是"一定的阶级和倾向的代表"⑥,因

---

① 黑格尔《美学》第1卷,第196页。
②③ 马克思《关于费尔巴哈的提纲》,《马克思恩格斯选集》第1卷,第18页。
④ 黑格尔《美学》第1卷,第292页。
⑤ 马克思《资本论》第1卷《第一版序言》,第12页。
⑥ 恩格斯《致斐·拉萨尔》,《马克思恩格斯选集》第4卷,第343页。

此,典型人物都具有一定的阶级性,是一定的阶级关系和社会关系的反映。典型人物之所以成为典型人物,主要的就在于它通过个性化的艺术形象,概括地集中地反映了一定的本质的社会关系和阶级关系。这种本质的社会关系和阶级关系,就是社会发展的客观规律。因此,在马克思列宁主义的美学看来,典型就不是什么理念的感性显现,而是社会生活和社会发展某些方面的本质规律在艺术形象中的反映。社会生活的本质规律是普遍的、必然的,同时又是客观的、现实的、物质的,这样,典型通过艺术形象所反映的,就不是什么精神性的抽象概念,而是具体地活在现实生活中的客观规律。普遍性与个别性的统一,在德国古典美学是理念与感性形象的统一;在马克思列宁主义的美学,则改造成了社会生活某些方面的本质规律与生动的具体的感性形式在艺术形象中的统一。典型,就是深刻地反映了社会生活某些方面的本质规律、而又取得了一定艺术成就和个性化了的艺术形象。

第二,对于典型化的理解:德国古典美学把典型理解为理念的感性显现,因此,他们塑造典型的方法,也就是典型化的方法,就不是从生活到艺术形象,而是从理念到感性形象。用黑格尔的话来说,艺术的典型化,"是概念到感性事物的异化"[①],或者"艺术作品是由思想异化来的"[②]。那么,思想怎样"异化"呢?首先,艺术取材于观念。黑格尔说:"诗按它的名字所含的意义,是一种制作出来的东西,是由人产生出来的,人从他的观念中取出一种题材,在上面加工,通过他自己的活动,把它从观念世界表现到外面来。"[③]这样,很明显的,典型化的出发点,就不是现实生活,而是思想或观念。其次,作为表现形式的外在事物,则要经过心灵的"清洗","使外在事物还原到心灵的事物,因而使外在的现实符

---

① 黑格尔《美学》第1卷,第14页。
② 同上,第15页。
③ 同上,第203页。西文"诗"字原义为"制作"。

合心灵,成为心灵的揭露。"①这样,典型化的过程,在黑格尔就成了"观念化"或"心灵化"的过程,也就是使外在事物转化成观念或心灵的过程。不管他由于运用了辩证法,在具体的分析上怎样天才地猜测到了一些艺术创作的客观规律,也强调"创作所依靠的是生活的富裕"②,但从他的唯心主义的思想体系来看,则不能不说,他所说的典型化就是从思想到思想,完全违反了艺术创作的客观规律。至于康德,更单纯地把典型化看成是天才的想象活动。他认为在天才的想象中,理性概念取得了客观现实的面貌,于是就创造出了最能表现理性概念的艺术形象。

马克思列宁主义经典作家认为艺术的典型化,不是从思想到思想,而是从生活到形象。那就是说,作家塑造典型,首先应当深入生活,在深入地熟悉生活的基础上,深刻地了解现实的各种关系,然后再按照现实生活本身的形式,塑造出能够反映这一关系的本质规律的艺术形象来。恩格斯一再强调"现实主义的真实性"③,强调"对现实关系的真实描写"④,就是这个意思。其次,为了典型化,马克思列宁主义的经典作家,一方面十分重视"鲜明的个性描写",反对抽象的"理想化",反对把个性"消融到原则里去"⑤;另方面,又十分重视作品的思想倾向,反对"恶劣的个性化",认为这种个性化,"是一种纯粹低贱的自作聪明,并且是垂死的模仿文学的一个本质的标记。"⑥和这种个性化相反,马克思和恩格斯认为,典型人物的"动机不是从琐碎的个人欲望中,而正是从他们所处的历史潮流中得来的。"⑦为了塑造这样的典型,马克思和恩格斯都热情地主张现实主义的创作方法,主张个性化与概括化统一在一起的典型化。他们一再指出,应当"更加莎士比亚化",而不应当"席勒式地把个人变成时代精神的

---

① 黑格尔《美学》第 1 卷,第 196 页。
② 同上,第 348 页。
③ 恩格斯《致玛·哈克奈斯》,《马克思恩格斯选集》第 4 卷,第 461 页。
④⑤ 恩格斯《致敏·考茨基》,同上,第 454 页。
⑥⑦ 恩格斯《致斐·拉萨尔》,同上,第 344 页。

单纯的传声筒"①,"不应该为了观念的东西而忘掉现实主义的东西,为了席勒而忘掉莎士比亚。"②席勒的倾向,并不能代表整个德国古典美学的倾向,但是,马克思和恩格斯所反对的"席勒化",实际上是反对由于德国古典美学唯心主义倾向在当时所造成的从思想出发,以及从思想到思想或从思想到形象的不良影响。恩格斯说:作品的政治倾向"应当从场面和情节中自然而然地流露出来,而不应当特别把它指点出来"③。从某种意义上来说,这也是针对德国古典美学的。因为德国古典美学所说的典型化,事实上是思想的典型化。马克思和恩格斯所说的典型化,是沿着现实生活本身的方向来典型化,思想是从现实生活本身的发展过程中自然而然地流露出来,而不是外加到现实生活中去的。就这样,马克思和恩格斯把德国古典美学那种唯心主义的典型化方法,改造成了唯物主义的典型化方法。

第三,对于典型环境的理解:康德反对美与现实利害的联系,因此他根本不谈环境问题。黑格尔则从客观唯心主义出发,论述了精神在不同时代的发展,因此,他是把时代精神当成典型人物活动的环境。每一个时代,"教育,科学,宗教乃至于财政,司法,家庭生活以及其他类似现象的'情况'"④,在他看来,都是人物活动的环境。环境又分成两种:一是"一般的世界情况",这是一般的背景;二是"情境",这是人物具体地活动于其中并展开冲突的环境。黑格尔看到了环境对于典型人物性格形成的重要意义,以及他把冲突当成环境构成的重要因素,这些应当说是他的历史贡献。但是,他把环境理解为理念显现的不同阶段,把时代精神与人物活动的总的环境等同起来,这就是唯心主义的了。同时,他所说的理想的环境是固定的,只有在"英雄时代"才有,这也是受了他的唯心主

---

① 马克思《致斐·拉萨尔》,《马克思恩格斯选集》第4卷,第340页。
② 恩格斯《致斐·拉萨尔》,同上,第345页。
③ 恩格斯《致敏·考茨墓》,同上,第454页。
④ 黑格尔《美学》第1卷,第223页。

义体系的限制。另外,他一方面承认"一般世界情况"决定人物的性格,"一般世界情况"是随着历史的发展而发展的;但另方面,他又认为作为人物性格的中心内容的"情致",是一些永恒不变的理念,是"存在于人的自我中而充塞渗透到全部心情的那种基本的理性的内容",如爱情、友谊等。这就不仅是唯心主义的,而且是自相矛盾的了。

马克思列宁主义的经典作家反对黑格尔用时代精神来解释环境。他们说:人的本质是社会关系的总和,社会关系的总和就是"环绕着这些人物并促使他们行动的环境"①。因此,恩格斯提出"要真实地再现典型环境中的典型人物"②,就是要把人物放在社会关系中来描写。能够反映出社会生活某些方面的本质规律的人物形象,是典型的人物;能够反映出这一本质规律的特定环境,则是典型的环境。人物是现实的,是社会关系的产物;环境也是现实的,它就是这一社会关系的总和。因此,就在典型环境与典型人物的辩证统一中,我们看到了一个时代一个社会某些方面的本质特征,认识了一个时代一个社会的某些方面的规律性。从一滴海水可以品味到整个大海水的味道,从一个典型环境中的典型人物,我们也可以捉摸到整个时代社会某些方面的脉搏,了解到整个时代社会某些方面的动向和发展趋势。就在这个意义上,恩格斯特别重视典型环境,强调"要真实地再现典型环境中的典型人物";也在这个意义上,恩格斯第一次用历史唯物主义的观点,批判了德国古典美学以及其他资产阶级学说关于环境的唯心主义的解释,第一次科学地全面地阐述了典型环境与典型人物之间的辩证关系。

不仅这样,马克思列宁主义的经典作家还从人的主观能动性方面,唯物地辩证地论述了人物与环境之间的关系。黑格尔是看到了人的主观能动性的,他强调人物的"独立自足性",就是一例。但是,他是从唯心主义的立场、从普遍理

---

① ② 恩格斯《致玛·哈克奈斯》,《马克思恩格斯选集》第4卷,第462页。

性和观念在人物内心中所起的作用来理解这一能动作用。马克思列宁主义的经典作家则从历史唯物主义的立场,来论证了人一方面是环境的产物,受环境的制约和支配;但另方面,人又能通过自己的实践活动,通过劳动,来改变环境,并在改变环境的过程中,改变人的本身。马克思说:"有一种唯物主义学说,认为人是环境和教育的产物,因而认为改变了的人是另一种环境和改变了的教育的产物——这种学说忘记了:环境正是由人来改变的,而教育者本人一定是受教育的。"①那就是说,人不仅是教育和环境的产物,而且教育和环境也是人的活动的结果。列宁讲得更清楚:"人给自己构成世界的客观图画,他的活动**改变**外在的现实,消灭它的规定性(=变更它的这些或那些方面、质)……"②正因为环境同时是人来改变和创造的,所以,"真实地再现典型环境中的典型人物",就应当写出环境与人物之间的相互作用。人物在给他所规定的社会关系中活动,这些社会关系形成了他的思想和感情,规定了他的性格和命运;但是,人物本身又是构成这一社会关系的积极因素,因此,由于他的活动,由于他的思想和感情的影响,他也不断地改变着这一关系,促进这一关系的发展。这样,描写人物与环境的关系,就要求作家艺术家走在时代的前面,从现实发展的方向,用时代最先进的观点,来描写他的人物,从而使他的人物成为时代的号角。因此,"真实地再现典型环境中的典型人物",就不仅是消极地去描写已经存在的环境,而且要去描写正在发展中的环境,描写生活中的变化和斗争!这样一来,马克思列宁主义的美学,不仅批判了德国古典美学,对它作了革命性的改造,而且以革命者的雄姿,在继承德国古典美学的基础上,开辟了美学研究的新的方向。

以上,我们从美学的性质、美的本质、艺术的历史发展和典型问题四个方面,尝试性地探讨了马克思列宁主义的经典作家对于德国古典美学所作的革命性的批判和改造。当然,批判和改造的范围,决不限于这四个方面。其他如悲

---

① 马克思《关于费尔巴哈的提纲》,《马克思恩格斯选集》第1卷,第17页。
② 列宁《哲学笔记》,第235页。

剧、艺术的审美教育作用等,马克思列宁主义的经典作家都对德国古典美学进行了革命性的批判和改造。但就从这四个方面我们已经可以看出,德国古典美学作为资产阶级唯心主义美学中最大的一个流派,不仅是马克思列宁主义美学的对立面,而且是马克思列宁主义美学批判和改造的对象,与马克思列宁主义美学具有密切的批判继承的关系。我们要学习马克思列宁主义美学,就应当在马克思列宁主义的指导下,对德国古典美学作比较深入的全面的批判和理解。只有这样,我们才能真正继承德国古典美学这一份珍贵的美学遗产。

本文原为蒋孔阳《德国古典美学》之一章,商务印书馆2014年版

黑格尔美学的内在矛盾和局限

朱立元

黑格尔的《美学》虽说有以上许多优点和特点,但并不是尽善尽美的,而是充满着内在矛盾,有着严重的缺陷和局限的。这种内在矛盾并非局部的、表面的,而是全局性的,它深入到美学的各个方面、各个环节,渗透到所有重要的美学问题中。下面,我们先对这些内在矛盾的主要之点作一剖视。

唯心主义思想路线与现实主义美学倾向的矛盾

黑格尔的美学思想从总体上、从体系上说,唯心主义路线是贯彻得相当彻底的。就艺术美这个《美学》全书的主要课题而言,黑格尔的出发点不是具体的艺术作品或艺术形象,也不是作品所反映的历史和现实生活,更不是艺术家的具体创作活动或经验,而是神秘而万能的理念(或曰"理想")。全部艺术美都是理念通过自身感性显现的矛盾运动而派生、流淌出来的。

在黑格尔那里,理念的感性显现有双重含义:一是指构成艺术作品的内容或艺术形象的形成,是理念从一般到特殊、从理性到感性、从思想到形象,逐步取得各种定性的产物;二是指理念通过艺术家的创造活动而转化为感性形象的过程,换句话说,黑格尔认为,从一般到特殊,从理性到感性,从思想到形象,是与艺术家的创作过程相吻合的,或者说,就是艺术家创造活动的一般程序。他的具体思路是,理念首先否定自己的抽象性,从无定性的"天国"进入尘世,转化为一般世界情况,即一定时代和社会思想文化方面的总背景、总情况,然后一般世界情况又否定自己的一般性,而进入人物活动的具体情境,这种情境包含着矛盾冲突,既同一般世界情况相联系,又同人物动作相联系。这样,情境就过渡到人物性格,冲突的情境既诱发人物动作,又衬托人物性格,人物则发出动作与反动作,推动冲突情境的发展。理念从一般世界情况→情境→人物性格,就完成了向艺术形象的转化,实现了感性的显现。这是就艺术美诸要素的构成而言的。就艺术创造而言,黑格尔同样认为,艺术家酝酿、构思、创造形象的过程,是一般生发出特殊,理性发现感性,思想找寻形象的过程。

黑格尔这些看法的合理因素在于他强调了艺术作品中思想内容对感性形式的决定作用,突出了理性在艺术创作中的主导地位,注意了艺术作品揭示生活本质真实(理念)的重要性,指出了理性内容转化为生动具体的艺术形象的必要性。但是,这些合理见解完全被纳入了理念论的唯心公式。这个公式无论从本体论还是认识论角度看,都是彻底唯心主义的:艺术所表现的特定时代和社会环境中的特定人物性格,其一般本质居然先于这些具体生活内容而存在,并成为这些现实事物的"造物主";艺术家的创造活动居然不是从活生生的感性事物出发,而是从某种抽象的思想出发,一步步演绎出具体生动的艺术形象来。这一条唯心主义思想路线同艺术作品形成和艺术家创造活动的实际过程恰好相反,因而是完全错误的。

然而,《美学》一书在许多方面又一再表现出一种鲜明的现实主义倾向,同它的唯心主义基本路线发生抵牾。在创作论方面,黑格尔一反抽象的"理想"(理念)说,明确提出,"在艺术和诗里,从'理想'开始总是很靠不住的,因为艺术家创作所依靠的是生活的富裕,而不是抽象的普泛观念的富裕"[1]。这样,他把

---

[1] 《美学》第1卷,第357—358页。

和谐与自由

创造活动的起点从理念偷偷换成了现实生活。他一再强调,艺术创造"首先是掌握现实及其形象"、"把现实世界的丰富多彩的图形印入心灵里";"创造活动的首要条件"是"明确掌握现实世界中现实形象的资禀和兴趣"[①]。他把实际的艺术形象的形成和创造概括为这样的过程:首先广泛吸收现实事物的形象,然后艺术家要发挥理性思索对想象的指导作用,对现实中"本质的真实的东西还必须按照其全部广度与深度加以彻底体会",但是这种思索不同于概念性的哲学思考,而是使"常醒的理解力"同"灌注生气的情感"结合起来,通过情感的活动,把艺术家主体"自我"同客观现实形象熔铸在一起,来完成艺术美的创造。[②] 这样一个创作过程显然是从感性形象和现实事物出发,通过在理性指导下的形象思维(情感活动),达到个别与一般、感性与理性、形象与思想客体与主体高度统一的艺术美(理想)。黑格尔对艺术美形成和艺术家创造过程的这种描述完全符合实际情况,在认识论上是唯物主义的,在美学上则是现实主义的。在鉴赏论方面,黑格尔提出了客观性、真实性、典型性、整体性等一系列现实主义的批评原则,并以此作为衡量、评论各个时代各种样式的艺术作品的主要尺度,对从古至今许多艺术家和艺术作品作出了卓越的现实主义的评价。我们发现,在《美学》中,当黑格尔致力于思辨性的逻辑演绎时,他的唯心主义理念论公式往往占支配地位,而一旦进入具体艺术家和艺术作品的批评分析时,现实主义的美学原则就不知不觉地占了上风。整部《美学》,这种唯心主义路线与现实主义倾向的矛盾贯穿始终,时隐时现、时起时伏。

现实主义的美学倾向,从认识论角度看,是把现实生活作为艺术反映的起点和对象,把艺术的真实看成对现实生活的本质的揭示,因而属于唯物主义范畴。这说明,《美学》的思想路线的主导方面虽是唯心主义的,但也确实包含着一定的唯物主义因素。这两种截然对立思想的并存,反映了黑格尔美学思想内

---

① 《美学》第1卷,第357—358页。
② 参阅《美学》第1卷,第358—359页。

在矛盾的一个重要方面。

虚假、强制的总体构架与充满现实感、历史感内容的矛盾

由于"绝对"唯心主义哲学体系的需要,黑格尔在《美学》中同在其他哲学著作中一样,把描述理念的自己运动作为主要的任务,不过侧重点不同,《美学》主要描述理念在艺术领域或感性形象阶段的发展变化。它以"理念的感性显现"说为中心思想,从总论艺术美的本质(逻辑范围)、纵论三种艺术的历史类型(历史范围)、分论艺术门类系统(现实范围)三个方面和层次,逐步深入地展开理念的矛盾运动,推演出一整套美学的范畴系统,建立起一个总体上虚假的、带有强制性的逻辑构架,而把大量显然来自现实和历史的经验性材料人为地镶嵌到这个理念自运动的总体构架上,以便证明,美和艺术的现实发展和历史进步,不过是理念的外化或"感性显现"的结果,"只是在世界出现以前已经在某个地方存在着的'观念'的现实化的反映。这样,一切都被弄得头足倒置了,世界的现实联系完全被颠倒了"[1]。这样的总体构架不能不是一个虚假的"强制性的结构"[2],"就是在细节上也有许多东西不能不是牵强的,造作的,虚构的,一句话,被歪曲的"[3]。恩格斯这个论断是完全正确的。

这种歪曲和虚构首先表现在把艺术美的构成和创造神秘化、唯心化。黑格尔正确地认为,只有当思想内容与艺术形式达到完满有机的统一时才有艺术美。但是构成艺术美的这两个最基本的对立因素来自何处呢?在唯物主义者看来,人类的社会生活是艺术美的内容和形式构成的唯一源泉,这是再清楚不过的事了。然而,黑格尔却把这唯一源泉归到神秘莫测的"理念"名下。他说,艺术美的理念"是化为符合现实的具体形象,而且与现实结合成为直接的妥帖

---

[1][3] 《马克思恩格斯全集》第20卷,第28页。
[2] 《马克思恩格斯选集》第4卷,第215页。

的统一体的那种理念"①。就是说,艺术美的内容就是理念本身,艺术美的形式也是理念转化而来的,是理念的感性化、形象化。从内容决定形式、形式总是有内容的形式的观点看,黑格尔这个思想包含着辩证的合理成分,但是理念本身又是什么东西,为什么艺术美(乃至整个宇宙世界)一定出自这个无所不能的"神灵"呢?黑格尔却没有、也无法回答。再就艺术美的创造看,艺术美创造的主体是现实的人,是活生生的有血有肉的艺术家,甚至连极端主观唯心主义的唯我论者也不否认这一点。但是,黑格尔却把用形象思维来进行艺术创造的艺术家的头脑抽象化,用抽象的精神实体理念来取代艺术家的头脑,使理念成为艺术创造的真正主体,而把艺术家的现实创造活动降低为理念朝形象转化的一个中间环节,促成这种转化的最高主宰还是理念。他说,艺术家的创造活动就是"把绝对理性转化为现实形象"②。所以,艺术美形成和创造的现实的前进运动,"在黑格尔那里,只是概念的自己运动的翻版,而这种概念的自己运动是从来就有的、不知道在什么地方发生的,但无论如何是同任何能思维的人脑无关的。这种意识形态的颠倒是应该消除的"③。的确,用理念的感性显现来解释艺术美的构成和创造,是一种根本性的颠倒和歪曲,一种荒谬的虚构。

其次,《美学》构架的强制性和虚假性还表现在"把历史(其全部和各个部分)看作观念的逐渐实现,而且当然始终只是哲学家本人所喜爱的那些观念的逐渐实现"④。就是说,《美学》在叙述艺术美的历史发展时,不是从大量艺术史的实际材料中概括、总结出艺术发展的基本规律,而是从外部把理念运动的虚构规律强制地输入艺术史的实际材料中;不是努力去"发现现实的联系",而是把"达到这个绝对观念的坚定不移的意向"当成"历史事变中的内在联系",用

---

① 《美学》第1卷,第92页。
② 同上,第360页。
③ 《马克思恩格斯选集》第4卷,第239页。
④ 同上,第212页。

"理念感性显现"这种"臆造的人为的联系",这种"新的神秘的天意来代替"艺术发展"现实的、尚未知道的联系"。[①]其结果,就造成黑格尔概述世界艺术史时一些重大的失误。他为了把艺术史表述为理念始而找不到合适的形象显现(象征型艺术),继而达到与形象的和谐统一(古典型艺术)、终于超越感性形象(浪漫型艺术)的过程,有时不得不削足适履,按照"体系"的需要随意剪裁、取舍,乃至篡改艺术史的实际。譬如他把古代东方艺术统统概括为象征型艺术就十分牵强;他认为崇高属于象征型艺术的独特范畴,但实际情况远非如此简单,古代许多东方艺术都包含着优美的特点;而且在论及东方艺术时对中国艺术竟然只字不提,也许他对于中国艺术一无所知,也许他觉得中国艺术仅用"象征"概括不够妥当,但无论如何这总是一个很大的疏忽。再如他把希腊艺术只看成古典型理想——美的典型,其实也是以偏概全,希腊悲剧就是以崇高,而不是以美取胜的,就是他所谓古典型艺术的代表希腊雕刻,同样也不是只有一种风格,除了维纳斯女神等优美的雕像外,不是还有青铜武士、《掷铁饼者》、《拉奥孔》群像等展现力的崇高和悲壮美的杰作吗?至于他把古波斯、古印度、古埃及艺术看成"不自觉的象征艺术"的三个前后相承的发展阶段,就毫无历史根据,完全是按理念论的需要而任意设定的。又如,他把隐射语、谜语、格言、箴铭等很难看作艺术的东西都归入"自觉的象征"艺术阶段,以显示体系的完整与无所不包;而在论象征型艺术的隐喻、显喻、意象比喻时,他又把古代东方艺术暂时"忘记"了,大举西方其他历史类型的例子,如奥森史诗、莎士比亚戏剧、卡尔德隆的作品等等。这些西方浪漫型艺术何以突然进入古代东方象征型艺术的领地了呢?也许,这是黑格尔的疏忽,但究其根源,还是为了照顾体系的严整,不惜牺牲历史,古代东方例子觅不到,就求助于西方近代的材料。由此可见,无论在总体上还是在细节上,《美学》的强制性构架,都造成他的艺术史概述有许多生硬、勉强、

---

① 《马克思恩格斯选集》第4卷,第242—243页。

虚假和违背史实的地方。

然而，这只是问题的一个方面。问题的另一方面是，《美学》对艺术历史和现实发展的评述在多数情况下又是符合实际的，那种充满历史感和现实感的精湛论述在《美学》各卷中俯拾即是。诚如马克思、恩格斯所说，"黑格尔常常在思辨的叙述中作出把握住事物本身的、真实的叙述"①。理念感性显现的构架"形式尽管是那么抽象和唯心，他的思想发展却总是与世界历史的发展紧紧地平行着"，"实在的内容却到处渗透"②在《美学》中。

这种"实在的内容"、"真实的叙述"，最根本的表现在黑格尔把人类的艺术看成一个有内在规律可循的历史发展过程，而不像当时多数人那样，认为人类艺术只是一大批艺术家和艺术品的杂乱无章的堆积，或者把艺术史看成纯粹由少数天才灵感突发所产生的艺术品按时间顺序的简单相加。这样，黑格尔就抓住了艺术发展的本质，就在根本点之上把握了艺术史的真实。用理念自己运动来解释艺术史固然失之荒谬，但若对理念论加以唯物主义改造，把一部人类艺术史看成思想内容（理念）与感性形式矛盾运动的历史，也即一定的内容决定和生成一定的形式，内容的发展突破旧形式的束缚而创造出新的与内容适合的形式，这样一个不断新陈代谢的过程（当然，这个思想内容归根结蒂是由人们的物质生产方式所规定并随着物质生产方式的发展而发展），我以为是抓住了艺术发展的内部规律的。现今，我们各种文学艺术史著作，在叙述艺术自身发展的规律方面，不是基本上还是沿袭了这一个思路吗？

在艺术史的具体叙述中，实在和真实的方面也还是主要的，尤其当黑格尔离开令人厌倦的思辨推理而集中分析艺术发展的情况时，更是如此。譬如，黑格尔对雕刻艺术三个发展阶段（埃及、希腊和罗马、基督教的雕刻）的叙述，对绘画艺术三个发展阶段（拜占庭绘画、意大利绘画、荷兰和德意志绘画）的特点的

---

① 《马克思恩格斯选集》第4卷，第215页。
② 《马克思恩格斯全集》第2卷，第121页。

黑格尔美学的内在矛盾和局限

概括,就基本上符合艺术史实际①,虽然雕刻艺术发展的描述还未摆脱三种历史类型的框子,但绘画艺术发展的概括则突破了这个艺术发展的历史模式,完全按照历史实际予以经验性的描述。这同前边那种历史事实适应服从体系构架的情况恰好相反,是体系服从史实、构架尊重历史。再如,黑格尔概括的史诗→抒情诗→戏剧诗,悲剧→喜剧→正剧这样一种艺术门类的发展序列也基本上符合欧洲艺术史发展的先后次序。这样的例子是大量的。所以,《美学》对艺术史的概括,撇开其强制性构架,就其具体内容而言,是同艺术的实际发展"紧紧地平行着"的。

不但在对艺术过去历史的叙述上,而且在对当时艺术发展的现实动向的把握上,黑格尔也在相当大的程度上达到了真实的描述。如前所述,在"浪漫型艺术的终结"这一节中,黑格尔对歌德为代表的古典现实主义文艺和荷兰的写实派绘画从理论上作了充分肯定和辩护,并提出了艺术"要显示出当代精神现状"的要求②;而对当时还颇有市场的法国古典主义文艺进行了尖锐的批评和嘲笑,首次提出了"应该从历史和美学的观点"③开展文艺批评的科学尺度;又对当时风靡德国文坛的消极浪漫派文艺进行了深刻的清算,揭露了这种从"自我"出发的纯粹"主体性"创作思潮的非理性主义和消极、颓唐、怪诞的错误倾向④;甚至还对刚刚露头的自然主义创作倾向进行了批评。这表明,《美学》也同艺术的现实发展紧紧地平行着,其中不少看法是对艺术未来发展趋势的天才猜测。

《美学》中这种充满历史感、现实感、时代感的论述在篇幅上占了全书的大部分,它们的"实在内容"充填在理念论的唯心主义构架的各个层次、环节上,成为这部巨著的主要价值所在。这样,一方面是唯心的、强制性的结构,一方面是现实的、历史的内容;一方面要用史实验证、迎合、迁就体系,一方面又要使体系

---

① 参阅《美学》第3卷(上),第197—214、305—327页。
②③ 《美学》第2卷,第381页。
④ 参阅《美学》第2卷,第372—374页。

尊重、承认、符合史实，就不能不产生尖锐的内在矛盾。这种矛盾不仅是唯心主义体系与辩证方法的矛盾，而且也反映了黑格尔思想中唯心主义主导面与唯物主义因素的冲突。忽视这一点是不对的。从现在《美学》的内容和结构的安排，可以推想黑格尔力图调和唯物与唯心两个对立方面，体系必须与整个哲学相衔接、呼应，以理念运动来贯穿全书、树立逻辑构架是一开始就预定好的、不可动摇的意向；但接触了大量艺术史材料的黑格尔又不能不承认、并正视历史和现实，他必须从中寻找和发现艺术发展固有的内在规律，而不能凭空编造，这就使他又不得不倾向于经验性研究方法。为了调和这种矛盾，黑格尔就力图把对艺术史的经验性概括同理念运动的具体行程、同理念推演的逻辑顺序、范畴系统人为地统一起来，以便使理念感性显现的逻辑序列同艺术史的发展过程与内在规律相一致。遇有矛盾时，他首先保证体系的完整，有时甚至不惜牺牲历史事实与细节；但在体系基本成立的前提下，他还是尽量维护历史的真实面貌，有时在个别环节上甚至也能突破体系的强制结构，这就是《美学》的又一个重要的内在矛盾。

审美理想上崇古与厚今的矛盾

崇尚古典艺术特别是希腊艺术，是《美学》在审美理想上表现出的一大特色。无论在总论部分还是分论部分，黑格尔都一再强调古典型艺术是美的典范，是真正的艺术理想。他指出，"艺术理想的本质"就是内在理念因素与外在感性现实、思想与形象有机结合的"自由的和谐的整体"，并把这种基于理性与感性、思想与形象和谐统一的"那种和悦的静穆和福气，那种对自己的自足自乐情况的自欣赏，作为理想的基本特征而摆在最高峰"[①]。他认为这种"和悦的静

[①] 《美学》第1卷，第201—202页。

穆"在"古代艺术形象里"体现得最充分①,如斐底阿斯的雕刻,把"所要表现的那种心灵性的基本意蕴""通过外在现象的一切个别方面而完全体现出来,例如仪表,姿势,运动,面貌,四肢形状等等,无一不渗透这种意蕴",从而达到"通体贯注的生气",进入理想的、美的境界②。可见,在黑格尔心目中,古典艺术是美的典范,是理想的顶峰。他对所谓"和悦的静穆"的风格的崇尚,也反映出他的古典主义审美情趣。

在分论三种艺术的历史类型时,他的古典主义审美理想表露得更为突出。他说,"符合美的概念"的实际存在"只有在古典型艺术里才出现",只有古典型艺术才是符合艺术概念的"真正的艺术"③。而希腊艺术就是"古典理想的实现","古典美以及它在内容意蕴、材料和形式方面的无限广阔领域是分授给希腊民族的一份礼品",这个民族"创造出一种具有最高度生命力的艺术","美的感觉,这种幸运的和谐所含的意义和精神,贯穿在一切作品里",使他们"攀登上美的高峰","艺术的希腊就变成了绝对精神的最高表现方式"④。在具体论述各种艺术门类时,黑格尔也时时显出对古典艺术的推崇。如对古建筑、雕刻、史诗、抒情诗、悲剧、喜剧等艺术样式,黑格尔的主要赞词还是落在希腊人头上。他说,希腊建筑往往能在诸形式"关系的和谐配合中就把单纯的符合目的性提高到美"⑤,使各种比例关系"都隐含着一种和谐"⑥。他认为,作为古典型艺术的代表性门类的雕刻,更是数希腊最高明,对雕刻的"这种完美造型的敏感是希腊人的天生的特长"⑦,因此,"在希腊随便哪一个城邦里都有成千上万的成林的

---

① 《美学》第 1 卷,第 202 页。
② 同上,第 221 页。
③ 《美学》第 2 卷,第 157 页。
④ 同上,第 168—170 页。
⑤ 《美学》第 3 卷(上),第 61 页。
⑥ 同上,第 64 页。
⑦ 同上,第 131 页。

各种各样的雕像"①。他又说,就史诗而言,也是希腊人"才初次把我们带到真正史诗的艺术世界",荷马的《奥德赛》和《伊利亚特》的"叙述语调始终是民族的,真实的,就连个别部分也都熔铸得很完美,各自成为独立自足的整体","所以全部描述对我们还有极高的价值,博得我们欣赏和喜爱"②。就连以主体性为特征的希腊抒情诗,仍然保持着古典的美,保持着"古典型的个性",即使"在表现内心生活时也还是尽可能地保持着古典艺术中造型艺术的类型"③。同样,"戏剧体诗的真正起源要在希腊去找。在希腊人中间,自由的主体性这一原则才有可能采取的古典艺术形式第一次获得奠定"④,希腊的悲剧和喜剧都是古典型戏剧,都具备古典美的因素,都合乎"理想"的要求。以上材料充分说明,黑格尔最崇尚的乃是以希腊艺术为代表的古典艺术,他审美理想的基本方面是放在过去,放在已经逝去的古代。崇尚古典是他主要的美学倾向。

崇古的审美理想不仅表现在《美学》中,而且在黑格尔的其他著作中也有所反映。《法哲学原理》把古今悲剧进行对比,认为现代悲剧如《罪过》的主人公——万恶流氓罪犯落得毁灭的公正下场"虽然是刑法上一个有兴趣的问题,但是我们这里所讨论的真正艺术对它丝毫不感觉兴趣",就是说,现代悲剧缺乏真正的艺术美;而希腊悲剧中人物的冲突是既包含合理方面,又包含不义方面,冲突的结果是"真正伦理理念"克服了冲突双方的片面性后取得胜利,"正是这一点构成古代悲剧真实的、纯伦理的旨趣"⑤,也是希腊悲剧具有真正的伦理美、古典美的根源。《哲学史讲演录》则对喜剧之父阿里斯托芬的政治讽刺喜剧给予了高度的评价与赞扬,指出"他的一切都有非常深刻的理由,在他的诙谐中,是以深刻的严肃性为基础的","从他所有的剧本中,可以看出他是一个多么彻

---

① 《美学》第3卷(上),第181页。
② 《美学》第3卷(下),第174页。
③ 同上,第231页。
④ 同上,第296页。
⑤ 《法哲学原理》第157页注。

底深刻的爱国者,一个高尚卓越的真正的雅典公民"①。《历史哲学》更是把"希腊性格的中心"规定为"美的个性",说"希腊'精神'等于雕塑艺术家"②,所以,希腊艺术是美的典范。这种崇古倾向也不仅表现在他的后期著作中,而且贯穿他的一生,他的早期著作这种倾向更为强烈。《精神现象学》的"艺术宗教"实际上只讲了希腊艺术,在青年黑格尔看来,此前此后的艺术都不算真正的艺术。黑格尔后来明确承认自己颂扬希腊悲剧的论点,"我在《精神现象学》中业经详加论述"③。可见,崇尚古典艺术,是黑格尔一生未变的美学信条。

与古典艺术相比,黑格尔对近代(浪漫型)艺术则批评较多,特别是对近代一些创作倾向、美学观点不健康的艺术更是大张挞伐(如对德国浪漫派的"滑稽"说就作了严厉批评)。然而,值得注意的是,他并未反历史主义地一向崇古非今、厚古薄今,或者甚至主张艺术上的复古倒退。相反,他在许多场合自觉不自觉地颂扬近代艺术,甚至公开为浪漫型艺术的合法性、必然性辩护,为它寻找有力的美学根据。

黑格尔一方面强调,"古典型艺术是理想的符合本质的表现,是美的国度达到金瓯无缺的情况。没有什么比它更美,现在没有,将来也不会有"④;随着古典型艺术的解体,浪漫型艺术取而代之,于是精神重又从感性物质形式中挣脱出来,导致思想与形象的分裂,即"艺术主要因素的分裂"⑤,也就导致艺术本身的解体,所以,"浪漫型艺术虽然还属于艺术的领域,还保留艺术的形式,却是艺术超越了艺术本身"⑥,超越了理想和美本身。这实际上全盘否定了浪漫型艺术还有美,还有其独特的审美价值,从而散发出浓厚的崇古贬今的味道。但是,另一

---

① 《哲学史讲演录》第 2 卷,第 77 页。
② 《历史哲学》,第 284—285 页。
③ 《法哲学原理》,第 157 页注。
④ 《美学》第 2 卷,第 274 页。
⑤ 同上,第 175 页。
⑥ 《美学》第 1 卷,第 101 页。

方面他又千方百计抬高浪漫型艺术的地位。他说,虽然古典美一去不复返了,"不过还有比这种精神在它的直接的感性形象里的美的显现还更高的艺术",这就是精神与感性形象分离、重返精神世界(内心生活)的艺术类型——浪漫型艺术。在这种艺术中,精神"才享受到它的无限和自由"①。这样,浪漫型艺术虽然不如古典型艺术美,却比古典型艺术更高级。不仅如此,黑格尔还力图替浪漫型艺术发掘美的因素。他从浪漫艺术精神性更强这一点出发,认为,"对于这个最后的艺术阶段来说,古典理想的美,亦即形象最适合于内容的美,就不是最后的(最高的)美了","现在的美却要变成精神的美","本身无限的精神的主体性的美",相比之下,古典美倒"只能处于次要的地位"②。这个观点同他前面宣布现在、将来永远不会有美的论断显然是自相矛盾的,表现出他审美理想中厚今颂近这另一方面。有两个例子足以说明这一点。

一个例子是,他把浪漫型艺术与希腊雕刻这种最典型的古典艺术相比较,发现"造型艺术中的神们的形象表现不出精神的运动和活动,精神并没有离开它的肉体的实际存在而反省它本身,没有通体渗透着自觉的内心生活","在外表方面这个缺陷表现于雕像上没有单纯灵魂的表现,即没有眼睛放出的光。美的雕刻中头等作品都是没有视觉的";相反,"浪漫型艺术的神却是长着眼睛能见事物的,自己认识自己的,具有内在主体性的,把自己的内心生活展示给观众内心的",而且"它所表现的人及其周围世界是无限广阔的,内容极其丰富多彩的"③,这是希腊雕刻相形见绌的。另一个例子是对希腊古典戏剧与近代浪漫剧的比较。黑格尔指出,古典剧中突出伦理实体性的主宰作用,"主体性在动作情节中发挥的作用"则"比较有限",因此,"希腊戏剧对内心状态和人物性格特征的详细描绘以及错综复杂的情节都不能充分发挥作用;戏剧的兴趣也不在个别

---

① 《美学》第2卷,第274页。
② 同上,第275页。
③ 同上,第278—279页。

人物的命运,不在个别特殊细节,而首先在于对不同的人生本质力量之间"①;相反,"近代诗的兴趣在于人物性格的伟大,这种人物凭他们的想象力或见识和才能,既提高到超出他们的情境和动作情节之上,又显出他们的全部真实的内心生活的丰富"②,因此,"我们在近代戏剧中所看到的不是古代戏剧中那种简单的冲突,而是丰富多彩的人物性格,离奇的错综复杂的纠纷,令人迷惑的曲折情节,突如其来的偶然事故,这一切都有权到处发挥作用"③。在这种对比里,黑格尔毫不掩饰他对近代戏剧超越、发展了古代戏剧的许多新特色的由衷肯定。至于黑格尔对近代浪漫型艺术的优秀代表莎士比亚、歌德、席勒等人的创作成就的赞誉,对他们突破古典艺术框子作出的创新和贡献的颂扬,则在《美学》各卷中随处可见。这一切充分证明,在黑格尔的灵魂深处,那种承认、重视、肯定近代浪漫型艺术的发展观点,那种厚今薄古的美学思想正以强旺的势头悄然滋长着,不可避免地同他固有的崇古贬今的主导倾向发生了深刻的矛盾。这不仅是两种美学观点、两种审美理想的分歧,也反映出他思想中两种艺术情趣的冲突。

封闭式的逻辑结构与艺术无止境思想的矛盾

辩证法认为,世界上一切事物(包括自然界,人类社会和思维)都处在永恒的、绝对的运动发展之中,不存在什么绝对的终点。在辩证法面前,"不存在任何最终的、绝对的、神圣的东西;它指出所有一切事物的暂时性;在它面前,除了发生和消灭、无止境地由低级上升到高级的不断的发展过程,什么都不存在"④。这是黑格尔哲学的合理内核和精华所在。所以,恩格斯指出,"黑格尔哲学的真

---

① 《美学》第3卷(下),第298页。
② 同上,第299页。
③ 同上,第300页。
④ 《马克思恩格斯选集》第4卷,第213页。

实意义和革命性质正是在于它永远结束了以为人的思维和行动的一切结果具有最终性质的看法","这不仅在哲学认识的领域中是如此,就是在任何其他的认识领域中以及在实践行动的领域中也是如此"。①据此,艺术作为对世界的一种特殊的认识方式,本身又是一种实践活动,是人对世界的"实践—精神的"掌握。②在人类存在的条件下,也不具有最终性质,就是说,艺术发展是无止境的。同样,作为对艺术的哲学探讨的美学科学,从根本上说,也不应当有最终性质,也不应宣布对艺术的认识已全部完成,达到艺术领域的绝对真理。

然而,黑格尔的悲剧恰恰在于他的唯心主义体系要求他在哲学认识和其他一切认识领域与实践领域中都把所谓的绝对精神运动的终结当作认识和实践的真正终点,这样就必然同辩证法、同现实和历史发生"不可救药的内在矛盾",即"包罗万象的最终完成的关于自然和历史的认识的体系"与"辩证思维的基本规律相矛盾"。③在美学中,他把艺术发展的浪漫型阶段、诗(戏剧诗)的阶段看作艺术发展的终点,接下去,人类更高的意识形式宗教就要取而代之了。在黑格尔看来,"一切艺术的目的都在于把永恒的神性和绝对真理显现于现实世界的现象和形状",但是艺术发展到浪漫型艺术的戏剧阶段,特别是喜剧阶段,就要"把精神和物质的同一割裂开来了,于是要外现于现实世界的绝对真理就无法外现了",这样,"喜剧就马上导致一般艺术的解体"。④这种"艺术解体"论就是他认为艺术发展有终点的明证。这同艺术发展无止境的辩证观点自然是针锋相对的。

由此可见,黑格尔整个哲学体系,无论从总体上看,还是从各个学科领域看,实质上都把按辩证法要求应是开放性的理论体系硬压入有终极性的封闭式

---

① 《马克思恩格斯选集》第4卷,第212页。
② 《马克思恩格斯选集》第2卷,第104页。
③ 《马克思恩格斯选集》第20卷,第28页。
④ 《美学》第3卷(下),第334页。

体系中。这种封闭式的逻辑结构在哲学上体现为宣布绝对真理的达到,在美学上表现为作出"艺术解体"的武断。

应当指出,"艺术解体"论的提出主要出于黑格尔构建"理念显现"的唯心主义封闭体系的需要,这无疑是反辩证法的。但此论亦非纯属荒谬无稽之谈。一是多少有一些现实、历史的依据。在黑格尔那个时代,随着法国大革命的失败,文化艺术也一度出现短暂的低落。除了歌德、席勒少数几个大家之外,艺术上很少生气,古典主义虽还有一定市场,但已属穷途末路、气息奄奄了;狂飙突进的积极浪漫主义运动的势头已过,消极浪漫派的复古(回到中世纪)、颓唐、感伤、反理性的不健康作品反倒风行一时;近代批判现实主义和浪漫主义的高潮还在酝酿之中。出于对艺术现状的不满和失望,黑格尔说:"希腊艺术的辉煌时代以及中世纪晚期的黄金时代都已一去不复返了","偏重理智的文化"的"现时代的一般情况是不利于艺术的","就它的最高职能来说,艺术对于我们现代人已是过去的事了"。① 二是就辩证法的根本精神而言,任何事物都有其新陈代谢过程,都有其产生与消亡、上升与下降的过程,就连人类历史,如恩格斯所说,也"不仅有上升的过程,而且也有下降的过程"②,何况作为人类历史一个方面的艺术。艺术既有其起源与发展,亦必有其衰亡与解体。在这个意义上,"艺术解体"论自有其合理之处,但是,也如同恩格斯所说,"无论如何,我们现在距离社会历史开始下降的转折点还相当远"③,把遥远的未来的"艺术解体"提前到现代,这是黑格尔判断的某种失误。对于黑格尔的"艺术解体"论,本书十七、十八章已作专门论述,此处不赘。

黑格尔尽管对未来艺术的发展抱有某种忧虑,但纵观全部《美学》,他对艺术前景的展望基本上还是乐观主义的。这不仅表现在他把近代浪漫型艺术看得比古典艺术更高,并在事实上对大量近代优秀艺术家、艺术作品作充分的赞

---

① 《美学》第1卷,第14—15页。
②③ 《马克思恩格斯选集》第4卷,第213页。

扬；也不仅表现在他对同时代一些现实主义作品的艺术性和审美价值的辩护；对新兴浪漫艺术突破古典主义陈规的欢呼；也不仅表现在他对当时尚处于孩提时期的"近代市民阶级的史诗"——小说艺术取代史诗的历史趋势的敏锐把握，对小说适于表现现代生活的特性的及时肯定；而且还表现在他对艺术发展无止境的规律作了极为清晰的理论表述。他说，要完成人类艺术之宫的建造，"世界史还要经过成千成万年的演进"①。显而易见，艺术"成千成万年的"未来的历史演进，同以"艺术解体"为逻辑终点的《美学》体系的封闭式结构又"包含着不可救药的内在矛盾"，即逻辑与历史的矛盾。虽然黑格尔在构筑体系时竭尽全力要把这二者统一起来，但逻辑体系的封闭性与艺术历史的无止境，从一开始就决定了黑格尔美学必然摆脱不了这个同时体现黑格尔伟大与平庸两个方面的内在矛盾。

"理念显现"说与萌芽中的实践美学观点的矛盾

《美学》从头至尾把"美是理念的感性显现"作为体系的核心，以此来解释美的本质、美的艺术的创造、美和艺术的发展等重大问题。黑格尔有时把理念自身外化、显现为感性的自然美或艺术形象这种情况也叫作理念的"工作"或"劳动"。这种观点虽然也包含着把美和艺术看成实践产物的合理猜测，但在总体上是错误的，荒谬的。因为在这里，实践的主体、美和艺术的创造者不是现实的人，而是神秘万能的精神实体——理念。所以，理念的感性显现只是一种"抽象的精神劳动"，抽象的精神实践，其实质在于把人的本质抽象化、理念化，现实的主体"人被看成非对象的、唯灵论的存在物"②。这样做，当然不可能真正找到揭开美学之谜的道路。

---

① 《美学》第 1 卷，第 114 页。
② 《1844 年经济学—哲学手稿》，第 117 页。

但是，在《美学》中，黑格尔有时突破了这种唯心主义的实践观，而从现实的人的实践活动出发来探寻美和艺术生成的秘密。他指出，人通过认识与实践两种方式来获得对自己的意识，特别是"通过实践的活动来达到为自己（认识自己）"。他认为，人通过实践认识自己的"需要贯穿在各种各样的现象里，一直到艺术作品里的那种样式的外在事物中进行自我创造（或创造自己）"。[①]就是说，艺术美本质上是人的实践活动的产物，人对客观世界的审美关系的形成是实践冲动的结果。他还把这种实践冲动提升为"人的自由理性"。[②]应当承认，这些观点是黑格尔思想中唯物主义实践观的萌芽。首先，他打破了理念论的唯心公式，把实践主体从抽象的超自然的理念移植到有"自然存在"的实在的人身上；其次，他把理念的感性显现这种特殊意义上的"创造"活动变为人自觉地通过"改变外在事物"的物质劳动或感性活动。这样就把抽象理念的精神劳动还原为现实人的物质活动。这是黑格尔实践观点的一大发展。他用这样一种唯物的实践观点来说明艺术和美的本质、起源，虽然语焉不详，却是他美学思想中一个革命性的突破。马克思就是沿着这个正确的方向前进，为我们找到了一条科学地解决美学基本问题的道路。

更为可贵的是，黑格尔还把这种新的实践观尝试着运用到美和艺术的生成、发展史的研究中。如对牧歌时代、英雄时代、文明时代三种不同世界情况的分析比较，就贯穿着唯物主义实践观的应用。他认为，牧歌时代人不劳动，从自然界现成地获取自己所需要的一切，这不利于人发展包括艺术创造和审美的能力；英雄时代人的劳动未异化，分工未发展，人们可直观和享受自己劳动的产品，因此，"到处都可见出新发明所产生的最初欢乐，占领事物的新鲜感觉和欣赏事物的胜利感觉"，这就导致人们"开始有比较高深的旨趣"[③]——审美和创

[①②] 《美学》第1卷，第39—40页。
[③] 同上，第332—333页。

美；文明时代，分工的发展和劳动的异化，导致人与自己产品的分离，人的劳动的抽象化，和阶级分化的加剧，这对于美和艺术的发展，对于人的审美能力的发展"也有许多障碍"①。黑格尔从人们在不同时代的物质劳动方式（实践方式）入手，来探讨美和艺术的生成、发展，来研究最适合美和艺术生长的社会环境、时代条件，这就使他的实践观不仅具有一般唯物主义（认识论）的因素，而且具有了某些历史唯物主义的因素了。如果说，在《逻辑学》中这种天才思想是以极其晦涩抽象形式表现出来的话，那么在《美学》中，这种思想是以比较明白直率的语言得到表述的。

可惜的是，这种唯物主义的实践观点在《美学》中还只是凤毛麟角，只是在个别场合，一、二个重要问题上被偶然地应用和发挥，并未成为全书的基本思想和线索。统率和贯穿全书的主旨仍然是"理念的感性显现"说，仍然是这种唯心而神秘的抽象精神劳动占据了艺术和美的创造者的宝座。很明显，这样两种思想是截然对立的。

普遍人性论与历史发展观的矛盾

如前所述，黑格尔青年时期是一个激进的人道主义者，晚年则变成一个隐蔽的人道主义者。但人道主义的信念终生未动摇。人道主义的主要思想基础是普遍的人性论。在《美学》中，普遍人性论是黑格尔广泛应用的一个法宝。他认为，艺术的要务就是表现普遍人性，表现"人的旨趣和精神价值"②，"揭示心灵和意志的较高远的旨趣，本身是人道的有力量的东西"③。

艺术为什么要表现这种普遍的人性呢？黑格尔回答是，描写普遍人性能使

---

① 《美学》第1卷，第331页。
② 同上，第37页。
③ 同上，第354页。

艺术获得永恒不朽的生命力与价值。因为历史与现实中的一切人、事、物都是暂时的、易逝的,只有普遍人性是人类共同的特性,是万古长存、永恒不变的。如果只着眼于描写种种易逝的外在事件、现象和个别人物的瞬间情绪和特殊性格,而不注意揭示普遍人性,那么艺术品亦必然很快事过境迁、被人遗忘,只有努力揭示普遍人性,艺术才能世世代代持续地发生影响,因为"这种作品的长存的基础却是心灵中人类所共有的东西,是真正长存而且有力量的东西,不会不发生效果的"。①根据这个观点,黑格尔解释了许多古代民族的作品至今仍对各民族有巨大感染力的现象。他说,世界各民族在历史发展中形成许多复杂的差别,"但是作为共同因素而贯穿在这些差别之中的毕竟一方面有共同的人性,另一方面有艺术性,所以这民族和这一时代的诗对于其他民族和其他时代还是同样可理解,可欣赏的"。如希腊诗至今对人们具有巨大吸引力,就"因为在希腊诗里,纯粹的有关人性的东西无论在内容上还是在艺术形式上,都达到最完美的展现"②,古代印度诗亦然。又如莎士比亚的戏剧,之所以"听众日益增广,因为它们尽管具有民族的特点,其中占很大优势的却是普遍人类的旨趣",由此黑格尔得出结论:"一般说来,一部戏剧作品如果所写的愈不是具有实体性的人类旨趣",而只是特殊时代、特殊人物的性格,"那么,不管它有多少其他优点,它也就愈易消逝"。③这里,黑格尔实际上把写不写普遍人性作为衡量艺术有无永恒价值的主要尺度了。

艺术如何来表现这种普遍人性呢?表现普遍人性同理念的感性显现又如何统一起来呢?为解决这个问题,黑格尔提出了"伦理实体"说和"情致"说,作为普遍人性论与理念论的联结点和桥梁。伦理实体,就是在伦理和艺术领域的理念,就是进入人类生活的普遍、合理的伦理精神。实质上也就是人类的理性

---

① 《美学》第1卷,第354页。
② 《美学》第3卷(下),第27页。
③ 同上,第264页。

或普遍人性。在艺术中,普遍人性的内容不能停留在抽象的伦理实体阶段,而需要特殊化、具体化,要进入个别人物的性格和动作之中,才能推进艺术形象的构成。于是,黑格尔就提出了"情致"说。所谓情致(志),是"存在于人的自我中而充塞渗透到全部心情的那种基本的理性的内容(意蕴)",也就是渗透到具体、个别的人物意志和情感中化为支配人物行动的普遍人性。普遍人性化为情致,就成为"艺术的真正中心和适当领域","在艺术里感动的应该只是本身真实的情致"[①]。就这样,黑格尔把理念感性化为艺术形象的过程解释为伦理实体(普遍人性)转化为情致的过程,达到了理念论与普遍人性论的统一;同时,也达到了把普遍人性输入艺术,使之成为艺术表现的中心的目的。总之,普遍人性论是黑格尔艺术美论的一根理论支柱,其重要性决不可忽视。

但是普遍人性论在根本上又是同黑格尔的历史主义美学观点相矛盾的。首先,就艺术作品而言,黑格尔认为"每种艺术作品都属于它的时代和它的民族,各有特殊环境,依存于特殊的历史的和其他观念和目的"[②],这种特殊的观念当然是历史的、具体的、暂时的、不断变化的,不像普遍人性那样永恒、那样抽象。既然每种艺术作品都不能超时代超民族,都受具体历史环境的制约,它又怎么能表现普遍人性呢?其次,就艺术作品的内容而言,黑格尔认为必然受每个特定时代的世界观即时代精神的制约。正是各个不同时代的世界观哺育出象征、古典、浪漫三种不同历史类型的艺术,给每一类型的艺术注入这个时代世界观的特定内容。他说,"这些世界观形成了宗教以及各民族和各时代的实体性的精神,它们不仅渗透到艺术里,而且也渗透到当时现实生活的各个领域里"[③]。艺术既然要把浸润着这些特定时代世界观的生活内容形象地表现出来,就不能不突破"普遍人性"的框子,就不能不将普遍人性的内容时代化、民族化、

---

① 《美学》第 1 卷,第 296—297 页。
② 同上,第 19 页。
③ 《美学》第 2 卷,第 375 页。

具体化，赋予其特定的历史内容。第三，就艺术家而言，他也跳不出时代和历史的限制。黑格尔说，"艺术的基础"不仅包括意义与形象的统一，"也包括艺术家的主体性和他的内容意义与作品的统一"①，即主客体的统一。而艺术家总是生活在特定的时代和社会环境中的，他"在各种活动中"，包括在艺术活动中，"都是他那个时代的儿子，他有一个任务要把当时的基本内容意义及其必有的形象制造出来"②，他自己的受制于特定时代的主观思想感情在熔铸进艺术品时也必然给艺术打上时代的、个人的印记。因此，无论艺术家主观上如何想只表现普遍人性，他实际上永远做不到这一点。第四，就艺术形象的构成而言，仅由伦理实体（普遍人性）转化为"情致"还远远不够。情致作为人物性格的核心只代表人物形象这一方面，完整的艺术形象还需要设置环绕人物并促使人物活动的"一般世界情况"和具体"情境"。一般世界情况是指一定时代总的思想、文化、精神的背景，情境则是一般世界情况的具体化，是围绕人物活动的具体环境。黑格尔认为，一方面，情致支配人物的活动，人物活动促使环境变化；另一方面，一般世界情况和情境规定着情致的内容，推动情致和性格的发展变化。既然情致受制于环境，随一般世界情况和情境的发展而发展，那就必然同普遍人性的支配相矛盾。人物情致和性格究竟由变化着的时代、历史环境所决定，还是由永恒不变的普遍理性和人性来主宰？黑格尔的艺术形象理论实质上处在一种两难的矛盾境地。

一句话，人道主义理想使黑格尔执著地奉行普遍人性论，而历史发展的辩证思想则要求他断然抛弃普遍人性的空洞议论，具体地历史地说明美和艺术的发展规律，这就给《美学》带来了又一个不可调和的内在矛盾。

上面六方面就是黑格尔美学思想中六个主要的矛盾。

《美学》中暴露出来的矛盾当然还不止这些，如在对艺术美与自然美关系问

---

① 《美学》第 2 卷，第 374 页。
② 同上，第 375 页。

题的认识上，对精神性与物质性、主体性与实体性等关系的处理上，都存在矛盾；又如对美的客观性的强调与对美为主体人而存在的观点也有矛盾；再如艺术分类中的历史主义观点与吸收传统分类法之间也存在矛盾；如此等等。但是，这些矛盾，要么在全书中不属于带全局性的根本性的矛盾，要么只是黑格尔美学思想中一些外在的、表面的矛盾，并不反映其美学思想的主要特点，因此，不再一一列举。

　　上述六大矛盾是黑格尔美学思想中带有全局性、根本性的矛盾，每一对矛盾都不只表现在个别章节或少数词句、提法上，而是贯穿、渗透于全书各部分；它们不只表现出黑格尔对某些具体美学问题的认识举棋不定，而是集中反映出他对一系列重大的、基本的美学问题的见解犹疑、摇摆；它们也不只是涉及黑格尔的审美观和艺术观，而是同他对整个世界、社会、人生的看法密切相关，同他的世界观、历史观、政治观、伦理观、人生观以及哲学方法论上的矛盾息息相通。这六大矛盾也不是互不相关、彼此独立的，而是相互渗透、交叉、重叠、影响，紧密关联的。譬如说，唯心主义路线与现实主义倾向的矛盾、理念论构架与现实性内容的矛盾、"显现"说与实践观的矛盾，在根本上都是唯心主义美学体系同唯物主义美学思想的矛盾，是这种矛盾的不同表现，另外三对矛盾则更多地反映了黑格尔体系的形而上学残余与辩证方法的矛盾。在这两组矛盾之间，也互相渗透联结，如理念说与有历史感的现实内容的矛盾、封闭式结构与艺术无止境思想的矛盾、崇古与厚今的矛盾、人性论与发展观的矛盾，就都交织着唯心与唯物、辩证法与形而上学的矛盾。可以说，这些矛盾在《美学》中都是互相决定、牵一发而动全身的。所以说这些矛盾是黑格尔美学思想内在的、必然的矛盾。相比之下，《美学》中有些比较明显的矛盾，如艺术分类和历史分期上存在的自相矛盾（按精神性强弱和历史上发生的先后顺序进行艺术分类，有时与历史事实不符；把不同艺术样式分属于特定的历史类型，又称这些艺术样式本身亦有三种历史的类型的发展过程，存在逻辑上的混乱等等），倒是比较外在的矛盾，亦不一定直接反映出黑格尔哲学、美学思想的根本矛盾。

那么,黑格尔美学思想的根本性矛盾是什么呢?换句话说,上述六大矛盾的性质究竟是什么呢?我以为,主要是唯心主义体系同唯物主义(包括历史唯物主义)因素、形而上学方法同辩证方法(包括历史辩证法)的矛盾。关于"体系与方法的矛盾",人们以往说得比较多,但是往往只从体系的唯心主义性质与方法的辩证性质的矛盾上着眼。其实,这种看法并不全面。哲学史上,辩证法同唯心主义、唯物主义结合两种情况都有,同唯心主义结合的情况更多一些。可以说唯心主义与辩证法并非天然对立的。黑格尔体系与方法的矛盾。主要还是体系的终极性(即形而上学特征)同辩证方法的矛盾。前述"艺术解体"论,就集中反映了这方面的矛盾。但对于唯心与唯物的矛盾,人们谈得更少。事实上这在《美学》中是客观存在。列宁关于《逻辑学》"这部最唯心的著作中,唯心主义最少,唯物主义最多"的评价,基本上适用于《美学》,不过《美学》与《逻辑学》相比,就不算是"最唯心"了,而唯物主义则可能比后者更多,特别是历史唯物主义因素非常明显。不能因为黑格尔是绝对唯心主义者,而否定他思想中有唯物主义、特别是历史唯物主义的因素存在,也不能否定这种唯物主义因素在他思想链条的某个环节(如美学)上表露得比较充分,从而突出地显示出与他唯心主义美学体系的内在矛盾。当然,我们也不能对黑格尔美学的唯物主义因素估价过高,无论这种因素多么多,也只是他思想中的萌芽,在《美学》中也只占次要地位,决定他美学体系的基本性质的还是唯心主义理念显现论。

无疑,黑格尔美学的合理内核是他在美学基本问题和艺术史探讨中对辩证法的成功运用。六大矛盾中每一对矛盾的合理方面几乎都同他的辩证方法分不开。如艺术无止境思想、艺术随时代发展而发展的观点,历史感和现实感等都渗透融贯了辩证精神。就是像现实主义美学倾向和实践观点等明显属于唯物主义因素的内容也贯穿着辩证方法。现实主义倾向就包含着他对生活与艺术、现象真实与本质真实、自然美与艺术美、主体与客体、个性与共性、真实性与典型性等一系列关系的辩证认识与处理,提出实践观点的美学则包含着他对主客体审美关系建立和形成的辩证认识,显示出他对主体能动作用的重视和宏伟博大的历史感。但是,在《美学》中,辩证思想并未贯彻到底,如普遍人性论、崇古的倾向、艺术解体论等都暴露出形而上学的缺陷。这种辩证法的不彻底性,归根到底是由他那绝对、武断、强制、教条的体系造成的,是由体系的形而上学特征决定的。正如恩格斯所说,"黑格尔体系的全部教条内容""同他那消除一切教条东西的辩证方法是矛盾的"[1]。正是理念的强制性、逻辑结构的封闭性,阻碍和窒息了他的许多辩证观点的阐发,并把微弱的历史唯物主义幼芽压在厚厚的唯心主义土层中。

黑格尔美学思想之所以充满深刻的内在矛盾,除了取决于他的哲学体系中唯心与唯物、形而上学与辩证方法的深刻矛盾外,也同他的政治、伦理、社会、经济、法律等各方面的观点的内在矛盾有关,还同他一生深受近代古典主义、浪漫主义和古典现实主义等重大文艺思潮的交替影响有关。当然,最根本的,是由他所处的那个时代、他所从属的那个阶级的立场、观点所决定的。作为德国资产阶级形成和上升时期的杰出思想代表,他提出并推广辩证法为资产阶级的进攻和变革寻找理论武器;但由于德国封建势力的强大和资产阶级的先天软弱,又使黑格尔不能不用保守和教条的唯心主义体系来磨平唯物主义和辩证法的革命锋芒,寻求与封建势力的妥协。德国资产阶级的两重性决定了黑格尔哲学的基本面貌,也决定了他的美学的基本面貌。这种哲学、美学的内在矛盾不独黑格尔有,康德、费希特、谢林、席勒等也都有,它可以说是一种"时代病"。这足以从一个侧面反映出黑格尔美学内在矛盾乃是时代、阶级的局限所造成,乃是一种必然的、深刻的历史现象。

本文原为朱立元《黑格尔美学引论》之一章,天津教育出版社 2013 年版

---

[1] 《马克思恩格斯选集》第 4 卷,第 214 页。

悲 剧 论

朱立元

一、"伦理实体"论

在具体探讨黑格尔的悲、喜剧理论前,我们有必要首先指出,他的戏剧美学的中心概念是"伦理实体"。在他那里,戏剧冲突的本质就是伦理实体的分化与发展。他的悲剧论和喜剧论都建立在伦理实体自我否定与重新肯定的基础上。因此,搞清伦理实体的基本含义,是打开黑格尔戏剧美学迷宫的一把钥匙。

那么,究竟什么是伦理实体呢?它就是理念,是理念在伦理领域的最高体现,是客观存在的、普遍合理的社会道德力量的实体或总体。需要进一步说明的是,黑格尔对"伦理"的解释是与众不同的。他按其正、反、合的唯心辩证法公式,把道德与伦理作了严格区分。他从抽象的人的自由意志出发,把法哲学分为抽象法、道德、伦理三个环节,每一环节都是一种特别的法或权利,都在不同形式和阶段上体现了自由意志,后一环节是前一环节的否定,但又综合了前一环节,因而更高、更具体、更真实。第一阶段"抽象法",是不经矛盾斗争人人天然自在地享受的权利,其核心是"成为一个人,并尊敬他人为人";这时"人格中特殊性尚未作为自由而存在"①,个人的特殊利益还是无足轻重的,自由意志须

---

① 《法哲学原理》,第46、47页。

通过外物(如财产、契约、禁令、强制性刑法)才能实现其自身,法是纯然客观的,因而也只是抽象的、形式的。于是进入第二阶段"道德",这是对抽象法纯客观性的否定,是自由意志在人主观内心的实现,"是自为地存在的自由"①。这里,人的价值应按人内心的道德意志来评价,国家法律、暴力、他人都不能过问;主观道德意志的实现才是真正的行为。因为道德是纯然主观的,所以也只是一种抽象、形式的自由。第三个阶段,抽象法与道德的统一才是"伦理",是法哲学的最高阶段。"伦理是自由的理念",是自由意志既通过外物又通过内心得到的充分实现,它既包括了前两个环节,又克服了两者的片面性,达到了主客观的统一,成为"达到它的现实性"的"活的善"。黑格尔概括道:"代替抽象的善(按:指抽象法)的那客观伦理,通过作为无限形式的主观性(按:指道德)而成为具体的实体。"②这就是黑格尔戏剧美学中一再使用的"伦理实体"概念的本来意义。一句话,伦理实体就是自由意志的完全实现,是支配人们行为的最终的精神力量,是综合了客观法律与主观道德的最高、最真、最具体的善。

黑格尔还认为,伦理实体"是一个具有不同的关系和力量的整体"③,是许多普遍的社会伦理力量(观念)的和谐统一,它包括"永恒的宗教的和伦理的关系:例如家庭,祖国,国家,教会,名誉,友谊,社会地位,价值,而在浪漫传奇的世界里特别是荣誉和爱情"④。这就是伦理实体包含的具体社会内容。

伦理实体又怎么能成了黑格尔戏剧美学的中心范畴呢?这从《法哲学原理》一书可以找到答案。该书论述伦理实体时突出了两个问题,一是伦理实体的合理性、必然性,二是伦理实体为个人之实体。这两个问题,正是我们理解黑格尔戏剧理论的关键。

---

① 《法哲学原理》,第111页。
② 同上,第164页。
③ 《古典文艺理论译丛》第六辑,第106页。
④ 《美学》第1卷,第279页。

第一个问题，伦理实体的必然性和合理性。

我们已经讲过，构成黑格尔戏剧美学基础的是冲突论。而戏剧冲突，实质上是伦理实体自我否定和否定之否定的矛盾运动过程，冲突发生的根源和冲突解决的最终力量都是伦理实体。戏剧冲突的展开与解决都有客观必然性与合理性，这是由伦理实体的必然性与合理性所决定的。

黑格尔没有用顺应还是违背历史发展的客观规律的历史唯物主义尺度来探讨伦理观念有无合理性和必然性，而是从他那个客观存在的自运动、自发展、无所不包、无所不能的绝对理念出发来论证伦理实体的合理性和必然性的。他说："伦理性的东西就是理念的这些规定的体系，这一点构成了伦理性的东西的合理性。因此，伦理性的东西就是自由，或自在自为地存在的意志，并且表现为客观的东西，必然性的圆圈。"①这就是说，伦理既然是自由的理念，既然合乎理念运动的规律，就有合理性与必然性。这当然是唯心主义的荒谬、神秘的逻辑。但是，第一，他同时又从人的社会实践即自由意志与客观必然性的统一上去揭示伦理的合理性，指出伦理的东西是符合必然性的自由意志在客观现实中的实现（即人的道德实践和行为）。这里包含着一些辩证的因素，虽然他的实践观点还只是在理念范围内的抽象的精神实践。第二，他的"伦理"在实体化（实现自己）过程中经历了法与道德的漫长路途，这中间包含着丰富的社会历史内容，体现了伦理与历史的统一。第三，他强调了外在法律与个人道德必须结合起来才能达到理想的伦理状态，实际是强调了法律应同自觉遵守社会道德相结合，这也有一定的合理性。第四，他指出，"伦理性的东西本质上是现实生活和行为"，并提出"凡是合理的东西都是现实的，凡是现实的东西都是合理的"这一著名命题②，这实际上突破了仅仅局限于从理念出发的论证，而从现实性角度肯定了伦理的合理性与必然性，肯定了现实中资产阶级法律与道德的合理性与必然性。

---

① 《法哲学原理》，第165页。
② 据《法哲学原理》原文序言第11页改译。

伦理实体既然具有合理性、必然性与现实的社会内容,由它生发出来的戏剧冲突自然也具有合理性与必然性。

第二个问题,伦理实体是个人的实体或本质。

黑格尔认为上述"必然性的圆圈的各个环节就是调整个人生活的那些伦理力量。个人对这些力量的关系乃是偶性对实体的关系,正是在个人中,这些力量才被观念着,而具有显现的形态和现实性。"①他的意思是,伦理实体的现实性要通过个人的行为才能体现出来;个人各凭自己的特殊意志行动,甚至互相发生冲突,似乎是盲目、自由、偶然的,实际上却不知不觉受一定伦理观念的支配,以伦理实体为自己的本质。伦理实体是借个人活动作为显示自己现实性的工具。所以黑格尔说:"这些伦理性的规定就是个人的实体性或普遍本质,个人只是作为一种偶性的东西同它发生关系。个人存在与否,对客观伦理来说是无所谓的,唯有客观伦理才是永恒的,并且是调整个人生活的力量。因此,人类把伦理看作是永恒的正义,是自在自为地存在的神,在这些神面前,个人的忙忙碌碌不过是玩跷跷板的游戏罢了。"②伦理实体作为必然性正是在个人行动、冲突乃至毁灭的偶然性中为自己开辟道路的。在《历史哲学》中,黑格尔又用"理性的狡计"表示了同一观点。一切个人在历史中都凭主观意志和热情来行动,似乎是为所欲为、无所服从,实际上个人的热情与行为都受到一个共同的"上帝"——理念的统治。各个个人的特殊目的、要求相互冲突,往往互有损失乃至死亡,但理念"并不卷入对峙和斗争当中,……它始终留在后方,……它驱使热情去为它自己工作,热情从这种推动里发展了它的存在,因而热情受了损失,遭到祸殃——这可以叫做'理性的狡计'",这里"各个个人是供牺牲的、被抛弃的",理念自己则"不受生灭无常的惩罚"③。这两种说法的唯一区别是,法哲学更强

---

①② 《法哲学原理》,第165页。
③ 《历史哲学》,第72页。

调理念的伦理性,指出伦理实体是个人热情和行动的本质。

黑格尔把这一伦理、历史观点运用到戏剧美学中,就产生了"情致"说和"普遍力量冲突"说。伦理学中实体与个人的关系就是戏剧中普遍伦理力量与个人"情致"的关系。黑格尔说,戏剧中,理想的个别人物"是用一些永恒的统治世界的力量作为它的有实体性的内容(意蕴)"①,这里"第一方面是实体,即普遍力量的全部",它分化、特殊化为各种单一的普遍力量进入个人,如英勇、荣誉、爱国、爱情、家庭观念等个个都属于伦理实体中的一种普遍力量,它们每一种单独化为个别戏剧人物,成为这些人物的本质;"第二方面是个别人物,他们作为这些普遍力量的积极体现者而出现,并且给予这些力量以个别形象"。②伦理实体就这样转化为个人的情致,成为驱使人物行动的直接动力。在戏剧冲突中,作为个体的戏剧人物往往遭到否定或毁灭,但是最后伦理实体又否定了这种否定或毁灭,而获得新生,显示出自己的无限威力,无限自由。

由此可见,伦理实体支配着戏剧人物的特殊意志和行动,决定了戏剧冲突内容的合理性、必然性,预先规定了冲突发生、开展和终结的全过程。在这个意义上,可以说伦理实体是戏剧冲突的灵魂。黑格尔这样把实体论与冲突论有机地结合起来,显示出他戏剧美学的独到处和深刻处。第一,他强调了戏剧冲突不应反映毫无意义的个人争斗,而应从中发掘具有重大社会伦理意义的矛盾;第二,他要求戏剧揭示在个别人物的偶然冲突背后隐藏着的伦理必然性,即个人的意志、行为和冲突应从社会伦理观念的矛盾中寻找根源。把戏剧冲突解释为本质上是一种社会性的伦理观念的必然冲突,这是黑格尔冲突论的合理内核,然而它的不足也正在于此。他把冲突的终极根源仅仅归于观念性的伦理实体,把冲突看成是社会伦理观念自身分裂的过程,而没有进一步揭示导致伦理观念这种分裂的社会经济原因和阶级斗争根源,因而仍未跳出唯心史观的窠

---

① 《美学》第1卷,第252页。
② 同上,第253页。

臼。这一缺陷是由他整个唯心主义哲学体系所决定的。

从伦理实体出发,黑格尔引申出了他关于悲剧、喜剧、正剧的全部理论。总起来说,无论是悲剧还是喜剧,本质上都是伦理实体否定之否定的自我运动的不同显现方式。他说,各种伦理精神力量,"在戏剧里却按照它们的单纯的实体性的内容,作为个别人物的情致而互相对立地出现着,而戏剧的任务就是解决或消除这些在不同的个别人物身上各自独立化的那些精神力量的片面性。这些片面的精神力量在悲剧里以敌对方式彼此对立,在喜剧里则直接由它们自己互相抵消来取得解决"①。下面,首先谈谈黑格尔的悲剧理论。

二、悲剧的实质:"两善两恶冲突"说

黑格尔悲剧理论的中心范畴是实体性。

黑格尔认为,悲剧的实质是伦理实体的自我分裂与重新和解。他说理想悲剧的"主题就是神性",就是"进入尘世、进入个人行动的那种神性";而"伦理就是尘世里实现的神性、亦即实体性"。②伦理实体性是悲剧表现的中心。伦理实体作为多种普遍力量的和谐统一体,一旦进入现实世界成为各个戏剧人物的某种情致,就势必发生自身分化与对立,作为某种单一、孤立的普遍力量的化身的个人们,只是片面地维护、坚持各自所代表的那一种力量,他们之间必然会发生冲突。"个人的行动,在特定的情况之下,力求实现某一目的或者性格,同时由于这一目的或者性格,根据它给自己规定的限制,处于一种片面的孤立的地位,势必会引起与它对立的激情(按:即情致)来反对自己,因而导致难以避免的冲突。"③这就是悲剧冲突的必然性。

问题在于,冲突既然导源于唯一的合理的伦理实体,所以从实体中分化出

---

① 《美学》第3卷(下),第248页。
②③ 《古典文艺理论译丛》第六辑,第106页。

的每一种单一的普遍力量就其本身而言也都是合理的，代表它们的个人为维护它们而采取的行动同样也是正义的，有其辩护的伦理理由；但是双方在实现自己的特殊片面的目标时，都把对方作为障碍而力图排除，这就会损害或否定对方，因而"在伦理的意义上，并通过伦理意义来看，全都是有罪的"①。譬如被黑格尔推崇为"一切时代中的一部最崇高的，而从一切观点看都是最卓越的"②古典悲剧《安提戈涅》就是如此。安提戈涅要埋葬哥哥的尸体，尽亲属的义务："我要埋葬哥哥。即使为此而死，也是件光荣的事；我遵守神圣的天命而犯罪，倒可以同他躺在一起……我将永远得到地下鬼魂的欢心。……"安提戈涅是以自然法（维护血缘关系）作为替自己辩护的伦理理由的。然而，克瑞翁因为安的哥哥勾结外族来进攻祖国、争夺王位，所以要将他曝尸野外："我决不把城邦的敌人当作自己的朋友"，"他本是回来破坏法律的"。克瑞翁是以国家法（维护国家利益）作为替自己辩护的伦理理由。双方单就自身而言，确实都有伦理的合理性。《精神现象学》因此将这一冲突的性质概括为"神的规律"（自然法）和"人的规律"（国家法）之间的冲突，两者都合乎规律。然而，无论安提戈涅片面坚持"神的规律"而违反国家法，还是克瑞翁片面坚持"人的规律"而伤害了自然法，又都是不合理的、有过错或有罪的。正是这种伦理过错导致双方都遭受痛苦、归于毁灭。所以黑格尔引了《安提戈涅》中一句话，"因为我们遭受痛苦的折磨，所以我们承认我们犯了过错"，指出，"伦理意识必须承认""它的过失"。③这样，黑格尔就规定了理想的悲剧冲突的伦理性质，不应是单纯的正义与非正义、纯善与纯恶之间的斗争，而应是兼有正义与正义之争和不义与不义之争的性质，兼有两善之争与两恶之争的内容。

黑格尔还把这种两善兼两恶之争的观点推广到分析历史与现实的悲剧中

---

① 《古典文艺理论译丛》第六辑，第106页。
② 《美学》第2卷，第204页。
③ 《精神现象学》（下），第26页。

去。如苏格拉底命运的悲剧性即为一典型例子,黑格尔在《精神现象学》、《历史哲学》、《哲学史讲演录》、《法哲学原理》等著作中曾一再加以列举。他认为苏格拉底是代表新生力量的英雄(按:实际苏代表奴隶主旧贵族利益),苏格拉底主张的主观反思的原则是历史的进步,然而这一原则违背了希腊世界的实体性原则,因而遭到了希腊人民的审判,被处死了。按理,苏格拉底既然是先进力量的代表,那么迫害他的旧制度理应是反动的、不合理的,然而黑格尔却认为旧制度同样是合理的:"希腊世界的原则还不能忍受主观反思的原则:因此主观反思的原则是以敌意的、破坏的姿态出现的。因此雅典人民不但有权利而且有义务根据法律向它进行反击;他们把这个原则看作犯罪。"①如此看来,"两个都是公正的,它们互相抵触,一个消灭在另一个上面;两个都归于失败,而两个也彼此为对方说明存在的理由"②。因此,悲剧同样根源于两善兼两恶的冲突。黑格尔认为苏格拉底的悲剧是有普遍性的,属于"那一般的伦理的悲剧性命运",并且是"整个世界史上英雄们的职责"③。

可见,在黑格尔心目中,无论在艺术中,还是在生活中,真正的悲剧应是伦理的悲剧,应是两善兼两恶冲突的必然结果。在这点上,国内有些美学家的概括似不够准确,他们一般把悲剧冲突的性质仅概括为两善之争,而把两恶之争这一面忽略掉了。我以为,黑格尔两善、两恶之争交织的观点有着深刻的辩证因素。

首先,这是他的善恶有相对性的观点的必然推论。按他的伦理观,在道德阶段,人们的良心(道德意志)只是主观、抽象、形式的,这时良心并无善恶的具体定性与内容,它可以导致善,也可以导向恶,自然天性的东西"既不善也不恶","道德和恶两者都在……自我确信(按:指主观道德意志或良心)中有其共同根源","恶也同善一样,都是导源于意志的,而意志在它的概念中既是善的又是恶的"④。善

---

① ② ③ 《哲学史讲演录》第 2 卷,第 106—107 页。
④ 《法哲学原理》,第 143、145 页。

与恶是不可分割的。善与恶相比较而存在,相对立而发展,它们在一定条件下互相转化。在人们的主观道德意志中绝对的善、恶都不存在。悲剧中各种伦理力量既然进入个人的主观意志成为其行动的准则、目的和动力,那么悲剧人物的善恶也应当是相对的,既有善(合理)的一面,也有恶(过错或有罪)的一面,即善中有恶。恶中有善。正是这种善恶兼容的个人之间才会发生富有伦理意义的悲剧性冲突。

其次,正由于此,黑格尔既反对悲剧只表现纯恶,又反对悲剧仅展现纯善。他一方面认为绝对恶、纯粹反面的力量不宜进入悲剧,因为这是不合理、不真实的,"罪恶本身是乏味的,无意义的","在一种动作的理想的表现中,纯然是反面的力量却不应作为必不可少的反动作的基本根源"。①理想的悲剧冲突双方都应既是善的,又在实现善的目标过程中都产生恶。另一方面他又并非完全否定恶在悲剧中的作用。相反,他在指出冲突双方合理性的同时特别强调了双方都有"有罪的"一面,而他们最后的悲剧下场又归根到底是由这种罪过造成的,是一种特殊的咎由自取。双方如果都纯然是善,就不可能发生冲突;正因为同时又都存在恶的一面,才导致冲突和悲剧。所以冲突的真正原因还在双方之恶的方面,还在否定的东西进入了肯定的东西之中。他批判抽象理智(形而上学思维方法)把善恶截然对立、割裂,指出应"把否定的东西理解为其本身源出于肯定的东西","如果我们仅仅停留在肯定的东西上,这就是说,如果我们死抱住纯善","那么,这是理智的空虚规定"。②否定、恶是达到伦理肯定、善的必要环节,表现恶的方面恰恰可以对善作进一步肯定。因此,他说,"冲突要有一种破坏作为它的基础"③,"一般地说,理想并不排除罪恶、战争、屠杀、报复之类题材"④。可见,他把恶与破坏的作用

---

① 《美学》第 1 卷,第 281 页。
② 《法哲学原理》,第 145 页。
③ 《美学》第 1 卷,第 260 页。
④ 同上,第 244 页。

和谐与自由

抬得很高,看成是悲剧冲突的"基础",这完全符合否定性的辩证法。

再次,这也反映了黑格尔历史观点的辩证性。如同恩格斯所说:"在黑格尔那里,恶是历史发展的动力借以表现出来的形式。这里有双重的意思,一方面,每一种新的进步都必然表现为对某一神圣事物的亵渎,表现为对陈旧的、日渐衰亡的、但为习惯所崇奉的秩序的叛逆,另一方面,自从阶级对立产生以来,正是人的恶劣的情欲——贪欲和权势欲成了历史发展的杠杆。"①在悲剧论中,前一方面表现在黑格尔认为世界史上新制度的诞生是苏格拉底式的英雄们叛逆、反抗旧制度,奋斗牺牲的结果,是有悲剧性的;后一方面,表现在他认为恶是悲剧冲突发展的内在动力。这些都是正确的。

两善两恶冲突说虽有上述合理内核,但也存在明显的缺陷。一是他用以解释理想的悲剧冲突时往往失之偏颇、机械和狭窄。他只看到悲剧冲突各方内部善与恶的辩证关系,却否定冲突双方善与恶的辩证关系,完全排斥人物主导方面作为恶的代表进入悲剧,这是片面的。二是既不合古今许多伟大悲剧的实际,也会在客观上混淆正义与不义、善与恶的界限。如索福克勒斯写《安提戈涅》是有明确倾向性的,他把同情完全放在安提戈涅一边。他笔下的克瑞翁是个不通人性的暴君,而安提戈涅却是个勇敢、高尚、仁慈、富有同情心的女英雄。因此,黑格尔对此剧所谓两善、两恶之争的概括和悲剧人物的毁灭都是咎由自取的论断就不但显得牵强附会,而且在实际上混淆了善恶界限。车尔尼雪夫斯基不无理由地责备黑格尔:"要在每个灭亡者身上找出过失来的这种思想,是十分牵强的思想,而且是残忍到使人愤恨的思想。"②三是用以解释世界历史发展的规律,就容易抹杀历史上新、旧力量的正义与非正义、革命与反动的本质区别,把一部世界史描绘成新旧力量必然同样合理、又同归于尽的历史。这同他"凡是现实的都是合理的,凡是合理的都是现实的"公式一样,客观上有为旧制

---

① 《马克思恩格斯选集》第4卷,第233页。
② 车尔尼雪夫斯基《美学论文选》,第105页。

度、旧意识辩护的一面,表现出黑格尔的庸人气息和反封建的妥协性的一面。

三、悲剧冲突"和解"说

冲突必定要导致解决,黑格尔提出了悲剧冲突结局的"和解"说和"永恒正义胜利"说。所谓"永恒正义胜利",就是伦理实体经过分裂、冲突的洗礼,在悲剧人物的灾难与毁灭中,重新达到和谐统一(和解),显示了普遍伦理力量(永恒正义)的无比威力。

黑格尔具体分析了四种"和解"方式:(1)以悲剧双方的代表人物同时毁灭失败、痛苦来消除各执一方的孤立情致的片面性,就是说消除其恶的方面,而把他们所代表的普遍原则的合理性重新肯定和保留下来。如安提戈涅偏执于自然法、克瑞翁偏执于国家法的片面性都被否定,安提戈涅死了,克瑞翁也落得妻、儿双死的下场,他们的过错都受到应有的惩罚,然而自然法与国家法、神的法律与人的法律均未毁灭,而是在双方片面性的毁灭下重新和谐地统一起来。(2)有时双方不一定毁灭,而是各方均有保护神,通过一定的和平方式肯定悲剧人物所持的原则。如俄瑞斯特杀母后,复仇女神四处追逐他,而阿波罗则保护他,最后双方在投票作决定时,雅典娜投了俄瑞斯特关键的一票,俄瑞斯特获救了,复仇女神也得到应有的许诺,夫权与母权得到了和解。(3)悲剧中片面性向较高的伦理实体屈服,避免了死亡与毁灭。如菲罗克忒忒斯给蛇咬伤后被进攻特洛亚的大军留在一孤岛上,后因他手中有攻特洛亚不可少的宝弓,王子与俄底修斯来请他出岛,他不从。俄底修斯劝王子用诡计骗得了他的弓,而王子良心发现又把弓退还了他,但他仍坚持不从,这时,赫剌克勒斯神灵出现,菲罗克忒忒斯终于顺从天命偕王子踏上征程。这里王子、俄底修斯与菲罗克忒忒斯的片面性都被克服,都服从较高的神性,悲剧冲突和解了。(4)悲剧人物一旦认识自己无意中犯了罪后勇敢承担责任,通过自我的内心痛苦来赎罪,最后得到了神的宽宥,如俄狄浦斯刺瞎自己的双眼,并流亡他国、乞讨为生,最后神解救了他。[①]以上四种"和解",不论哪一种,最终都必须体现永恒正义的胜利,体现分裂了的伦理实体在较高程度上的重新统一。

应该指出,黑格尔的悲剧理想主要是古希腊悲剧,所以他归纳的这几种悲剧冲突的结局与近代悲剧不尽相符;同时由于这种归纳须纳入他的唯心体系,也有许多牵强之处,与希腊悲剧的实际内容也不完全相符,这些悲剧激励和鼓舞人们的往往是悲剧英雄的无畏、崇高的牺牲精神,是英雄所体现的正义的、进步的伦理力量的不可战胜,而不是什么抽象的神秘的"和解"或"永恒正义"的胜利。

但是,更应当看到,"和解"说还是体现了黑格尔对悲剧冲突正面伦理基础的重视和维护。"永恒正义"说虽然失之抽象普泛,但其基本倾向还是清楚的:悲剧毁灭的只是代表片面真理的个人,全面正确、正义、进步的伦理观念正是在悲剧英雄的毁灭或痛苦中得到了保存、继承和发扬,真理和正义是不可成胜的,真和善将在悲剧冲突和英雄牺牲的壮烈气氛中不断为自己开辟历史前进的道路,因此,悲剧具有鼓舞人心的艺术力量。这是黑格尔悲剧理论的合理内核。

总起来说,黑格尔建立在伦理实体基础上的悲剧理论是深刻的。如果排除其中唯心主义和折中主义的成分,那么确实有很多合理因素。如他认为悲剧人物应具有一定的合理性;悲剧冲突应具有必然性,体现出一定的社会历史根源;冲突的结果应是善的、合理的方面由于种种原因而得不到实现、沦于悲苦乃至毁灭的结局;悲剧的结局不应仅是悲惨,还应给人以鼓舞和力量,使人看到合理的、善的东西毁灭或失败的暂时性和正义事业最后胜利的必然性……这些思想应该说是较正确地概括、揭示了悲剧的本质特征和审美价值,不仅超出前代和同代美学家们对悲剧的种种表面的、经验性的叙述,而且,对马克思主义悲剧理论也有重要启示。

本文原为朱立元《黑格尔美学引论》之一章,天津教育出版社 2013 年版

[①] *The Philosophy of Fine Art*, V4, pp.323-326.

《判断力批判》一书的真正根源

曹俊峰

关于《判断力批判》一书的由来，当今美学史界的普遍看法是：此书由批判哲学体系的需要而产生，因为这是康德本人明确表述过的看法，也就一直被当作定论，没有人提出过异议。

上述看法大约是这样的：1781年，康德出版了经过十二年悠久岁月的沉思而写成的《纯粹理性批判》，这个"批判"在现象和物自体之间、分析判断和综合判断之间、经验和先验之间、认识和信仰之间划出严格的界限，以全新的观点阐述了主体的先验感性、知性、理性的性质、功能和活动方式，提出了一些重要的先验理论，康德自以为这样就解决了"先天综合判断如何可能"这一认识论的根本问题，为自然科学（主要是物理学）和数学奠定了哲学基础。1788年，康德出版了《实践理性批判》一书，论述了自由概念或自由意志的实在性，提出了普遍立法形式、人是目的、意志自律三条道德律令，自以为解决了先验的道德法则如何可能的问题。这样，自然和自由这两个领域的根本问题已被阐明，陷入困境的形而上学已得到拯救，未来形而上学的纲领已被确立，但却出现了一个未必为康德事先预料到的问题：哲学的两个领域各自独立，难以弥合。康德在《判断力批判》第二导论第二节中说到了这种情形："这两个领域虽然在其立法方面并不互相限制，却在感性世界中发生作用时互相干扰，不能统一，其原因在于：自

和谐与自由

然概念虽然在直观中有其对象,但这种对象不是作为物自体本身,而是作为单纯现象被表现出来,与此相反,自由概念虽然在其对象中使物自体得到表现,但却不是在直观中来表现。"①这样,"在作为感性事物的自然概念的领域和作为超感性事物的自由概念的领域之间一条难以逾越的鸿沟被固定下来,以致从前者不可能过渡到后者(以理性的理论运用为中介),就好像它们是完全不同的两个世界"②。但在康德看来,哲学应该是一个统一的整体,分裂的状况不应持续下去,必须找到一个中介,把自然概念的领域和自由概念的领域亦即认识和伦理两个领域联结起来。在解决这一任务时,康德还是从人的主体能力入手,诉诸人本身固有的统一性。他秉承当时欧洲哲学界的普遍看法,认为人的心灵机能主要有三种,即认识能力、愉快和不愉快的情感和欲求能力,虽然称为能力(Vermögen),实际上指的却是人的三种心灵活动,与这三种心灵活动相应的是三种"认识能力(Erkenntnissvermögen)",分别是知性、判断力和理性,它们是上述三种心灵活动的立法者,也就是提供概念和原理者(请参看"第二导论"第九节末尾的"全部心灵机能表")。这三种能力之间有一种固定的关系:"在认识能力和欲求能力之间存在着愉快的情感,一如在知性和理性之间存在着判断力。"③这就是说,愉快和不愉快的情感作为中介把认识和伦理连成一体,判断力作为中介把知性和理性连成一体,人的心灵是统一的。人的活动是统一的,与人的能力相关的批判哲学当然也应该是统一的。于是,从自然概念的领域向自由概念的领域的过渡就成为可能。

可能性不是现实性,若要真正实现上述过渡,把已然分裂的哲学的两大部分连成整体,还需要下一番工夫,付出一些辛劳。康德写出了《纯粹理性批判》,阐述了认识能力即理论理性的性质、功能和活动方式,又写出了《实践理性批

---

① 《康德全集》第5卷,第175页。参看《康德美学文集》,北京师范大学出版社2003年版,第422页。
② 同上,第175—176页。参看《康德美学文集》,第422—423页。
③ 同上,第178—179页。参看《康德美学文集》,第266页。

判》，阐述了道德能力即自由意志或实践理性的性质、功能和活动方式，同时又提出了两个领域的先天原理，唯独对于作为中介的判断力，其性质、功能、活动方式及其所能提供的先天原理尚不了然，因之也就无法判定它能否以及如何沟通哲学的两个领域，所以也要对它作一番研讨，于是有《判断力批判》之作。

以上看法因为出自康德本人的表述，早已被视为美学史上的一个铁案，似乎已无可置疑。但笔者认为，即使是康德本人的结论也未必不可动摇，事情还有待商榷，因为实际上除了以上所说的体系的需要之外，《判断力批判》的主要内容还有别的来源，其上卷"审美判断力的批判"起源于康德关于人类学的思考，其下卷"目的论判断力的批判"起源于康德对人种学、有机界种群变异和演化的思考，以及前两个批判中偶尔提及的"自然目的"的概念。可以说，后面这两个来源更为重要，更具本质意义。

笔者在此提出与普遍认同的定论不同的看法，是有充分根据的。我们首先应该注意的是，康德对审美问题的关注最初就是由人类学引起的。1764 年，康德出版了他的第二部美学著作《对美感和崇高感的观察》（以下简称《观察》），这部书论述的是：愉快或不愉快的情绪取决于主体固有的情感能力，不取决于激起这类情绪的外在事物的性质；鉴赏以心灵的敏感为前提；人类的高级情感包括崇高感和美感（康德所说的崇高感和美感指的是人感受崇高和美的先天能力或素质）两种，人类中有的偏于崇高感，有的偏于美感；人们会从崇高和美的视角出发去观察人的外貌、年龄、衣着、举止、谈吐、性格；两性在审美天赋上有重大差异，男人多的是崇高感，女人多的是美感，男人喜爱女人的美，女人喜爱男人的崇高；不同民族在崇高感和美感上也各有偏重，在欧洲，意大利人和法国人富于美感，德国人、英国人和西班牙人富于崇高感；在东方，阿拉伯人近于西班牙人，波斯人近于法国人，日本人近于英国人，中国人的趣味荒谬怪诞，可勉强归于崇高那一类，黑人和印第安人也是如此。这些都是对人类学的经验材料的描述，都是人类学应有的内容。难怪席勒于 1795 年 2 月 19 日致歌德的信中说

和谐与自由

"(《观察》的)叙述纯粹是人类学的,人们从中没有学到任何美的最终根基的东西"①。这句话的前半句是完全正确的,那部著作确实是从人出发又回到人,全部论述都没有超越文化人类学的范围;那后半句也没有大错,因为那部著作本来就是"以观察者而不是哲学家的眼光来考察"②的,因之也就只限于感性直观的现象描述,不作任何抽象思辨和逻辑推演,本不打算提出有关审美的先验原理。

对人类学的关切贯穿康德一生,从1772年至1773年冬季学期开始,直到1795年至1796年冬季学期,亦即康德终止教学生涯那一年,他在哥尼斯堡大学教授人类学课程达二十四年之久,这期间他的讲稿不断充实完善,最后经人整理编订,于1798年出版,名为《实用观点的人类学》(*Anthropologie in Pragmatischer Hinsicht*)。这部著作的第一卷依次论述了人的认识能力、愉快和不愉快的情感和欲求能力,其中讨论情感的那一章包括三方面的内容:"论舒适的情感或者在关于一个对象的感觉中的感性愉快","论美的情感或者趣味","关于趣味的人类学评述"。本书的其他章节还讨论了"感性外观的艺术游戏""想象力""感性的创造能力""独创性或天才"等。这些都是直接或间接地与审美相关,是康德美学思想形成过程的重要阶段。这部书既称为《实用观点的人类学》,其中的审美和艺术问题当然也就是从人的本性、能力、人种、民族、性别等切入来讨论,论述中所阐发的美学观点可以说完全是人类学性质的。

关于《判断力批判》的美学思想的真正来源是人类学这一论断,还有一部分极为重要的证据,那就是"人类学反思录"。康德有一个习惯,常常把头脑中闪现的想法随手写在纸头上或讲义、参考书的空白处,在讲授人类学的二十多年里他一直保持这种习惯。因为时间很长,关于人类学的思考片断也就颇为可

---

① 卡尔·福尔伦德《康德生平与著作》,菲利克斯·麦诺出版社1977年版,第159页。
② 《康德全集》第2卷,第207页。参看《康德美学文集》,第12页。

观。康德去世以后,这些材料作为康德遗稿以"人类学反思录"(Reflexionen zur Antropologie)的标题被编入普鲁士王家科学院编辑出版的《康德全集》第十五卷,为方便阅读检索,编者还在每一个片断之前加上一个序号。"人类学反思录"的内容大体与《实用观点的人类学》正文一致,但正文是一部最后完成的论著,从中看不出各种思想萌生时的原始状态,也看不出二十多年时间里思想观点的发展历程,而"人类学反思录"正好弥补了这一缺陷,为我们提供了难能可贵的第一手材料,使我们能有把握地清理康德美学思想的脉络。我们还应该看到,不仅康德美学起源于人类学,他的全部批判哲学在某种程度上也发端于人类学,带有明显的人类学痕迹。李泽厚先生就指出过《纯粹理性批判》一书心理学的成分很重,其实这就是人类学痕迹的表现之一。不明就里的人可能因为《实用观点的人类学》出版的年代在所有康德著作中最晚(1798年),就把它看成是批判哲学的总结,甚至是批判哲学的最后归宿。其实这是一种误解,康德的人类学思想早在前批判期就已经产生了,他是从人类学出发走向批判哲学,不是由批判哲学走向人类学。

上文提到,《实用观点的人类学》的第一部第二卷是"论愉快和不愉快的情感",其中有一部分是"论美的情感",《康德全集》第十五卷刊印的"反思录"中也有这个标题,被纳入这个标题之下的片:断从序号第618条到996条,共378条之多。这些片断是康德18世纪70—80年代从人类学角度思考审美问题的真实记录,它们产生于《判断力批判》写作之前,这第三个"批判"所阐发的美学观点就在这里萌生演化。下面就此略作考察。

美学的首要问题当然是所谓美、美的本质或美的定义问题,康德当时也对此进行过思考,但此时他对某些问题还犹疑不定,有时还产生一些相反的看法,表明他的美学观点正处于酝酿、比较、筛选、检验、反省、寻路、取向的过程之中,关于美与概念的关系(美是否依赖概念)问题就是这样。康德一度认为,"本源的美就是按照感性规律与事物的概念相符合的东西,在这里,表示事物虚该是什么的概念作为前提出现"①,本质的美在于感性直观与观念的协调一致,或者使人主观地感到愉快的东西与使人客观地感到愉快的东西协调一致②,"本质的美在于感性直观与观念协调一致"③。这些说法有一个共同之处:那就是美的形象(直观)要与概念协调一致,即美的事物要符合其概念。但鉴赏不涉及概念是《判断力批判》的基本观点之一,把审美和概念联系起来是康德所否定的,在达到成熟的观点之前他有些犹疑不定,所以那一时期也留下了一些与上述引文相反的一些思考片断,如"不能从概念推导出鉴赏来,也不能把鉴赏建立在概念上,即不能以概念决定鉴赏"④。这就与《判断力批判》反复论述过的鉴赏无概念的观点相吻合了。可见不涉及概念乃至最终成为定论的审美元概念这种思想萌生于有关人类学的思考是无可置疑的。

　　共通感问题也是《判断力批判》反复论述的重点问题。在康德美学中,鉴赏判断虽不涉及概念,却要求有普遍性和必然性,即个人的判断要求对每个人都有效,这就使康德提出互相关联而又似乎含有内在矛盾的两个概念——无概念的普遍性和无概念的必然性。康德自知论证这两个概念的合理性和真实性是极为困难的事情,所以他在《判断力批判》中用了大量的篇幅不厌其烦地详加论列,最后以设定人人共有的"共通感"解决了这一问题。这个"共通感"也是在人类学框架内提出来的。"人类学反思录"中列在"关于鉴赏"这个小标题之下的一个片断曾谈到"如果一个鉴赏判断具有如下特点:它被宣布为对每个人都有效,但同时又排除了有关那种必然的一致性的一切经验的以及其他先验的证明,那么它就不能把它的表象与我们认识能力的超感性使命的一个原理联系起来"⑤,这里说的就是鉴赏判断既要求有普遍性,又不可能有经验概念或先验概

---

① "人类学反思录"第743条,《康德全集》第15卷,第327页。参看《康德美学文集》,第253页。
② "人类学反思录"第806条,《康德全集》第15卷,第354页。参看《康德美学文集》,第269页。
③ "人类学反思录"第964条,《康德全集》第15卷,第424页。参看《康德美学文集》,第310页。
④ "人类学反思录"第830条,《康德全集》第15卷,第370页。参看《康德美学文集》,第280页。
⑤ "人类学反思录"第992条,《康德全集》第15卷,第436页。参看《康德美学文集》,第318页。

念(或原理)为基础那种悖论式的状况。在同一个片断的稍后部分,康德找到了解决这个问题的思路:"关于鉴赏的兴趣——关于共通感——情感的可传达性,人性。"①这几个词组没有说明和解释,但从其排列的先后次序和相邻片断的内容来看,康德当时的想法应当是:真正意义上的人必有鉴赏能力、鉴赏冲动和鉴赏活动,而鉴赏的愉快不同于单纯感官和理性的愉快,它既要求有普遍性又不须凭借概念,其最终的根据当然是人人共同的共通感,有了这种共通感,情感才能互相传达,而这正是人本身固有的素质或禀赋。可见"共通感"这个重要概念也是在思考人类学问题时出现在康德头脑之中的。

传统美学中有一个老问题,那就是美的规定根据究竟是主观的还是客观的,康德对这个问题的基本看法是:美在主观,这一观点也是思考人类学问题时产生的。"人类学反思录"以多种方式表达了这一观点,而且口气坚定:"我通过情感所判断的根本不是事实本身,因而这种判断也不是客观的"②,"美不涉及被认识的东西,而只是被感受而已"③,"鉴赏的真正根据不在客观事物,而在于内在的情感形式"④,"(审美)愉快就产生于这类判断中,不是产生于被判断的对象上"⑤。美在主观这一看法之所以产生于"人类学反思录"中,是因为人类学这种"关于人的科学"必然是从人的各种主体能力出发来研究一切文化现象,其中就包括人的认识能力、精神能力、情感能力、鉴赏趣味等。又因为最广义、最简单的文化定义当是"人类活动的一切结果",所以要从文化现象推知其起因就必然又回归到人的本质和能力。

《判断力批判》一书的核心概念是"鉴赏判断",这一概念也是康德在思考人类学问题的过程中逐渐形成的。"鉴赏判断(Geschmacksurteil)"这个偏正词组

---

① "人类学反思录"第992条,《康德全集》第15卷,第437页。参看《康德美学文集》,第319页。
② "人类学反思录"第640条,《康德全集》第15卷,第280页。参看《康德美学文集》,第225页。
③ "人类学反思录"第672条,《康德全集》第15卷,第298页。参看《康德美学文集》,第235页。
④ "人类学反思录"第859条,《康德全集》第15卷,第379页。参看《康德美学文集》,第285页。
⑤ "人类学反思录"第988条,《康德全集》第15卷,第432页。参看《康德美学文集》,第316页。

和谐与自由

自然是由"鉴赏"和"判断"两个部分组成的,也可译为趣味判断,它表示的是一种活动,在这种活动背后,作为其动因的则是鉴赏力(趣味)和判断力这两种主体能力,它们具有根本意义,讨论鉴赏活动是为探讨鉴赏力和判断力服务的,所以"人类学反思录"由思考两种能力涉及鉴赏和判断两种活动,再把二者结合起来就构成了鉴赏判断这个概念。从康德的思考片断中可以看出,在他的心目中,鉴赏力属于判断力,判断力是上位概念,鉴赏力是下位概念,它们在"人类学反思录"中差不多是同时出现的。在美学和目的论范围内,康德所说的判断力是不同于规定的判断力的反思判断力,"人类学反思录"证明他当时已经有了反思判断力的观念。康德最初对判断力的理解是:"判断力是把一个对象上的多样性与其目的联系起来的心智活动能力。"[1]这个片断中所说的判断力指的就是反思判断力。所谓"对象上的多样性",是指自然界各种对象所显示出来的多种多样的形态、结构和属性。当人面对某一自然物(特别是有机体)时,往往会思考这一自然产物何以会有如此的形态、大小、皮毛、颜色等,这往往要引入"目的"这样一个未必确实但却有利于人对事物的理解和解释的概念,这时人的思考只关注目的或合目的性而不考虑对象实有的物理和生化属性,这种心智活动就是非规定性的反思判断。不过这样的表述还不是很清晰,稍后的一个片断就有了更为严谨的理论形式:"就像理性从普遍出发达到特殊一样,反过来,感性判断力就从特殊出发达到总体概括,从多样性出发达到统一(构成整体的统一,或者观念和目的统一,这会把上述活动置于活泼的游戏之中)。"[2]这就把规定的判断和反思判断区分开来,明确提出反思判断(即所谓"感性判断")的特征是"从特殊出发达到总体概括"的思维活动。

关于鉴赏力,"人类学反思录"也有多处涉及。在较早的片断中,康德认为鉴赏就是一种选择,"鉴赏就是按感性规律对普遍令人愉快的东西的选择。它

---

[1] "人类学反思录"第813条,《康德全集》第15卷,第362页。参看《康德美学文集》,第275页。
[2] "人类学反思录"第842条,《康德全集》第15卷,第375页。参看《康德美学文集》,第282页。

主要与感性形式相关,这方面存在着对一切人都有效的规律"①。这里具有关键意义的是"普遍令人愉快"和"感性形式",前者指明审美愉快是普遍有效的,与只具有介体有效性的感官舒适决然不同,后者指明鉴赏只与形式相关,正是形式而非质料含有对所有人都普遍有效的因素。稍后,康德又考虑到审美的普遍有效性的根源在于共同的社会生活,在于每个人都自觉或不自觉地追求与他人的鉴赏判断相一致,所以"鉴赏是社会(性)的","鉴赏是由一种社会根源而发生的"②。这些想法后来都被纳入《判断力批判》之中。在思考人类学问题时,康德也曾把鉴赏力称为感性判断力的"理性类似物",称为"根据愉快或不愉快对事物进行比较的知性",这就向批判哲学的思路前进了一步。他后来把鉴赏力归于判断力之下,认为"鉴赏力是对按照感性规律普遍令人愉快的事物的判断能力"③,"鉴赏力是对心意中感觉的和谐游戏的判断能力"④,这两个片断中的"判断力"指的就是反思判断力,判断词"是"在这里是"归属"之意,两个句子说的都是鉴赏力是反思判断力的二种,另一种则是目的论的判断力,既然鉴赏力属于判断力,鉴赏活动是一种判断,就有理由把二者联系起来构成"鉴赏判断"这样的术语,而这个术语所表述的概念的前提则是必然存在"鉴赏判断力",作为一种主体能力,按照批判哲学已有的先例,就可以对它进行先验分析,第三个"批判"也就有了中心对象。

《判断力批判》谈到了游戏:康德因此被视为美学史上游戏说的首创者之一,而游戏也是康德在思考人类学时首先想到的。在美学和文艺理论中,游戏是一个具有根本意义的概念,离开它将很难正确规定审美和艺术的本质。可能正是出于这一原因,康德在其"人类学反思录"的"论美感"那一部分的开头就大

---

① "人类学反思录"第 627 条,《康德全集》第 15 卷,第 273 页。参看《康德美学文集》,第 222—223 页。
② "人类学反思录"第 721 条,《康德全集》第 15 卷,第 319 页。参看《康德美学文集》,第 249 页。
③ "人类学反思录"第 764 条,《康德全集》第 15 卷,第 333 页。参看《康德美学文集》,第 256 页。
④ "人类学反思录"第 806 条,《康德全集》第 15 卷,第 357 页。参看《康德美学文集》,第 271 页。

谈游戏问题。在他看来，人的活动只有两种，"要么是一种事业（它有一个目的），要么是一种游戏（它服务于消遣），它有一种意图（Absicht），但没有任何目的（Zweck），在游戏中行动没有任何目的，它本身就是活动的原因"①。这一片断区分了人类的两种不同性质的活动，也点出了游戏的本质特征——没有外在目的，它本身就是其原因。此外，康德还考虑过游戏（包括看图画、听音乐等）的心理状态，即"不需要任何有意的劳心费神，不需要任何苦思冥想，只以一种轻松的、明朗的、令人愉快的方式来把握对象"。②同时没有外在目的这一点也预设了游戏是自由的、不受任何外力的强制。我们还发现，康德对游戏的思考颇为全面，他所说的游戏有许多不同的种类，如思想的游戏、图像的游戏、观念的游戏、情感和趣味的游戏、语言和词语的游戏、单纯印象的游戏、直观的游戏、感觉的游戏、知性的游戏、天才的游戏、描摹的游戏、想象的游戏、反思的游戏、激情的游戏、形体的游戏等等。显然，他心目中的游戏要比席勒、斯宾塞、谷鲁斯等人的游戏说要广泛得多，也比我们今天所设想的游戏要复杂得多。在诸多游戏中，康德最为重视的还是内在的游戏，即心灵能力的和谐的游戏，这也就是《判断力批判》中"想象力和知性的自由游戏"的前身。

在"论美感"这个标题下提到游戏，无疑是因为游戏与审美有关，这首先表现在鉴赏的心理机制就是心灵能力（知性和想象力）的自由游戏，审美愉快就从这里产生；其次，游戏直接与美相关，也可以说心灵的游戏乃是美之为美的最深层本质，所以康德说："表象的和谐的游戏对于平静的心灵来说就是美。"③这样就由人的心灵能力导出了美，美也就成了人类学的内容之一。

如果我们对康德的游戏说稍作推演，就会发现作为鉴赏判断的先验原理的"无目的的合目的性"的最早根源就在其中。由于游戏是无目的的，鉴赏判断是

---

① "人类学反思录"第618条，《康德全集》第15卷，第267页。参看《康德美学文集》，第8页。
② "人类学反思录"第806条，《康德全集》第15卷，第355页。参看《康德美学文集》，第269页。
③ "人类学反思录"第801条，《康德全集》第15卷，第349页。参看《康德美学文集》，第265页。

心灵的游戏，表象的和谐游戏就是美，因而作为鉴赏判断的对象的纯粹形式以及作为鉴赏判断的结果的美也就应该是无目的的。在一个片断中，康德提到"花有无目的的美的形式，它使我获得乐趣"①。这一思想后来就发展为"美是无目的的合目的性的单纯形式"这个康德美学的核心命题。《判断力批判》也论及艺术，康德的艺术学说以天才论为其突出特征，而天才说也是从人类学生发出来的。康德认为，对于艺术而言，天才是第一位的、本源的，所以"人类学反思录"涉及艺术时就有许多片断详尽地讨论了天才问题。康德在研究人类学时，发现人的才能或能力可以分为两种，有的可以经过学习和训练而学得、提高或改善，但"有四种东西人不能学习：感觉、判断力、精神和鉴赏力。这些构成了天才。虽然还有更多的能力属于天才，但这四个方面真正构成了天才的本体"②。有时康德把精神单独提出来，认为精神与天才具有同一性，"精神中原初的要素就是天才"，"独特的精神就是天才"③，他甚至认为可以用"精神"一词代替"天才"来使用。这表明，精神概念在康德的天才学说中具有根本意义。正因为如此，康德在一些片断中对精神作了多方面的规定，认为"产生观念的根源是精神"，"通过观念的感性灵感就是精神"，"精神是本源的灵气，这种灵气来源于我们自身，它不是派生的"，"精神不是个别的才能，而是一切才能灌注生气的源泉"④。这些想法没有完全被纳入《判断力批判》，但其中有关天才的先天性、独创性、神秘性、典范性、不可学习等，却都是在康德思考人类学问题时萌生和发展起来的，以上摘引的片断就证明了这一点。同样，《判断力批判》中有关艺术的定义、艺术的分类等思想也都起源于人类学的思考。

---

① "人类学反思录"第810条，《康德全集》第15卷，第360页。参看《康德美学文集》，第273页。
② "人类学反思录"第874条，《康德全集》第15卷，第384页。参看《康德美学文集》，第287页。
③ "人类学反思录"第926、930条，《康德全集》第15卷，第412页。参看《康德美学文集》，第302、303页。
④ "人类学反思录"第933、934条，《康德全集》第15卷，第414、415页。参看《康德美学文集》，第304页。

除此之外,《判断力批判》中其他主要观点,如鉴赏无利害、同一对象引起的感情和感觉有本质区别、鉴赏判断的普遍性和必然性的根源在于人人共有的共通感、鉴赏判断是感性的或审美的、美的理想由审美的规范观念和理性观念构成、不可能有判断美的客观法规、美是道德之善的象征、魅力刺激与美有别、崇高感由恐惧转化而来、崇高在人的心中等等也都同期出现在"人类学反思录"中。可以说,《判断力批判》中一切实质性的、有价值的、重要的美学思想都来源于有关人类学的思考,不是来源于弥合哲学两大领域的需要。

我们还发现,《判断力批判》上卷的原始纲要竟然也出现在"人类学反思录"的最后部分。第988条有这样一个问句:"一个不是由客体的概念所确定的客观有效的判断如何可能?"①这个问句的实质内容是:有些判断是由客体的概念所决定的,概念本身保证了这类判断的普遍性和必然性,这样的判断当然是可能的;另有些判断,这类判断也要求有普遍性和必然性,但这类判断却不是根据客体的概念作出的,没有概念保证其普遍性和尽然性(鉴赏判断就是这样的判断),这样的判断是可能的吗?如果可能,那又是如何可能的呢?这个问题可以转换成如下形式:先验的普遍有效的鉴赏判断如何可能?这个典型的康德式的问题实际上提出和规定了第三个"批判"将要论述和解决的基本课题,正如"先天综合判断如何可能"这个问题提出和规定了第一个"批判"要论述和解决的主要课题,"先天的道德法则如何可能"这个问题提出和规定了第二个"批判"要论述和解决的主要课题一样。

"人类学反思录"还对判断力的原理有所提示,其中的一个片断谈到普遍有效但又不能予以证明的特殊判断时写道:"因为这里的判断应该普遍有效,因而它就必须有一个原理;但这里又不可能有任何证明的根据,也不可能有感官对象方面知性或理性运用的任何一种规律,所以它必须有一种认识能力之运用的

---

① "人类学反思录"第988条,《康德全集》第15卷,第432页。参看《康德美学文集》,第315页。

原理,这种原理建立在我们认识能力的某种超感性的使命之上,或者与这种使命相连。"①这段话的主要意思有四个方面:一是肯定鉴赏判断这样的反思判断应该有一个原理,就像感性、知性、理性各有其原理一样;二是这种原理不能像其他原理那样加以证明,不能从中演绎出任何规律;三是这种判断的原理不是有关经验对象的原理,也不是有关自由意志的原理,而是一种指导认识能力如何活动的原理,即康德所说的范导原理或者调解原理;四是这种原理与人类的超感性使命或者说人类能力中超感性的本质规定相关,它所针对的是只能设想、思维而不能直观的超感性观念,这种原理就是合目的性的原理。"人类学反思录"的另一片断以稍为不同的方式表述了同样的意思:"判断力的原理是作为如下情形的基础的原理:使自然服从我们的理解能力。我们借此可以按照我们的认识能力所需要的主观规则(当然也算是一种规则)来设想偶然的事物中所表现出来的自然(这是判断力的需要)。"②

前面提到的《判断力批判》的原始纲要是这样表述的:"人类学反思录"的最后部分有一个康德自拟的小标题"论鉴赏",这个题目之下的片断差不多提纲挈领地概述了"审美判断力批判"的全部主要内容,"没有任何利害却使人愉快的东西是美的","由客观根源使人愉快但并非通过概念使人愉快的东西是美的","(1)在感觉中使人愉快的——舒适,(2)在反思中使人愉快的——美:直接的,(3)在概念中使人愉快的——善:间接的或直接的"③。这显然就是《判断力批判》第1—5节的大纲。"人类学反思录"第992条中间稍嫌突兀地出现了如下两条札记:"A.有关自然美的审美判断力的演绎;B.有关自然界的崇高的审美判断力的演绎。"④这其实是"审美判断力的分析"的结构纲要。同一片断中所说

---

①④ "人类学反思录"第992条,《康德全集》第15卷,第436页。参看《康德美学文集》,第318页。
② "人类学反思录"第994条,《康德全集》第15卷,第439页。参看《康德美学文集》,第320—321页。
③ "人类学反思录"第990条前言,《康德全集》第15卷,第434页。参看《康德美学文集》,第317页。

的"对于自然界这两个方面的文化教养是道德情感的准备"是《判断力批判》中"美是道德之善的象征"那一部分的提纲,"在两者(美和崇高)之中都含有自然的主观的合目的性"是审美判断力的基本原理的概括表述,"关于鉴赏的兴趣——关于共通感——感觉(情感)的可传达性。人性"。是鉴赏判断的第二、第四两个要点(要点的原文是 Moment,其他中译本都译为"契机",实即《纯粹理性批判》"先验要素论"中的"要素",译为"契机"有可能使人产生误解)的提纲,"关于艺术的美和崇高以及美的艺术和科学"是艺术论部分的纲要,这一片断中"导论:划分"这样的提法表明康德想到了要为《判断力批判》写一篇导论,而且想到了要论述的内容如何分配。

"人类学反思录"断断续续地写成于《实践理性批判》出版之前,当时还没有弥合哲学两大领域的迫切需要,其中所包含的美学思想的酝酿、构思与哲学体系的构成还没有太大的关系。我们还不应忘记,早在 1765 年,康德在他的《1765—1766 年冬季学期讲课安排通告》里就提到,"材料的极为相近提供了一个理由,使我们从事理性的批判时,对于趣味的批判,亦即美学,投以一瞥,因为其中之一的规律可用来解释另一个的规律,而且二者的沟通(Abstechung)也是更好地理解它们的一种手段"。[①]联系到康德 1764 年出版的《对于美感和崇高感的观察》,我们完全可以设想,即使批判哲学的两大领域没有分裂和对立,因之也不需要把它们联成一体,康德也会写成"趣味的批判"或"美学"。

以上引述的材料足以说明《判断力批判》一书的美学思想确实萌生、深化、成熟于有关人类学的思考中,与哲学体系的需要没有本质性的联系。不仅如此,《判断力批判》下卷的基本内容目的论学说也是独立于体系的需要而构思出来的。1775 年康德发表了一篇题为《论人的不同种族》("Von den verschiedenen Racerz der Menschen")的短文,所论述的基本问题是人类不同种族的形成。康

[①] 《康德全集》第 2 卷,第 311 页,科学院版,柏林,1912 年。

德以其非凡的智慧当时就已经猜测到人类有一个共同的起源,不同的人种都是从这个共同的祖源分化出来的,这个分化的过程康德称之为变异(Varietat, Abartung)。变异的动因有自然原因和合目的性两种。"人要受一切气候和每一种土地性质的影响;因此,在人的内部必有各种胚因(Keime)和自然禀赋(naturliche Anlagen),它们会在适当的机缘发展起来,或者被遏制下去,这样他就能适应他在世界上的位置,并在繁育的过程中显得似乎就是为此(他在世界上的位置)而生,并且似乎是为此而被创造出来的。我们想依据这些概念来考察广阔大地上的全体人类,并在没有明显地看到自然原因的地方援引其变异的合目的的原因,总之,在没有发现目的的地方援引自然原因。"①这实际是说,在已有的自然科学规律(主要是物理定律)不足以解释人类以及其他有机体的形态、构造及其变异的原因时,要引入目的论的原理,否则有机界无限多样的现象便无法得到解释,因而被排除在科学或哲学的视野之外,而在康德看来这是不能容忍的。在这里康德借有机体变异这个具体论题较为详尽地阐述了他的目的论学说。康德认为,在人种变异并形成新的种族的过程中,有自然原因和合目的原因两种制约因素,具体说来就是人要适应气候类型和土地的性质,人身内部蕴藏着各种胚因和自然禀赋,这些胚因和禀赋是一些潜在的可能性,在适当的条件下就可能发展起来,在不适应的条件下就可能被抑制下去,是发展还是被抑制都是为了适应有机体的生命活动,为了繁衍、提高、强化和扩大种群,这就是有机体发展过程中的合目的性原则。

1788年,康德发表了一篇题为《论目的论原则在哲学中的应用》("Über deri Gebrauch teleologischer Prizipien in der Philosophie")的文章,这是一篇论战性的著作,是专为回答格奥尔格·福斯特尔(Georg Forster)对康德的人类种族起源说的批评而写的。在这篇文章中康德进一步肯定了在自然研究中引入目的论原

---

① 《康德全集》第2卷,第435页,科学院版,柏林,1912年。

理的必要性,他认为"理性在形而上学中沿着理论的自然路径(Naturwege)……不可按其愿望达成全部意图,因而对它来说,只有目的论的路径(teleologische Wege)(可走),这样,就不能只依靠有经验证明根据的自然目的,而是必须以一种先天地由纯粹实践理性所规定并被给予的目的(在至善的理念中)来弥补不够充分的理论的缺陷"①。他还指出,"一个有机体(Organisation,李秋零先生译为'组织',恐难说得通)借以被创造的基本力量必须被设想为一个按目的起作用的原因(eine nach Zwecken wirkende Ursache),而且是这样来发挥作用的:这种目的必须成为这种作用的可能性的基础"②。康德还特别提醒我们注意,上面所说的"基本力量(Grundkraft)"要被看作"完全按目的安排的产品的可能性的一个原因"③,这与《判断力批判》中给"目的"所下的定义已十分接近。

《纯粹理性批判》是讨论认识能力和认识活动的,但为了批驳当时颇有势力的神学目的论,也为了与认识论中的构成性的原理作一对照,康德在"先验辩证论"中讨论"一般理念"时也正面阐述了目的论问题。康德引述了柏拉图的理念论式的目的论学说,那种学说认为,动植物乃至整个宇宙的合乎规则的秩序都表明只有按照理念才是可能的,理念是事物的初始原因,康德有保留地接受了这种学说,他写道:"如果我们剔除(柏拉图的)表述中的夸张之处,那么,哲学家们从对世界秩序的物质方面的模写式的观察向世界秩序的按目的亦按理念的建筑术式的联系的提升这种精神飞跃(Geistesschwung)就是一种值得尊重和仿效的努力。"④这表明,即使在认识论中,在对自然界的观察中,康德也觉得世界秩序好像是精神或理性有计划有意图地安排的,对世界的单纯反映或模写的描述是不够的,还应该引入目的概念,从目的论的角

---

① 《康德全集》第8卷,第159页。参看李秋零编译《康德著作全集》第8卷,中国人民大学出版社2010年版,第158页。
②③ 《康德全集》第8卷,第181页。参看李秋零编译《康德著作全集》第8卷,第180页。
④ 《纯粹理性批判》A318=B375。参看蓝公武译《纯粹理性批判》,商务印书馆1982年版,第256页。

度去探索世界的联系,这不仅不是虚妄的,而且是值得尊重的做法,甚至是哲学家们的一种"精神飞跃"。

在"先验辩证论"第二卷"论纯粹理性的辩证推理"那一部分中,康德反驳了门德尔松关于灵魂不灭的证明,同时也表达了自己正面的观点,认为"理性同时作为实践能力本身并不被限制在自然的秩序的条件之上,并有权把目的秩序连同我们自身的存在扩展到经验界限和今生的界限之外"①。这表明康德在修订《纯粹理性批判》第二版时仍坚持他在论人类种族变异时提出的目的论学说,坚持认为自然界既有"自然秩序"(Ordnung der Natur)也有"目的秩序"(Ordnung der Zweche),有时两种秩序共处一体之中。他还进一步发现,"如果我们按照与这世界上各种生物体的本性的类比来加判断,理性在探究生物体时一定必须接受如下原理:没有一种有机体,没有一种能力,没有一种冲动:亦即没有任何东西是多余的或者不适合应用的"②。有机物在世界上占有重要地位,是人类生存的绝对前提,是科学和哲学必须关注的对象,而在研究动植物时,学者们原来所仰仗的机械力学知识显得无能为力,一只蛆虫(Gewurm)就足以对已发现的物理规律构成严峻的挑战,所以势必另寻出路,引入目的论的原理。康德还看到人们关于经验世界中合目的性的现象的知识不断增加,这也推动人们在研究自然现象时不由自主地想到了目的论的途径。在批判有关上帝存在的自然神学证明时,亦即在批判神学目的论时,康德指出人们所看到的"如此众多的自然安排的合目的性与和谐的适应性","如此普遍可观察到的秩序与合目的性"③,都不是全知全能的上帝所安排的,而是自然中本有的合目的性的体现,因而在自然研究中需要目的论的原理,但不应是神学目的论。

康德之所以一再提到目的论问题,除了自然界实存的合目的现象的昭示和

---

①② 《纯粹理性批判》B425。参看李秋零编译《康德著作全集》第8卷,第272页。
③ 《纯粹理性批判》A627=B654。参看李秋零编译《康德著作全集》第3卷,中国人民大学出版社2004年版,第409页。

推动之外，还因为他觉得目的论的原理对于理性的批判具有重要意义，因为理性追求世界上一切事物的最高的形式的统一性，目的论原理为被运用于经验领域的理性开辟了更为广阔的视界，诱导人们按合目的性的规律把宇宙间万事万物联结成一个统一的系统，从而达到完全的统一性。

在《纯粹理性批判》的辩证论中，康德还明确指出目的论原理不是构成性的，而是一种范导性的原理，它不能构成有关对象的真正知识，只能指导我们的理性的应用，为理性的活动标示一个方向，用他自己的话来说，这是"一种目的论联结的系统统一性的范导性原则"①。

在撰写《判断力批判》之前不久，康德出版了《实践理性批判》，这个"批判"的"纯粹实践理性的要素论"部分也分为"分析论"和"辩证论"，"辩证论"中也批判了神学目的论。在这里康德认为把上帝当作世界和谐的原因像"灵魂不灭"和"上帝存在"一样，都不过是纯粹实践理性的公设。在批判神学目的论时，康德也正面地提到了自然的合目的性问题，说他在眼前的自然界看到了秩序与合目的性，为了阐明它们，就假设了一种作为其原因的神性。但因为这是从结果推出原因，与事物的实际过程正好相反，其确实性令人生疑，所以对于我们人类而言，那种假设不过是"最为合理的意见（aller vemuftigsten Meinung）"②而已，不具有客观有效性。这里最为重要的有两点：一是提到了"从一个结果推论到一个确定的、特别是像我们应当想到的上帝那样精确那样完善的原因"，这半个句子中有关上帝的说法对我们此刻的论述目的无甚关系，可以完全忽略；但如果把所引用的词组删节为"从一个结果推论到一个原因"，然后对它稍加考察，就可以看出这个词组准确地概述了目的论的反思判断的真实过程，即我们从既成的事实也就是结果（在有机界就是动植物的形态、结构、大小、颜色等）出发，

---

① 《纯粹理性批判》A691＝B719。参看李秋零编译《康德著作全集》第 3 卷，第 448 页。
② 《康德全集》第 5 卷，第 142 页，柏林，1908 年。参看李秋零编译《康德著作全集》第 5 卷，中国人民大学出版社 2004 年版，第 150 页。

以结果为根据推导出其原因,或者说构造一个足以解释结果的概念,这正合乎康德所说的"为特殊寻找普遍"那个反思判断的定义;二是把上帝当作自然界的秩序与合目的性的原因,这种假设乃是人们觉得"最为合理的意见",不是可以证明的理论,更不是对事实的精确描述,这是对反思判断的另一重要特征的提示。在康德看来,不仅把上帝当作一切事物的重要原因只能是一种意见,一切反思判断的结果都只能是一种意见,其功用是使判断力或理性感到满意,与对象自身的实有属性没有关系。这两点虽然是在批驳自然神学时信笔涉及,却无意中道出了作为《判断力批判》的核心内容之一的反思判断的根本性质。

以上粗略的概述足以表明《判断力批判》的主要思想观点在康德胸中早已形成,并非来源于整合哲学两大领域的需要。对此,我们还有另外一些重要根据,那就是康德本来就把哲学或知识看成一个互相关联的体系,《判断力批判》第二导论第一节所说的理论哲学和实践学各自拥有种类上不同的概念,并有对立之原理,实际上是分化的结果,是一奶同胞之间的那种分立,最初则产生于同一根源。哲学各领域之间的对立是外在的、非本源性的,也正因如此才能谈到联结或沟通与否,假若势如水火,如何能结合成一个体系?康德认为人类理性的根本特征之一就是追求各门知识的统一性和系统性,致力于构建层次分明、结构严谨的理论或知识的大厦。因此他多次谈到了建筑术问题,在《纯粹理性批判》的"先验方法论"中还专门安排了"纯粹理性的建筑术"一篇。在这一部分中他提出人类理性按其本性而言是有建筑技艺的(architek-tionisch),这意思是说它(人类理性)把一切知识都看成是属于一个可能的体系的,并因之而有意识地构造这个体系。

《纯粹理性批判》为知性知识构造了一个严整的体系,随后完成的《实践理性批判》所论述的自由意志、先验的道德法则等也形成了这样一个体系。表面上看,这是两个性质完全不同、各自独立的体系,但观康德有关体系的全部论述,可以看出他所说的人类理性由于运用于不同领域从而产生了不同的知识体系,各个独立的体系又在更高的层次上构成了包容更广泛的体系,其内部的各个组成部分都存在着不同程度的有机联系。上述两个体系似乎是各自独立的，康德也说过纯粹思辨理性在认识原则方面是一个完全分离的、独立存在的统一体，与实践理性的知识体系有所不同，但二者在根基上是相通的。对于这一点，康德自己的话是最好的说明。在《纯粹理性批判》的"先验方法论"第一篇第一章的末尾，康德写道："我们的理性（主观上）本身是一个体系，但在它借助于单纯概念的纯粹应用中，只是一个按统一性的基本原则进行探究的体系，只有经验才能为这种研究提供材料。"①这句话表述的是，人类理性有不同的应用，当它（借助于概念）被用于认识时，称为理论理性或思辨理性，也称为知性，这时它所面对的是现象，要由经验为其提供材料。这里只提到理性的"纯粹应用"，但逻辑上还蕴含着与此不同的另一种应用，那就是理性的实践应用，亦即在规范人类行为或者说伦理道德中的应用。这两种应用都是同一个理性的活动，在主体内部本来就是统一的，从根本上说，不同的应用并没有破坏二者所固有的密切联系。既然如此，由于理性的不同应用而造成的两个领域（认识和伦理）之间也就不会有什么不可逾越的鸿沟。如果说我们以上的推论似乎显得勉强，可能令人疑惑，那么康德自己所说的如下一段话却直接而明确地表述了与上述推论相符的结论，会打消我们的疑虑："人类理性的立法（哲学）现在有两个对象，即自然和自由，因此既包含着自然法则，也包含着道德法则，起初存在于两个特殊的体系之中，最后则共处一个唯一的哲学于体系之中。"②这句话表明康德在写作《纯粹理性批判》时已经把批判哲学规划为两部分，应该写出两个批判，第一个批判研究自然概念，为自然立法，第二个批判研究自由概念，为道德立法，在各自的领域之中都自成体系，可能给人以独立和分裂的印象，但最后却必然走到一起，共处于一个更高一级的体系之中。究其原因，当然是因为二者都来源于

---

① 《纯粹理性批判》，A737—738＝B765—766。参看李秋零编译《康德著作全集》第 3 卷，第 474 页。

② 《纯粹理性批判》，A840＝B868。参看李秋零编译《康德著作全集》第 3 卷，第 536 页。

人类理性的立法,而人类理性本身就是一个统一的体系,其中的各个组成部分有不同的功能和应用方式,即没有本质上的矛盾和冲突。康德不止一次以不同的方式表达了同样的想法。他把出自理性的哲学知识叫做形而上学,而"形而上学分纯粹理性的思辨应用的形而上学和实践应用的形而上学,因而或者是自然的形而上学,或者是道德形而上学"①。可见在写作《纯粹理性批判》时,康德还认为认识论(自然形而上学)和伦理学(道德形而上学)都是统一的形而上学的组成部分,共存于一个体系之中。在"纯粹理性的建筑术"中,他说他的建筑术"从我们的认识能力的总根源分蘖并生长出两根主干之处开始,其中之一就是理性。但在这里我所理解的理性是全部高级认识能力,因此就使理智性的东西(Rationale)与经验性的东西(Empirischen)相对立"②。这里所说的理性并不只是可以称为知性的理论理性或思辨理性,而是包括实践理性在内的"全部高级认识能力",思辨理性和实践理性是从人类高级认识能力的总根源处生发出来的两个侧枝,本来就连根并蒂,具有亲和力,不必锔合箍拢而后成为一体。

稍后,在写作《实践理性批判》时,康德仍未想到认识与伦理的分裂问题,当然也就没有想到需要把二者连接起来。当时他承认思辨理性自有一个体系,但它并不与实践理性的体系相对立,而是互相连通的。《实践理性批判》的序言中有这样一句话:"自由的概念,由于它的实在性已由实践理性的一条不容置疑的法则所证实,现在就构成了一个纯粹的、甚至思辨的理性的一个体系的整座建筑物的拱顶石(Schlufstein)。"③这句话对于我们此刻想要证明的论题(《判断力批判》的主要思想并非来源于弥合哲学体系的需要)是一个有力的支持。《纯粹理性批判》是研究自然概念的,针对的是自然界的各种现象,在这个领域内自由与灵魂、上帝一样都是只可思维不可认识的理念,对于人类认识活动没有什么

---

① 《纯粹理性批判》,A841=B869。参看李秋零编译《康德著作全集》第8卷,第537页。
② 《纯粹理性批判》,A835=B863。参看李秋零编译《康德著作全集》第8卷,第533页。
③ 《纯粹理性批判》,第3—4页。参看李秋零编译《康德著作全集》第5卷,第4页。

实际意义。但在伦理道德领域,因为自由概念通过对实践理性的批判而得到证实,从而获得了实在性,不再是一个虚幻空洞的概念,它在思辨理性的体系中也就有了立足之地,甚至成了这一体系的拱顶石,亦即成了认识之所以可能的终极支撑物。这样,自由概念就使思辨理性和实践理性的体系在最高层次上互相沟通。在同一篇序言中,康德还提道,实践理性在理论知识方面的扩展有无可能性,在纯粹理性的批判中还是一个问题,但在实践理性的批判中却成了一种断言(Assertion),亦即实践理性在理论知识(知性知识)方面可以有所扩展,对认识可能有所贡献,"这样理性的实践应用就和理性的理论应用的要素联结起来了"①。康德还认为,思辨理性和实践理性既是同一个理性的不同应用,从认识领域到伦理道德领域就不过是理性应用的转移。在阐述由纯粹思辨理性批判所考察的自然概念向实践理性批判所考察的自由概念的过渡时,康德提出在实践理性批判中再次考察思辨理性的各种概念和原理是被允许的,甚至是必要的,"因为(在这里)理性连同那些概念是在向一种与那里(指《纯粹理性批判》)对那些概念的应用(方式)完全不同的另一种应用(方式)的过渡中被考察的。但这样一种应用使得旧的应用与新的应用之间的对比成为必要,以便更好地把新的轨道与从前的轨道区别开来,同时让人们注意到它们之间的联系。因此人们一定不要把这样的考察,包括那些致力于在纯粹理性的实践应用中的自由概念的那些考察,只看作服务于填补思辨理性批判体系中的漏洞的堵塞物(Einschiebsel)(因为这个体系就其目的而言是完善的),而且也不要把这种考察看作是在一座匆忙建造起来的房子后面通常要加上去的支撑物和扶壁,而是要看作使体系的联系清晰可见的真实环节,以便使人看清在那里(纯粹思辨理性的批判)可能被可疑地(problematisch)表象出来的概念如今在其真实的表象中被看清"②。自由、灵魂和上帝是经院哲学的核心概念,在康德时代的思想界仍占

---

① 《纯粹理性批判》,第5页。参看李秋零编译《康德著作全集》第8卷,第6页。
② 《纯粹理性批判》,第7页。参看李秋零编译《康德著作全集》第5卷,第8页。

有重要地位,是一般哲学讨论中不能回避的。意在为自然科学和数学奠定基础的《纯粹理性批判》也要涉及这些概念,但康德在那里只把它们当作不可直观不可认识而能思维和想象的对象,只是人们心中的一些观念,并把它们径直放逐到物自体的彼岸世界中去,其实在性不仅颇为可疑,而且实际上被康德否定掉了,唯独自由概念尚留有复活的余地。但在《实践理性批判》中,康德重新提出并讨论了这些概念,其中的"自由"还成了先验的道德法则之所以可能的根本保证和基础,与自由一道,原本虚幻空洞的灵魂和上帝也成了实践理性的公设,它们不仅是可能的,而且有了某种意义上的真实性。由于自由、灵魂和上帝这三个概念在两个批判中都曾出现,都发挥过一定的作用,康德就把对它们的重新考察看作把两个领域联系起来的"真实环节"。在上引的一段话中,康德使用了"转移(Übergange)"一词,指的就是自由、灵魂、上帝三个概念由思辨应用向实践应用的过渡,由于这种过渡,两个领域就有了潜在的桥梁。

除了前两个批判之外,康德致友人的书信中也有确实的材料证明《判断力批判》所阐述的美学和目的论思想并非来源于联结哲学两大领域的需要,在写作前两个批判时,他尚未想到二者的分裂和对立,尚未想到用美学和目的论作黏合剂。1787年6月25日,康德在写给克里斯蒂安·许茨(Christian Gottfried Schutz,1747—1832)的信中除了通知收信人《实践理性批判》一书业已完成,不久即将付印之外,还透露了另一重要信息:他将马上着手撰写一本新的著作,初步定名为《鉴赏力(亦可译为趣味)批判基础》,此书所要论述的显然是后来的《判断力批判》上卷"审美判断力的批判"的内容。但在这封信中,此事只是一笔带过,没有提到论述的内容或纲要,更没有提及这部未来的著作与哲学体系的关系以及联结体系的作用。[①]写作这部著作的冲动如前所述实际上来自于人类学的启发。写这封信时,前两个批判都已完成,他很可能已经觉察到思辨理性

[①] 《康德全集》第10卷,第490页。参看李秋零编译《康德书信百封》,上海人民出版社1992年版,第106页。

和谐与自由

和实践理性、认识和伦理两大领域虽根本上同出一体,具有天然的内在联系,但从外在形式上看,二者却有很强的独立性,需要在二者之间架起一座常人得以通过的桥梁,或者说找到一种黏合的材料,把他心目中的哲学的各个部分结合为一个紧密联系的整体,使之在内在学理和外在形式上都表现出一种完美的统一。康德于 1787 年 12 月 28 日致卡尔·莱昂哈特·莱因霍尔德(Karl Leonhard Reinhold,1758—1823)的信中有一大段话在很大种程度上证实了我们的推测。这段话较长,但整段话都与我们的论述相关,故照录如下:

> 我现在正忙于鉴赏力的批判。在这里将揭示一种新的先天原理,它与过去所揭示的不同。因为心灵具有三种能力:认识能力,愉快和不愉快的情感,欲求能力。我在纯粹(理论)理性的批判里发现了第一种能力的先天原理,在实践理性的批判里发现了第三种能力的先天原理,现在,我尝试发现第二种能力的先天原理,虽然过去我曾认为,这种原理是不能发现的。对上面考察的各种能力的解析,使我在人的心灵中发现了这个体系。赞赏这个体系,尽可能地论证这个体系,为我的余生提供了充足的素材。这个体系把我引上了这样一条道路,它使我认识到哲学有三个部分,每个部分都有自己的先天原理。人们可以逐一列举它们,可以确切地规定以这种方式可能的知识的范围——理论哲学、目的论、实践哲学。其中,目的论被认为最缺乏先天规定的根据。①

这段话事关重大,因为它为我们提供了有关康德要写作《鉴赏力批判》以及最终产生哲学由三部分组成的想法的真实情况。

关于《鉴赏力批判》一书的写作有一个较长的酝酿过程。我们已经知道,康德于 1764 年出版过一本名为《对美感和崇高感的观察》的美学著作,这表明他早已关注美学问题。但那时以至以后很长的一段时间内,他都认为对审美活动

---

① 《康德全集》第 10 卷,第 515 页。参看李秋零编译《康德书信百封》,第 110 页。

《判断力批判》一书的真正根源

只能作经验描述,不能施以批判,亦即不能找出先天的鉴赏原理。在《纯粹理性批判》的"先验感性论"的一个注释里他明确地表达了对这一问题的态度和观点。他首先批评了鲍姆加登用 Ästhetik 这个希腊语词汇来表示鉴赏力批判这门学问的做法,认为这是不适当的,因为鲍氏想把对美的批判置于理性原理之下,并想把对美的判断的规则提升为科学。康德认为这种做法是徒劳无益的,因为鉴赏的规则或标准只能是经验性的,绝不可能成为先天原理,所以 Ästhetik 一词还是应该像希腊人那样用来表示感性学为好。后来,康德的看法逐渐发生了变化,觉得趣味或鉴赏力的批判也是可能的。[①]从前面所摘引的康德书信中的那一段话可以看出,在完成了前两个批判之后,他转而认为鉴赏的先天原理是存在的,把它揭示出来也是可能的,但这种原理有其特殊性,不同于认识论和伦理学中的原理。实际上这里暗示的是鉴赏判断不是规定的判断,而是反思判断,鉴赏的先天原理不是构成性的原理,而是范导性的原理。更为重要的是,这段话清楚地告诉我们,包含有三个部分的统一的哲学体系的思想就是在这时最终形成的。这种思想不是由总结外在的哲学成果而产生的,而是从探究主体心灵主旨力的过程中萌发出来的。他指出人的心灵有认识、情感和欲求三种主旨力,这是复述当时哲学界的普遍看法,没有什么新鲜之处。新鲜之处在于他认为每一种心灵能力都有自己的先天原理,而且他已经在前两个批判中发现了认识能力和欲求能力的先天原理,现在他正尝试发现愉快和不愉快的情感的先天原理,撰写《鉴赏力批判》,以补足批判哲学体系的空缺。康德说得很明白,正是心灵能力的结构体系使他认识到哲学当中有三个部分,每个部分都有自己的先天原理,这三个部分是:理论哲学、目的论、实践哲学。这里只提目的论,没有提审美或鉴赏问题,这是因为在康德看来,鉴赏的先天原理是主观而形式的合目的性,有机界的目的论的先天原理是客观而实质的合目的性,都属

---

① 《纯粹理性批判》,A21=B36。参看李秋零编译《康德著作全集》第3卷,第46页。

于一般的目的论,可以用目的论三个字来涵盖这两门互相关联的学说。

如前所述,哲学的三个部分构成一个体系,这个体系本有内在联系,这是因为它们都来自人的理性或心灵能力,而人的理性或心灵能力本身有一个体系,其各个环节或组成部分在最深层生发于一个共同的根基(即人之所似为人的最高的超感性的理智本性),另外,某些概念贯穿于三个部分之间,也起到了串联作用。直到前两个批判已经出版、第三个批判已构思定型时,康德才觉得哲学的三个部门虽有内在联系,但单凭以上所列举的几个方面,单凭以上零散的信笔及之的提法,还不足以使它们形成一个紧密相联的整体,在普通读者眼中,这种联结还不甚清晰明确,难以给人一个完整体系的印象,人们逐一读过三大批判之后可能觉得认识、伦理、美学和目的论是三种完全独立的知识,是互不相关的领域;特别是在前两个批判和已经成竹在胸的《鉴赏力批判》正文中都没有专门的章节讨论三个部分所构成的体系以及各部分如何联成一体的问题,因此,康德认为有必要把批判哲学的整体联系作为一个独立的课题详加论述,以证明认识和伦理之间表面的分裂可以弥合,表面的鸿沟可以填平,提醒人们务必把批判哲学看成一个整体。我们完全能理解,康德不会容忍哲学的各个分支互相,隔绝甚至互相矛盾,因为哲学的分裂意味着人性的分裂,意味着理性的分裂,也意味着批判事业的破产。于是,康德写出了《判断力批判》的第一导论,这篇导论是在这个批判的内容和形式已酝酿就绪,但尚未草就时先行写出来的,它名为《判断力批判》导论,实际上却是全部批判哲学的导言或绪论,它在时间上居后,在逻辑上却位于批判事业的开端。这篇导论才是批判哲学各个领域的黏合剂、串联线、扎桶箍,它把本有内在联系的部门更牢固地连接起来,成为一个斩不断的统一体。

笔者以为,以上论述已充分说明《判断力批判》中的美学和目的论思想早在康德意识到需要把哲学的各部分联成一体之前就已经从人类学、人种学、生物学中萌生、发展、成熟起来,与构造体系的需要无关。康德有关沟通不同哲学部门的想法是在第三个批判定型之后才产生的,而且用以充当桥梁和沟通线索的也不是《判断力批判》正文本身,而是先后写出来的两篇导论。这里顺便提一下,两篇导论中当以第一导论为主,第二导论只是第一导论的缩写,许多地方都不如第一导论详尽;国际上真正谙熟康德生平、思想和著作的学者在需要征引《判断力批判》的导论时,都以第一导论为准,H.W.卡西尔——恩斯特·卡西尔之子,有人称为小卡西尔——的《康德〈判断力批判〉释义》一书就以近百页(全书只有412页)的篇幅详解第一导论,而对第二导论却很少提及。

当然也可以设想,在康德欲填平哲学两大领域之间的鸿沟之前,他尚未考虑过美学和目的论问题,面临要把哲学联成一体的任务时,他才向壁苦思,终于心血来潮想出美学和目的论这么个中介来。但实际情形并不是这样,而是上文描述的次序和过程。

这里很自然地会产生一个问题:难道《判断力批判》与哲学体系的需要毫无关系吗?当然不是。我们只是说,这个批判中主要的美学和目的论学说产生于有关人类学和有机界的思考之中。其余有关地方特别是结构形式方面则明显是为适应充当中介而刻意安排的。

本文原为曹俊峰《康德美学引论》之一章,
天津教育出版社 2012 年版

席勒的人性美学体系

张玉能

我曾经把席勒的美学体系称为"人道主义美学体系",在《审美王国探秘》中导论的题目就是:席勒的人道主义美学体系。[①]在《西方文论思潮》中仍然是这个提法:"席勒的美学是继承和批判康德的美学体系而形成的,是由康德美学走向黑格尔美学一个最重要的中介环节,是一个充满了人道主义精神,力图使全人类走上自由发展前途的美学体系。"[②]后来在《席勒的审美人类学思想》中,我把席勒的美学思想体系叫做"审美人类学思想"。[③]经过了整整20年,我现在认为,席勒的美学体系是以人性为中心的美学体系,或者说人性美学思想体系。

一、席勒的美学体系是一个人性美学体系

在一定意义上,应该说席勒的美学思想体系,从大的范围或学科领域来看,的确是"人道主义美学体系"和"审美人类学思想"体系,但是从具体的出发点、最终目的、实现目的的手段及其论证过程来看,却应该说是"人性美学体系"。

[①] 张玉能《审美王国探秘》,长江文艺出版社1993年版。
[②] 张玉能《西方文论思潮》,武汉出版社1999年版,第139页。
[③] 张玉能《席勒的审美人类学思想》,广西师范大学出版社2005年版。

人道主义，人文主义，人本主义这三个中文词语在西方各种语言文字中基本上都是一个词：Humanism 或 Humanitarianism（英文），Humanismus（德文）。它们都是指一种以人为中心、以人为本的世界观或理论学说，它们高扬人的尊严、人的价值、人的解放，提倡人类的自由、平等、博爱。但是，Humanism 或 Humanitarianism 在西方历史发展过程中却有着不同的具体内容。一般说来，作为西方哲学世界观源头的古希腊哲学的 Humanism 或 Humanitarianism，可以是"人本主义"，也可以是"人道主义"；不过，我们认为，应该把以人作为根本的那种 Humanism 或 Humanitarianism，译为"人本主义"；而把那种强调人的本质特征即"人道"的 Humanism 或 Humanitarianism，译成"人道主义"。众所周知，古希腊的早期哲学是一种所谓"自然本体论哲学"，即主要探讨自然宇宙的存在本原和存在方式的哲学理论，只是到了公元前5—前4世纪苏格拉底（Socrates，前469—前399）才开始把哲学研究的中心转向了"人"本身，"苏格拉底专门研究各种伦理方面的品德，他第一个提出了这些品德的一般定义问题。"（亚里士多德：《形而上学》）[1] 他关心的是国家和人民的命运，而不是宇宙的本原，他十分关注人类的伦理问题，诸如正义、勇敢、节制、怯懦、诚实、虚伪、智慧、国家、政治等等，他认为这些伦理道德才是真正的知识；因此苏格拉底的哲学被后人称为"伦理哲学"，从而开启了西方人类本体论哲学的源头。苏格拉底要求人们把握做人的道理，把"美德"放在第一位，提倡人们的道德生活。他认为哲学就是"爱智慧"，而他常说："我只知道自己一无所知。"所以他倡导人们信奉德尔斐神庙上的铭文："认识你自己。"他把人对美德的认识当做"真理"。苏格拉底主张"知识即道德"，把人生的目的和美德作为研究中心。他要求人们探求普遍的、绝对的善的概念，认为这种理性概念才是真知识，这种真知识就是至善的美德，亦即人们生活的最高目的。苏格拉底的伦理哲学是一种理性主义，强调知识的重要

---

[1] 北京大学哲学系外国哲学史教研室编译《西方哲学原著选读》上卷，商务印书馆1981年版，第58页。

和谐与自由

性,认为理智决定着伦理道德。柏拉图全面继承、发挥苏格拉底的伦理思想体系,形成了系统化、理论化的理性主义伦理哲学。后来亚里士多德进一步提出"人是政治的动物","人是理性的动物"。这种突出认识"为人之道"的伦理哲学或人类本体论哲学就可以叫做"人道主义",它突出的是"人的存在方式"这一个方面。而古希腊人类本体论哲学或伦理哲学中还有另一派,它突出了"人的存在本原"这一方面,强调的是"以人为本",即"人是世界之本根"。因而这种强调"人的存在本原","以人为本",即"人是世界之本根"的人类本体论哲学和伦理哲学就可以称为"人本主义"。古希腊的人本主义哲学家主要是智者学派的普罗泰戈拉(Protagoras,约公元前490或480年—前420或410年),他的一句名言就是"人是万物的尺度,是存在者存在的尺度,也是不存在者不存在的尺度。"(《第欧根尼》)[1]他还主张事物存在的相对主义:"事物对于你就是它向你呈现的样子,对于我就是它向我呈现的样子,而你我都是人。"(柏拉图:《泰阿泰德篇》)[2]换句话说就是,世界的本根就是"人"和人的感觉,事物的存在以人对它的感觉为依据。另一个智者派代表人物高尔吉亚(Gorgias,约公元前483—前375)集中论证了"不存在",通过"不存在者"来说明"人是世界之本根"。他提出"三个命题"。一,无物存在。他说,如果有物存在,那么该物或者是存在,或者是不存在,或者既是存在又是不存在。然后他用反证法证明这三者都不能成立,因而结论只能是"什么都不存在"。二,如果有某物存在,人也无法认识它。他说,如果我们所思想的事物都是真实的存在,那么我们思想到的所有事物应该都是真实存在的;但是我们实际上思想出了许多并不存在的事物,像六头十二足的女妖、吐火怪兽等,这表明人的思想并不可靠,认识不到存在。三,即使人可以认识存在物,也无法把它告诉别人。因为人是用语言来告诉别人,而语言信号与存在物却并不是同一个事物,那么一个人告诉别人的并不是存在物而

---

[1] 《西方哲学原著选读》上卷,第54页。
[2] 同上,第55页。

只不过是语言信号。①高尔吉亚否定了一切客观存在的事物,否定了一切认识和一切语言的可传达性,主张"一切皆无,一切都不可知,一切都不可言说",实质上就是从怀疑主义和不可知论的角度宣布了:人是世界之本根。所以,这是一种特殊形态的"人本主义哲学"。古希腊的 Humanism 或 Humanitarianism,到了文艺复兴时代就成为了新兴资产阶级一种反对中世纪基督教神学和封建贵族的思想武器,要求人能够从基督教的神权和封建专制的特权之中解放出来,肯定人的尊严,人的价值,人的一切感性欲求,打破神学禁欲主义和神对人的控制、禁锢,而这种思想武器的最重要方面就是"复兴古希腊罗马文化",因此,欧洲 13—16 世纪的 Humanism 或 Humanitarianism,就应该是名副其实的"人文主义",其用意与中国传统文化的所谓"人文化成"是息息相通的,所以,译为"人文主义"是再适当不过了。到了 18 世纪启蒙主义时代,资产阶级思想家们更主要的是突出"人的"特征,特别是"理性"这个人类特征,还有所谓的"自由、平等、博爱"等"人道"特征,所以,可以说,启蒙主义运动的 Humanism 或 Humanitarianism 就是一种突出"为人之道"的"人道主义"世界观和理论学说。至于到了 19 世纪兴起的以费尔巴哈为主要代表的"人本主义哲学"或"直观唯物主义哲学"却是来源于人类学学科和人类学思想,即德文的 Anthropologismus 的意译。人类学是英文 anthropology、德文 Anthropologie 的汉译,又译人本学,按照德文的后缀-ismus 的含义,又可以译为"人本主义",其主要代表人物是德国的费尔巴哈和俄国的车尔尼雪夫斯基。车尔尼雪夫斯基将他的唯物主义学说称作"人本主义",他的主要哲学代表作就叫做《哲学中的人本主义原理》。费尔巴哈和车尔尼雪夫斯基的人本主义,在本体论上是一种人类本体论,它反对灵魂和肉体的割裂,反对唯心主义的灵魂本体论,主张肉体和灵魂相统一的"人的"实体作为人类世界或社会的存在本原。不过他们所指的人,只是生物学一

---

① 《西方哲学原著选读》上卷,第 56—57 页。

个"类"或"种类",是一种自然的人,或者"抽象的人""一般的人",而不是社会的人。他们脱离具体的历史和社会实践来看待"人",完全忽视了人的社会性。

席勒的美学思想体系无疑是属于18世纪末到19世纪中的启蒙主义时代和德国古典美学的范围之内。众所周知,席勒的主要美学论著《论美书简》《审美教育书简》《论素朴的诗与感伤的诗》《论崇高》《秀美与尊严》《关于各种审美对象的断想》等,都是在1790年康德的美学著作《判断力批判》出版以后的思考和写作的结果,基本上在1796年左右都已经完成。那么,从时间的划分来看,席勒的美学思想体系就是属于18世纪启蒙主义时代的"人道主义"思想体系之内;而从思想发展的轨迹来看,席勒的美学思想体系是从康德到黑格尔的过渡的产物,那么就是属于德国古典美学的范畴之内,理应属于"人道主义"思想体系,而且也是费尔巴哈的"人本主义"或"人本学"(人类学)的直接渊源,同时也是一个"审美人类学思想体系"。不过,把席勒的美学思想体系定位在"人道主义美学体系"和"审美人类学思想体系",只是指明了席勒的美学思想体系的大范围,却并没有指明它的具体特点。就像我们说,康德的哲学体系、费希特的哲学体系、谢林的哲学体系、黑格尔的哲学体系都是"德国古典哲学体系"那样,只是指明了它们的共同特点和思想范围,却没有指明它们的各自的独特特点。所以,人们还得根据它们的核心概念来分别定位:康德的"批判哲学",费希特的"自我哲学",谢林的"同一哲学",黑格尔的"绝对哲学"。因此,我们根据席勒的美学思想体系的核心概念"人性",就把席勒的美学思想体系定位为"人性美学体系"。这个人性美学体系的出发点是资本主义社会初期的人性分裂的事实,它的最终目的是恢复古希腊时代的人性完整,恢复人性完整的必要途径就是美和艺术的审美教育,它的理论根据就是对人性的分析所得出的人性的三种形态:感性的人(自然的人),审美的人(自由的人),理性的人(道德的人或政治的人)。

二、席勒的人性美学体系的主要内容

我们之所以把席勒的美学思想体系称为人性美学体系,就是因为席勒美学整个体系的核心就是"人性",席勒的整个美学思想体系都以"人性"作为论述的中心。

首先,席勒的美学思想体系的出发点是资本主义社会初期的人性分裂的事实。恰恰是席勒所处的时代和德意志邦国的人性分裂的现实,促使席勒把美学问题当做重要问题来思考,并想通过美学问题来解决人性的问题,因为在他看来,人性分裂的问题就是一个十分重大的政治问题和道德问题,也是当时的启蒙主义运动所面临的重大问题。其实,席勒关注人性问题的兴趣早在青年时期就已经形成了。20岁刚出头的席勒在斯图嘉特的卡尔军事学院所写医学专业的毕业论文《论人的动物性和精神性的联系》(1780),就十分关注人性的问题。他说:"已经有许多哲学家断定说,肉体仿佛是精神的牢笼,肉体过分地把精神锁在尘世间,阻止精神飞向完善。另一方面,某些哲学家则或多或少明确地表述了这样的思想,即认为科学和道德与其说是目的,倒不如说是达到幸福的手段,而人的全部完善就在于他的肉体的改善。我觉得双方的意见都同样是片面的。"[①]由此可见,席勒从进入人文思考的开始之日就是要达到一种肉体和精神、感性和理性相统一、相协调的人性,而把视线对准了当时现实社会的人性分裂的现实状态,从而力图达到肉体和精神、感性和理性相统一、相协调的人性完整。紧接着,在最早的美学论文《论当代德国戏剧》(1782)的最末尾对剧院这个机关寄予了殷切的希望:"这个值得赞扬的机关应该剥夺我们聚精会神的瞬间吗?剧院满足于它可敬的姐妹,道德和宗教——我胆怯地冒险进行这种比

[①] 转引自汝信《论西方美学和艺术》,广西师范大学出版社1997年版,第68页。

较——然而它们似乎已经穿上了神圣的外衣,却并没有摆脱大量愚蠢和卑污的污染。假如一个真实和健全自然的朋友有时在这里重新发现他的世界,在别人的命运中梦幻似地经历他自己的命运,在充满痛苦的舞台前证明他的勇敢精神,在不幸的情境旁训练他的感受,那么剧院就有够多的功绩了;——一个情感高尚纯洁的人在舞台之前会捕捉到新鲜生动的热情——在粗野的人群那里,即使在人性失落之后至少有一根人性的孤弦仍然会营营作响。"①席勒一开始就把戏剧和剧院作为一种人性最后表现的底线。在《好的常设剧院究竟能够起什么作用——论作为一种道德机构的剧院》(1784)中,席勒列举了剧院的许许多多作用,然而在文章的结束时总结了一句话:戏剧使人变成真正的人,具有自然本性和精神本性的人,也就是人性完整的人。他说:"人的自然本性忍受不了永远不间断地处在职业工作的折磨之中,感官的刺激与它的满足一起消失。人,由于动物性的享用过度,由于长时间的紧张费力,被永恒的活动本能所折磨,就渴望各种更好的精神的娱乐活动,或者无节制地坠入粗野的消遣之中,加速他的堕落,并且破坏社会的安宁。如果立法者不懂得引导人民的爱好,那么,狂闹的酒宴,使人堕落的游戏赌博,千百种闲得无聊而出现的疯狂行为,都是不可避免的。干完职业工作的人很可能满怀不祥的怪僻念头去补偿他那慷慨地为国家耗费的生命,从而招致灾祸——学者们堕落为发霉的迂夫子——下层民众堕落为动物。剧院促使娱乐与功课、平静与紧张、乐趣与教育结合起来,不让一种心灵力量损害另一种心灵力量,不让娱乐占用全部精力。如果悲哀在折磨心灵,如果忧郁的心境毒化了我们平静的时日,如果世界和职业令我们厌恶,如果千万种负担压迫着我们的心灵,而我们的敏感性在职业工作中面临窒息的危险,那么剧院就接纳我们——在这个艺术世界里,我们离开现实的东西去梦想,我们复归于自己本身,我们感觉在苏醒。有益健康的激情刺激着我们昏睡的自然

---

① (德)席勒著,张玉能编译《席勒美学文集》,人民出版社2011年版,第6页。

本性，使之热血沸腾起来。在这里，不幸的人借别人的忧伤来宣泄他自己胸中块垒——幸福的人会变得冷静，平和的人也会变得审慎。在这里，多愁善感的柔弱者锻炼成大丈夫，不开化的野蛮人在这里开始第一次生出属人的精神感受。而且，如果人们从一切范围、区域和状态中摆脱了矫饰和时髦的任何羁绊，摆脱了命运的任何逼迫，通过一种包罗万象的同情结为兄弟，把他们自己重新融合在一个族类之中，并且忘掉世界而接近他们美好的发源地，在这种情况下，被踩到地上的自然本性就随时又重新复活——这对于你，自然本性，是多么值得欢庆的一个胜利啊！每一个人都享受着众人的愉悦，这种愉悦从千百双眼睛中反映到他心中并得到强化和美化，于是他的心中就只可能有一种感受：必须成为一个人。"①在《论美书简》(1793)中，席勒虽然没有直接说明自己的出发点是人性的分裂，但是，他一方面指明了美的王国是自由的王国："审美趣味的王国是自由的王国——美的感性世界应该是类似于道德世界的最好的象征，在我之外的任何一个美的自然产品，都是幸福的公民，他大声呼吁着：'像我一样地自由吧！'"②另一方面又明确反对"暴君式"的人类对自然的侵犯："暴君式的人类之手在空旷的自然中留下的任何惹人厌烦的印迹，在步态和姿势中任何一种舞蹈教员式的强制，在习俗和举止态度中的任何矫揉造作，在交际中的一切锋芒毕露，在宪法、风俗和法律中任何对天赋自由的凌辱，都使我们感到痛心疾首。"③由此可见，席勒的美学思想体系就是要反对暴君式的破坏人性完整的社会制度。到了《审美教育书简》(1795)中就明确地指明了自己的美学思想体系的出发点：反思批判资产阶级社会的人性分裂的现实异化状态。席勒在《审美教育书简》第一封信中开宗明义地对收信人指出："我要论述的题目，同我们幸福生活的最好方面直接相关，并且同人类本性的道德高尚也相去不远。我将在

---

① （德）席勒著，张玉能编译《席勒美学文集》，第15—16页。
② 同上，第87—88页。
③ 同上，第88页。

和谐与自由

一颗感受到并实现着美的全部威力的心灵面前进行美的事业,而且在研究时出现像必须经常引证原则那样必须引证感觉的地方,这个心灵将承担起我的事业的最困难的部分。"①在第六封信中,席勒说得非常清楚明白:"在希腊的国家里,每个个体都享有独立的生活,而一旦必要又能成为整体;希腊国家的这种水螅本性,现在让位给一种精巧的钟表机构,在钟表机构里,由无限众多但都无生命的部分拼凑成一个机械生活的整体。现在,国家与教会,法律与习俗都分裂开来了;享受与劳动,手段与目的,努力与报酬都分离了。人永远被束缚在整体的一个孤零零的小碎片上,人自己也就把自己培养成了碎片;由于耳朵里听到的永远只是他发动起来的齿轮的单调乏味的嘈杂声,他就永远不能发展他本质的和谐;他不是把人性印压在他的自然本性上,而是仅仅把人性变成了他的职业和他的知识的一种印迹。然而,甚至连把个体联系到整体上去的那个微末的断片部分,也并不取决于人性所自定产生的形式(因为人们怎么会相信一个那样人为的和怕见阳光的钟表机构会有形式的自由呢?),而是由一个把人的洞察力束缚得死死的公式无情地严格规定的。死的字母代替了活的知性,而且训练有素的记忆力比天才和感受更为可靠地在进行指导。"②席勒的这种判断是在把当时的人与古希腊人进行对比研究以后得出来的。尽管古希腊人已经被他高度理想化了,但是,他的美学思想体系的矛头所向是他所处的由封建社会向资本主义社会转变的时代,其标志就是1789—1794年的法国大革命。席勒的美学研究的宗旨与法国大革命的宗旨实际上是完全一致的,就是要改造当时人性分裂的现实社会制度。只是他不同意法国大革命的暴力手段,而是要采取美学的和审美教育的途径。这就是在《审美教育书简》第二封信中所说的:"为了解决经验中的政治问题,人们必须通过解决美学问题的途径,因为正是通过美,人们

---

① (德)席勒著,张玉能编译《席勒美学文集》,第224页。
② 同上,第234页。

才可以走向自由。"①

其次,席勒的美学思想体系的最终目的是恢复古希腊时代的人性完整。席勒反思批判当代资本主义初期的人性分裂的现实的依据是古希腊社会的人性完整,所以他的最终目的就是要使人类社会回归到古希腊时代的人性完整的状态。因此,无论是作为对比当代人性分裂现实的依据,还是作为他最终要回归的人性完整状态,古希腊社会实际上都是被席勒进行了文学艺术的想象化和理想化的神话。尤其是启蒙主义时代流行的历史观,基本上是一种历史唯心主义的观点理论,无论是意大利启蒙主义美学家维科的《新科学》(1725)的历史观,还是德国启蒙主义美学家温克尔曼的《古代艺术史》(1764)的历史观,抑或是德国"狂飙突进"运动旗手赫尔德的《关于人类教育的另一种历史哲学》(1774)的历史观,都是把古希腊时代理想化和美化了,不是从社会的经济基础出发来研究历史发展过程,而是以上层建筑或意识形态的体系来概括人类历史发展过程。维科把人类历史发展过程划分为三个时期:神的时代,英雄时代,人的时代,而依据神话传说故事把古希腊时代称为"英雄时代";赫尔德把人类历史大致分为三个阶段:诗歌时代,散文时代,哲学阶段;温克尔曼更是美化和理想化了古希腊的造型艺术,认为古希腊造型艺术的"高贵的单纯,静穆的伟大"是人类美和审美及其艺术的最高理想。正是这样的历史观影响了席勒,他看不到古希腊文明背后的奴隶制的野蛮和广大奴隶的血泪和尸骨,只看到了古希腊文明的璀璨光辉的成果,从而把整个古希腊的社会制度和生活状况都理想化和美化了。因此,席勒就写诗《希腊诸神》(1788)来赞美古希腊的多神教的宗教观念,还写了一篇《曼海姆的古代艺术珍品陈列室——一个丹麦旅游者的书信》(1785)来歌颂古希腊的雕塑艺术。在这篇论文中他全面地赞赏和高度评价了古希腊雕塑作品,在文章的最后一段他这样写道:"在这些雕像中世界流动过千

---

① (德)席勒著,张玉能编译《席勒美学文集》,第226页。

和谐与自由

种变化和千种形式。王位宝座高升了——又倒塌了。永恒的陆地从洪水中涌出——沧海变成良田。野蛮人锻炼成人。人粗野化为野蛮人。珀罗波涅斯的柔和美妙的线条与他的居民们一起蜕化变质了——在那里从前有一天美惠三女神曾经蹦蹦跳跳,阿拉克里翁曾经说说笑笑,苏格拉底也在为他的真理而献身,而现在奥斯曼人在那里放牧牛羊——然而,朋友,那个黄金时代还活在这个阿波罗身上,活在这个尼奥伯身上,活在这个安提诺俄斯身上,也在这里沉睡在鲁姆普菲身上——无与伦比——不可灭绝——这是一个神妙古希腊的不容置疑的证书,也是希腊民族向地球上所有民族的一次挑战。当一切会因为到处充满争斗而消耗殆尽的时候,某种创造出来的东西却不会沉灭消失,倒会绵延不断。哦,朋友,我不得不借用方尖碑,被征服的土地,被发现的世界来催促后辈——我也不得不借用大师的作品来使后辈回想起我——我不可能创造出这个托尔索的头像,但是也许我可以做出一件没有证人的美的行为!"[①]在这里,席勒特别强调了古希腊艺术把"野蛮人锻炼成人"的伟大人性作用,即使经历了"人粗野化为野蛮人"的某些历史的倒退,这些古希腊雕塑仍然"是一个神妙古希腊的不容置疑的证书,也是希腊民族向地球上所有民族的一次挑战"。在《好的常设剧院究竟能够起什么作用——论作为一种道德机构的剧院》(1784)中,席勒也曾经从戏剧的教育民族的伟大作用的角度称赞过古希腊人。他说:"在此我不能允许忽视一个好的常设剧院对民族精神所具有的巨大影响。我所指的一个民族的民族精神是,对对象的意见和爱好的类似和一致,而对这些对象在另一个民族则有不同的意见和感受。只有剧院才可能造成这种高度一致,因为它漫游人类知识的整个领域,详细探究生活的一切情况,并且照彻心灵的一切角落;因为它把一切等级和阶级联合在自身之中,并且具有达到理智和心灵的康庄大道。如果在我们的一切戏剧中充满一种特质,如果我们的诗人们意见

[①] (德)席勒著,张玉能编译《席勒美学文集》,第21页。

一致成了自己人,并且为了这种最终目的而要求建立一个牢固的联盟——如果严格的选择引导了他们的工作,他们的笔甚至只奉献给民族的对象——总而言之,如果到有一个民族剧院的那一天,那么我们也就会成为一个民族。是什么使希腊各邦那么紧密地联系在一起呢?是什么吸引这个民族那么执著地追求自己的剧院呢?绝不是其他什么,而是戏剧中的祖国的内容,希腊的精神,国家的至高无上利益,在这种利益中显示的较好的人性。"①在席勒的理想化和美化之中,古希腊的人性就是好的,完整的。因此,他在《审美教育书简》的第六封信中将当代人与古希腊人进行了鲜明对比,得出了古希腊人的"人性完整"的结论:"只要稍微注意一下时代的性格,我们必定会感到惊奇,在人性的现代形式与人性的以前的,特别是希腊的形式之间竟会发现鲜明的对照。面对任何其他的纯粹自然,我们都有理由要求得到有教养和很文雅的荣誉;然而面对希腊人的自然(本性),这种荣誉就不可能对我们有利了;因为希腊人的自然(本性)是与艺术的一切魅力和智慧的一切尊严结合在一起的,还不像我们的自然(本性)那样,必定成为艺术和智慧的牺牲品。希腊人不仅以我们时代所疏远的纯朴而令我们羞愧,而且就是在那些长处方面,即那些我们经常用来对我们的道德习俗的反自然性进行自我安慰的方面,希腊人也是我们的竞争对手,甚至常常是我们的楷模。我们看到,他们同时拥有完美的形式和完美的内容,同时从事哲学思考和形象创造,他们同时是温柔而刚健的人,把想象的青春性与理性的成年性结合在一种完美的人性里。"②他具体描绘了古希腊人的"完美的人性":"那时,在精神力量那样美妙的觉醒之中,感性和精神还没有严格区分的所有物;因为还没有矛盾分歧激起它们相互敌对地分离和规定它们的边界。诗还没有与机智相竞争,抽象思辨也还没有由于琐碎繁冗而受到损毁。两者在必要时可以交换它们的事务,因为任何一者都以它自己的方式尊重真理。尽管理性上升得

---

① (德)席勒著,张玉能编译《席勒美学文集》,第14—15页。
② 同上,第232页。

那样高,但它总是友爱地让物质跟在后面;理性虽然那么精细而严格地进行区分,但它从不肢解整体。尽管理性也分解人性,并把它投射在它的美妙的诸神圈子里,然后分别加以扩大,但是,理性并没有把人性撕成碎片,而是把人性进行着各种各样的混合,因为在每个单独的神身上都不应该缺少完整的人性。"①简言之,古希腊人的人性是感性与精神的统一,是诗的形象思维与哲学的抽象思维的统一,是理性与物质的统一,是个体与整体的统一,每一个个体的人性都是人性整体的映射。这就是席勒的美学思想体系最终要达到的目的。

再次,席勒的美学思想体系明确地提出了,恢复人性完整的必要途径就是美和艺术的审美教育。这正是席勒的伟大的历史性贡献和创新性贡献。因此,人类文化史上和美学史上出现了一个崭新的名词:审美教育。席勒面对着德意志的畸形落后的分裂邦国和欧洲人类的人性分裂社会,立志改革,呼吁变革,因此1789年法国大革命爆发使他大受鼓舞,欣然接受法兰西共和国的"荣誉公民"的称号,可是,他还没有来得及去巴黎接受荣誉证书,法国大革命就转入了血与火的雅各宾党执政的暴力革命时期,于是他转而反对法国大革命,甚至表示愿意充当法国皇帝路易十六的辩护律师。所以,他陷入了沉思之中,要思考出一条不同于法国大革命的暴力形式的改革社会现实的途径。于是,这个新的途径就是运用美和艺术的审美教育,也就是通过美和艺术的审美教育培养、塑造出具有美的人性的人,然后才可能有新型的自由、平等、博爱的社会。席勒这种反对法国大革命的态度,不仅在《审美教育书简》中明确表现出来,而且到了比较晚年所写的《大钟歌》(1799)中也表示得相当坚决。他在诗中这样描写法国大革命的景象:"自由和平等!一片喧腾,/沉静的市民也拿起武器,/大街和广厦挤满了人,/聚众行凶者横行无忌。/妇女也干起恐怖的把戏,/全都变得像鬣狗一样;/用她们豹子一般的牙齿/咬碎敌人的跳动的心脏。/无所谓神圣,虔

---

① (德)席勒著,张玉能编译《席勒美学文集》,第232—233页。

诚的敬畏/已割断它的一切纽带;/善人都给恶人让位,/一切罪恶全都公开。/唤醒狮子是危险之举,/老虎的牙齿可以杀生,/可是最恐怖的恐怖,/乃是精神错乱的狂人。/把光明的天国火把/交给永远盲目者该倒楣!/它不能照明,只会焚化,/使邦国城市烧成了灰。"①在席勒的眼中暴力革命的过程就是人性的毁灭,是人类的兽性大发作,是一片无法无天的混乱,是人间罪恶的大公开,是精神错乱的狂人之举,是一种恐怖行径,是盲目的行为,是人类文明毁于一旦,是女性温柔蜕变干净,是斯文扫地,是恶人当道,因此,必须反对!席勒的改革之道就是要从人性的改变入手,为整个社会变革寻找支撑。之所以需要这个支撑,就是因为社会的变革不能中断人类的生活本身,不能像修理钟表那样停下来和拆卸开来。席勒说:"巨大的疑虑就在于,当道德社会在观念中形成的时候,物质社会在时间中却不能有片刻中断,为了人的尊严却不能使人的生存陷入危险境地。如果能工巧匠要修理一个钟表,那么他就让齿轮转完停下来;但是,修理国家这架活的钟表则必须在它活动的时候,这就是说,必须在国家钟表运转的过程中来更换转动着的齿轮。因此,为了使社会继续下去,人们必须寻找一根支柱,这根支柱能使社会同人们要取消的自然国家脱离关系。"这根支柱不可能存在于在人的自然性格之中,自然性格是自私而暴虐的,它不但不会维护社会,而且它还会破坏社会;这根支柱也不可能存在于人的道德性格之中,道德性格的本性是自由的,所以它从未显现过,还需要构成,因此,"关键就在于,从自然性格中分出任意性,而从道德性格中分出自由;关键在于,使前者与法则相一致,使后者与印象相联系;关键在于,使前者离物质再远一些,使后者离物质再近一些,以便产生第三种性格。这第三种性格与那两种性格都有亲缘关系,它开辟了从纯粹力量的统治过渡到法则的统治的道路,它不会阻碍道德性格的发展,反而会充当不可见的道德性的感性保证。"(《审美教育书简》第三封

---

① (德)席勒《席勒诗选》,钱春绮译,人民文学出版社1984年版,第118—119页。

和谐与自由

信)这根支柱就是要把自然性格与道德性格结合起来,把任意性与自由统一起来,把法则与印象结合起来,把物质与精神统一起来的"第三种性格"。席勒认为,"有一点是毫无疑义的:只有这样一种性格在一个民族中占了优势,才能够毫无危害地按照道德原则进行国家的改造,也只有这样的性格才能够保证这种改造延续下去"(《审美教育书简》第四封信)①。那么,这种"第三种性格"只有通过审美教育才可能实现:"教育艺术家和政治艺术家的情况就完全不同了,他把人同时变成了他的材料和他的任务。在这里,目的回到了材料上来,而且,部分之所以要服从整体,仅仅因为整体为部分服务。国家艺术家必须怀着完全不同于美的艺术家对其材料所采取的尊重来接近他的材料,并且他必须爱护他的材料的特性和人格,不仅是主观地和为了在感官中获得迷惑效果,而且是客观地和为了内在本质而爱护材料的特性和人格。"通过了审美教育国家才能造就整个民族的"第三种性格",这样的民族才可能有"完整的性格":"因此,如果理性要把它的道德的统一带入自然社会中,那么它不可以损害自然的多样性。如果自然要在社会的道德结构中保持它的多样性,那么它也不可以因此而毁坏道德的统一;优胜的形式离单调和混乱同样遥远。因此,只有在有能力和有资格用自由的国家代替必然的国家的民族那里,才会找到性格的完整性。"(《审美教育书简》第四封信)②这种培养和造就"第三种性格"的任务,是国家本身所无法完成的,只有寻找另外的工具。席勒认为,"这个工具就是美的艺术,这些源泉就是在美的艺术那不朽的典范中启开的。"为什么呢?这是因为:"艺术像科学一样,摆脱了一切实在的东西和一切人类习俗带来的东西,而且两者都享有绝对的豁免权,不受人的专制。政治立法者可以封锁艺术和科学的领域,但是他不可能在那里进行统治。他可以驱逐真理之友,但真理依然存在;他可以贬低艺术家,但是他不可能伪造艺术。事实上,科学和艺术,二者都效忠于时代精神,

---

① (德)席勒著,张玉能编译《席勒美学文集》,第228页。
② 同上,第229—230页。

而创作者的审美趣味从评判者的审美趣味之中接受法则,这些都是最常见的事。在性格变得紧张而冷酷的地方,我们就会看到,科学严守着自己的界限,而艺术就陷进了法则的沉重枷锁之中,在性格变得松弛而被消解的地方,科学就尽力去讨人喜欢,而艺术就尽力供人消遣。有史以来,哲学家和艺术家就表明,他们是热心于把真和美注入普通人性的深处的:那些哲学家和艺术家们在世上消失了,但是真和美却以自己不可摧毁的生命力胜利地拼搏向上。"(《审美教育书简》第九封信)①简言之就是,艺术家们可以把真和美注入到普通人性的深处,而美和艺术就是可以使人性变得完整的巨大力量。也就是说:"美必须作为人性的一个必要条件表现出来。"(《审美教育书简》第十封信)②那么,美和艺术在审美教育实践中的巨大作用就是这样显示出来了。

此外,席勒的美学思想体系的理论根据就是对人性的分析所得出的人性的三种冲动:感性冲动(自然冲动)、理性冲动(形式冲动)、游戏冲动以及三种形态:感性的人(自然的人)、审美的人(自由的人)、理性的人(道德的人或政治的人)。为了论证美和艺术的伟大作用,就必须论证美和艺术的本质特征;为了论证美和艺术的本质特征,就必须分析人性本身。这就是席勒美学体系的内在逻辑,也是这个美学体系之所以被称为人性美学体系的根本原因。经过席勒的人性分析,人性被抽象出"人格"和"状态":"如果抽象上升到可能达到的高度,那就会达到两个最后的概念,在它们那里,抽象必须终止并且承认自己的界限。抽象在人身上区分出固定不变的某种东西和不断变化的某种东西。它把固定不变的东西称为人的人格(Person),把不断变化的东西称为人的状态(Zustand)。"人格(Person)是人性的固定不变的东西,而人的状态(Zustand)是人性的不断变化的东西。"人格和状态——即自我和他的各种规定——我们设

---

① (德)席勒著,张玉能编译《席勒美学文集》,第240页。
② 同上,第246页。

和谐与自由

想它们在必然本质中是同一的,而在有限本质中却永远是两个。"①人格与状态只有在神性中才是统一的,而任何人性都是人格与状态的矛盾运动,而且在矛盾运动中人的人格必须保持不变,而人的状态又必须千变万化。由此,席勒得出了人格的基础或根据是"自由",而状态的基础和根据则是"时间"。"人格必定有它自己的基础,因为固定不变的东西不可能从不断变化的东西之中流淌出来;那么我们对人格就要有一个绝对的,以其自身为根据的存在的观念,这个观念就是自由。状态也必定有一个基础;因为它不是通过人格而存在,因而不是绝对的,所以它必须在生发着(erfolgen)那么,我们对状态就得有一个一切依附性存在的条件或者生成的条件,即时间。"(《审美教育书简》第十一封信)②从这两种人性的不同基础和根据中就产生出了两种不同的"冲动"使得人的人性既可以保持人格的稳定性,又可以发生状态的不断变化。第一种冲动叫做"感性冲动":"这两种冲动中的第一种,我想称为感性冲动,它来自人的肉体存在或他的感性本性,它努力要把人放在时间的限制之中,使人成为质料,而不是把质料给予人,因为把质料给予人毕竟是属于人格的自由活动,人格接受质料,并把质料与它本身,即与保持恒定的东西区别开来。但是,在这里称为质料的不是别的,而是充满了时间的变化或者实在;因此,这种冲动要求有变化,要求时间有一个内容。这种仅仅充满时间的状态叫做感觉,只有借助这种状态,肉体的存在才显示出来。"(第十二封信)③第二种冲动叫做"形式冲动":"那两种冲动中的第二种,可以称为形式冲动,它来自人的绝对存在或人的理性本性,它竭力使人得到自由,使人的各种不同表现达到和谐,在状态千变万化的情况下保持住他的人格。因为人格,作为绝对的和不可分割的统一体是绝对不能与自身相矛盾的,因为我们永恒地就是我们,所以这种要求保持人格性的冲动,除了它必须永

---

① (德)席勒著,张玉能编译《席勒美学文集》,第246页。
② 同上,第247页。
③ 同上,第249页。

恒地要求的东西以外,没有任何其他要求;那么,它现在所作的决定也就是永远适用的决定,它为永恒而下的命令也就是现在适用的命令。因此,它包括了时间的全部序列,这就是说,它扬弃了时间,扬弃了变化;它要使现实的事物都会是必然的和永恒的,并要使永恒的和必然的事物也都会是现实的;换句话说,它要求真理和合理性。"(第十二封信)①这两种冲动是相互对立矛盾的,但是又是各自限制和相互作用的。这种两种冲动的相互作用出现在经验世界中就会产生出第三种冲动。"假设这类情况能够在经验中出现,那么这类情况将会在人的身内唤起一种新的冲动,而且正因为另外两种冲动在它之中一起发生作用,所以单独来看,它同那两种冲动中的每一种都是对立的,也就有理由称它为一种新的冲动。感性冲动要求有变化,要求时间有一个内容;形式冲动要求取消时间,要求没有变化。因此,这两种冲动在其中结合起来发生作用的那种冲动(请允许我暂时称它为游戏冲动,直到我论证这个名称),这种游戏冲动所指向的目标就是,在时间中取消时间,使生成与绝对存在相协调,使变化与同一性相协调。"(第十四封信)②在这样的人性分析的基础上的,席勒规定了美的概念:"感性冲动的对象,用一个普通的概念来表述,就是最广义的生活;这个概念指一切物质存在和一切直接呈现于感官的东西。形式冲动的对象,用一个普通的概念来表述,就是既有本义又有引申义的形象,这个概念包括事物的一切形式特性以及事物对思维力的一切关系。游戏冲动的对象,用一种普通的概括来表示,可以叫做活的形象;这个概念用以表示现象的一切审美特性,总而言之,用以表示在最广的意义上称为美的那种东西。"(第十五封信)③正因为游戏冲动及其对象是融合了感性冲动与理性冲动及其对象的产物,所以美和艺术的伟大作用就表现出来了,美和艺术就可以使得人性融合了人格和状态,成为完整的。

---

① (德)席勒著,张玉能编译《席勒美学文集》,第250页。
② 同上,第255页。
③ 同上,第256页。

和谐与自由

也就是说,"只有当人是完整意义上的人时,他才游戏;而只有当人在游戏时,他才是完整的人。"(第十五封信)①根据人的不同冲动,席勒把人分成了"感性的人","精神的人"(理性的人),"审美的人"三种形态。美就可以使得感性的人和理性的人(精神的人)克服各自的片面性而成为人性完整的人。席勒说:"感性的人通过美被引向形式和思维,精神的人通过美被带回到质料并被归还给感性世界。"(第十八封信)②正是美把人引入了审美状态之中才形成了人的人性的完整。所以席勒说:"如果我们把感性规定的状态称为自然状态,把理性规定的状态称为逻辑的状态和道德的状态,那么,我们就必须把这种实在的和主动的可规定性的状态称为审美状态。"(第二十封信)③席勒专门对"审美状态"做了一个注释:"能够出现在现象中的一切事物,可以在四种关系之中来加以思考。一个事物可能直接与我们的感性状态(我们的存在和健康)有关系;这是它的自然性质。或者它可能与我们的知性有关,使我们得到一种认识;这是它的逻辑性质。或者它可能与我们的意志有关,作为一个为理性的人而选择的对象来对待;这是它的道德性质。或者最后它可能与我们各种不同能力的整体有关系,而不应该是属于某一种个别能力的一个指定对象;这是它的审美性质。一个人可能由于他的殷勤而使我们感到愉快,他可能通过他的谈话而启迪我们去思索,他可能由于他的性格而引起我们的尊敬;最后,他还可能完全不依靠这一切,而在我们判断他时既不依据任何一种法则也不考虑任何一种目的,却在纯粹的观照中并通过他的纯粹的现象表现方式来使我们喜欢。在这最后一种品质方面,我们审美地判断他。所以,有身体健康的教育,有智力认识的教育,有伦理道德的教育,有审美趣味和美的教育。这最后一种教育的目的在于,培养我们的感性

---

① (德)席勒著,张玉能编译《席勒美学文集》,第259页。
② 同上,第263页。
③ 同上,第270页。

能力和精神能力的整体达到尽可能有的和谐。"①就这样,席勒把美和审美及其艺术与人的教育结合起来,创建了人类文明史上的第一个明确的"审美教育"概念,并把审美教育与人对现实的审美关系联系起来,把审美教育作为拯救人性的主要途径,从而形成了席勒的美学思想体系的核心部分。这种审美教育的目的就是把感性的人经过审美的人而培养成道德的人,同时也就形成了另一个演化过程:自然王国(感性王国)→审美王国→道德王国(理性王国)。因此,席勒把美称为人的"第二创造者":"如果我们把美称为我们的第二创造者,那么,这不仅在诗学上是允许的,而且在哲学上也是正确的。因为,尽管美只是使我们可能具有人性,而把其余问题,即我们想使人性在什么程度上成为现实,交给我们的自由意志去决定,所以在这一点上美与我们原来的创造者——大自然依然是有相通之处的,大自然同样也只是赐给我们达到人性的能力,然而这种能力的运用就要取决于我们自己的意志的决定了。"(第二十一封信)②席勒的审美教育就是把自然的人经过审美的人而培养成道德的人的手段。他还把这样的三个阶段作为一种人类社会的普遍规律。他说:"可以区分出发展的三个不同时期或阶段,不论是个人还是整个族类,如果要实现他们的全部规定,都不得不必然地和以一定的秩序经历这三个阶段。尽管由于偶然的原因,即或者是外界事物的影响,或者是人的自由任性,个别的时期可能有时延长,有时缩短,但是,任何一个时期都不能完全跳跃过去,而且就是这些时期相互衔接的次序,既不可能被自然也不可能被意志所颠倒。人在他的自然状态中仅仅承受自然的力量,在审美状态中他摆脱了这种力量,而在道德的状态中他支配着这种力量。"(第二十四封信)③这样,审美王国就是自然王国到道德王国的一个过渡阶段和过渡形式。就是这个审美王国(游戏和外观的王国)使人性有可能处于一种自由状

---

① (德)席勒著,张玉能编译《席勒美学文集》,第270页。
② 同上,第272页。
③ 同上,第278—279页。

态或者具有一种自由的可能性:"在力量的可怕王国的中间以及在法则的神圣王国的中间,审美的创造冲动不知不觉地建立起第三个王国,即游戏和外观的快乐的王国。在这个王国里,审美的创造冲动给人卸去了一切关系的枷锁,使人摆脱了一切称为强制的东西,不论这些强制是身体的,还是道德的。"(第二十七封信)①当然,最后席勒自己对这个审美乌托邦王国的存在也表示了怀疑,不过,从《审美教育书简》的整个论证过程来看,应该说是可以自圆其说的。所以我们说,席勒的美学思想体系应该是一个人性美学体系。这个人性美学体系,从拯救现实社会的人性分裂问题出发,最终目标就是要恢复古希腊的人性完整,而把以美和审美及其艺术作为手段的审美教育作为拯救人性的有效途径,最后通过人性分析来证明这种审美教育的有效性,把人类生存状态分为三个阶段,把人性形态分为三种,阐明了审美王国和审美的人就是从自然王国和感性的人转化为道德王国和理性的人的过渡阶段和中介形式。

一句话,席勒的美学体系就是一个人性美学体系。

三、席勒的人性美学体系与人道主义美学和人性论

席勒的人性美学体系是西方人道主义美学思想的早期形态,是一种抽象人性论,充满着内在的矛盾。18世纪欧洲以法国为中心,在文艺复兴时代新兴的资本主义生产关系和资产阶级的继续发展壮大的形势下,启蒙主义运动如火如荼开展起来,启蒙主义思想家宣传的就是以抽象人性论为基础的人道主义理论,把现实的一切都放到理性的法庭来进行衡量评判,鼓吹天赋人权,人人平等,打出了"自由、平等、博爱"的旗号。这种新兴资产阶级的人道主义的理性的矛头所向就是日益腐朽的封建专制制度,在政治、经济和意识形态

---

① (德)席勒著,张玉能编译《席勒美学文集》,第293页。

的各个领域全面向封建主义王朝开火,为日益兴起的资产阶级和资本主义社会制度大造舆论,描绘蓝图,实质上就是资产阶级的法国大革命的前奏。法国大革命胜利以后的《人权和公民权宣言》和美国资产阶级革命的《独立宣言》,记录了资产阶级人道主义胜利。启蒙主义运动中的抽象人性论,完全脱离社会关系、具体现实、历史发展过程来看待人性,把人性当做一种抽象的人类本质上的共性,用超阶级、超时代、超历史的所谓"普遍人性"取代具体的、阶级的、随时代变化的人类的社会性。这种抽象人性论,实质上就是为了把资产阶级的利益和思想意识包装成为抽象的、普遍的、人所共有的、先验的人类共同利益和普适意识形态,以便号召更多的"第四等级"的人民群众参加革命,麇集在他们的人性论和人道主义大纛之下,壮大队伍和声势。虽然抽象人性论具有反封建、反神学、反专制的历史进步性,可是,它毕竟是一种脱离社会现实和历史发展过程的抽象理论和理论假设。因此,不论从时代的划分上来看,还是从思想内涵上来看,席勒的美学思想体系都是一种人性美学体系,也就是欧洲启蒙主义运动的抽象人性论和人道主义的美学体系的一个组成部分。只不过席勒的美学思想体系是以抽象人性论为主要特色,紧紧抓住人类的"人性"这个核心,围绕着这个核心问题进行人性分析,把人性问题归结为美学问题,希望借助于美和审美及其艺术的审美教育来拯救近代社会人性分裂的现实问题,恢复古希腊时代的人性完整状态,把解决政治问题和道德问题或者人的"自由、平等、博爱"的问题寄托在审美乌托邦的理想境界之中。所以,在他进行了27封信的辛辛苦苦、煞费苦心的论证以后,他自己也怀疑"审美王国"的现实存在。

当然,尽管席勒的美学思想体系是一个审美乌托邦的幻想,它的论证和阐述也都是一种纯理论的假设和推论,但是席勒的人性美学体系是一种以人为本的美学体系,反思批判了资本主义社会的反人性本质,倡导人的解放。因此,从破的方面来看,席勒的美学思想体系揭露了刚刚兴起的资本主义社会制度的反

和谐与自由

人性本质和异化的现实,可以让人清醒地对待法国大革命以后的人类社会发展方向;从立的方面来看,席勒的美学思想体系建构了一个完整的审美教育体系,把人的解放问题与审美教育问题紧紧地联系起来,至少给革除了私有制和不合理分工的社会主义社会,指出了一条通过审美教育来培养和造就自由全面发展的人的有效道路和可行途径。的确,法国大革命以后,欧洲资本主义生产方式得到了较大的发展,资本主义社会制度也开始了它的全球化进程,改变了整个世界历史发展的格局,但是,正如卢梭、席勒等启蒙主义思想家所敏锐发现的,"启蒙现代性"并没有彻底改变人类社会发展方向和人类生存状况,人类社会的私有制和不合理的社会分工仍然坚不可摧,人剥削人和人压迫人的现象依然如故,甚至愈演愈烈,劳动异化现象全面展现出来,人与自己的劳动产品相脱离,人与劳动过程相脱离,人与人的自由本质相对立,人与人之间阶级对立达到最高程度,这就是席勒所描绘的情景:"国家与教会,法律与习俗都分裂开来了;享受与劳动,手段与目的,努力与报酬都分离了。人永远被束缚在整体的一个孤零零的小碎片上,人自己也就把自己培养成了碎片;由于耳朵里听到的永远只是他发动起来的齿轮的单调乏味的嘈杂声,他就永远不能发展他本质的和谐;他不是把人性印压在他的自然本性上,而是仅仅把人性变成了他的职业和他的知识的一种印迹。"[1]恩格斯在《反杜林论》中也曾经指出:"我们在《引论》里已经看到,为革命作了准备的18世纪的法国哲学家们,如何求助于理性,把理性当作一切现存事物的唯一裁判者。他们认为,应当建立理性的国家、理性的社会,应当无情地铲除一切同永恒理性相矛盾的东西。我们也已经看到,这个永恒的理性实际上不过是恰好那时正在发展成为资产者的中等市民的理想化的知性而已。因此,当法国革命把这个理性的社会和理性的国家实现了的时候,新制度就表明,不论它较之旧制度如何合理,却不是绝对合乎理性的。理性的国家

---

[1] (德)席勒著,张玉能编译《席勒美学文集》,第234页。

完全破产了。卢梭的社会契约在恐怖时代获得了实现,对自己的政治能力丧失了信心的资产阶级,为了摆脱这种恐怖,起初求助于腐败的督政府,最后则托庇于拿破仑的专制统治。早先许诺的永久和平变成了一场无休止的掠夺战争,理性的社会的遭遇也并不更好一些。富有和贫穷的对立并没有化为普遍的幸福,反而由于沟通这种对立的行会特权和其他特权的废除,由于缓和这种对立的教会慈善设施的取消而更加尖锐化了;工业在资本主义基础上的迅速发展,使劳动群众的贫穷和困苦成了社会的生存条件。犯罪的次数一年比一年增加。如果说以前在光天化日之下肆无忌惮地干出来的封建罪恶虽然没有消灭,但终究已经暂时被迫收敛了,那么,以前只是暗中偷着干的资产阶级罪恶却更加猖獗了。商业日益变成欺诈。革命的箴言'博爱'化为竞争中的蓄意刁难和忌妒。贿赂代替了暴力压迫,金钱代替刀剑成了社会权力的第一杠杆。初夜权从封建领主手中转到了资产阶级工厂主的手中。卖淫增加到了前所未闻的程度。婚姻本身和以前一样仍然是法律承认的卖淫的形式,是卖淫的官方的外衣,并且还以大量的通奸作为补充。总之,同启蒙学者的华美诺言比起来,由'理性的胜利'建立起来的社会制度和政治制度竟是一幅令人极度失望的讽刺画。"[1]由此可见,席勒的人性美学体系对近代欧洲资本主义社会制度的反思批判是一针见血的,也是切中肯綮的,表现了一位启蒙主义思想家、美学家、诗人、戏剧家的清醒、勇气、敏锐、深刻。这些也表现出席勒把《强盗》和《阴谋与爱情》的主题思想转化为了美学沉思,把形象思维的成果转化为了抽象思维的结晶。其实,法国大革命以后的法国国民议会之所以要授予席勒"荣誉公民"的光荣称号,就是看中了他的那种不妥协的反封建专制主义的决心和行为。可是,席勒的美学思想体系却是以反对法国大革命暴力斗争为宗旨。这实在是一个极大的悖论或吊诡。不过,我们还是应该看到席勒的人性美学体系的建设性意义和价值。那就

---

[1] 《马克思恩格斯选集》第3卷,人民出版社1995年第2版,第606—607页。

是,在实现了社会制度的根本变革,废除了私有制和不合理的社会分工以后,社会的改革就可以通过审美教育的实践和艺术教育实践来进行的。也就是说,在人性的阶级性已经不复存在的社会中,人性的培养和塑造,美的心灵的构成,就是整个社会改革和发展的关键之所在。按照马克思主义创始人的观点,人的人性是历史的、具体的、变化的,但是也有其固定不变的部分。马克思在《资本论》第1卷(1867年7月25日)中指出:"耶利米·边沁纯粹是一种英国的现象。在任何时代,任何国家里,都不曾有一个哲学家,就连我们的哲学家克利斯提安·沃尔弗也算在内,曾如此洋洋得意地谈论这些庸俗不堪的东西。效用原则并不是边沁的发明。他不过把爱尔维修和十八世纪其他法国人的才气横溢的言论枯燥无味地重复一下而已。假如我们想知道什么东西对狗有用,我们就必须探究狗的本性。这种本性本身是不能从'效用原则'中虚构出来的。如果我们想把这一原则运用到人身上来,想根据效用原则来评价人的一切行为、运动和关系等等,就首先要研究人的一般本性,然后要研究在每个时代历史地发生了变化的人的本性。但是边沁不管这些。他幼稚而乏味地把现代的市侩,特别是英国的市侩说成是标准的人。凡是对这种标准的人和他的世界有用的东西,本身就是有用的。他还用这种尺度来评价过去、现在和将来。例如基督教是'有用的',因为它对刑法从法律方面所宣判的罪行,从宗教方面严加禁止。艺术批评是'有害的',因为它妨碍贵人们去欣赏马丁·塔波尔的作品,如此等等。这位勇敢的人的座右铭是'没有一天不动笔',他就用这些废话写出了堆积如山的书。如果我有我的朋友亨·海涅那样的勇气,我就要把耶利米先生称为资产阶级蠢才中的一个天才。"①马克思在这里指明了研究人性的一条原则:首先要研究人的一般本性,然后要研究在每个时代历史地发生了变化的人的本性。那么,到了废除了私有制和不合理社会分工的社会主义和共产主义社会中,那种在阶级社会中发生了变化的人性,就会回归

---

① 《马克思、恩格斯、列宁、斯大林论人性、异化、人道主义》,清华大学出版社1983年版,第67—68页。

到"人的一般本性",而会随着以后的时代发生与阶级社会中所发生的变化完全不同的变化。所以,人性在废除了私有制和分工的社会中,就会更完全地回归到人的一般本性上来,在人的需要即人们的本性、自由自觉的活动是人的类特性、人的本质的现实性就是一切社会关系的总和的三个维度上组成一个完整的人性整体。而这种完整的人性整体的实现,可能会有许多手段和途径,但是最有效的,最合适的手段和途径应该是美和审美及其艺术的审美教育实践和艺术教育实践。这是席勒的理想,也是黑格尔、马克思的憧憬。

因此,席勒的人性美学体系是黑格尔、马克思以及现代和后现代反思批判资本主义社会以及建设理想社会的美学思想的直接来源。

黑格尔在《美学》中对资本主义社会,即市民社会的反思批判,可以说是直接秉承于席勒的人性美学体系的。黑格尔把资本主义社会称为"散文气味的现代情况",这与古希腊的"诗意的古代情况"或"英雄时代"是完全不一样的。在这种情况里,一切个人与社会的关系都已凝定而且僵化为一种刻板的"法律秩序",孤立的个人在这种社会中是渺小的,不自由的,他须服从这种不依存于主观意图的国家所表现的客观理性,他的行动大半取决于外因,不能见出他自己的自由选择,因此自己对它也不能负多大责任,成不是他的功,败也不是他的过。因此,在这种社会里,个人与社会处于对立地位,不能体现个人行动与社会理想的统一,所以不适宜于充当文艺作品中的理想的人物性格。黑格尔在这里见出资本主义社会中个人与社会的脱节,但尤其重要的是他还见出近代生产方式与文艺之间的矛盾。他对资本主义社会作了如下的描绘:"需要与工作以及兴趣与满足之间的宽广关系已完全发展了,每个人都失去了他的独立自足性而对其他人物发生无数的依存关系。他自己所需要的东西或完全不是他自己工作的产品,或是只有极小一部分是他自己工作的产品。还不仅此,他的每种活动并不是活的,不是各人有各人的方式,而是日渐采取按照一般常规的机械方式。在这种工业文化里,人与人互相利用,互相排挤,这就一方面产生最酷毒状

和谐与自由

态的贫穷,一方面产生一批富人。"①理想性格就是古希腊英雄时代的那些英雄人物。他举出《荷马史诗》中的一些人物自己就是一个"独立自足"的世界,比如他们都自己生产自己的生活用品和武器用具:"例如阿伽门农的王杖就是他的祖先亲手雕成的传家宝;俄底修斯亲自造成他结婚用的大床;阿喀琉斯的著名的武器虽不是他自己的作品,但也还是经过许多错综复杂的活动,因为那是火神赫斐斯托斯受特提斯的委托造成的。总之,到处都可见出新发明所产生的最初欢乐,占领事物的新鲜感觉和欣赏事物的胜利感觉,一切都是家常的,在一切上面人都可以看出他的筋力,他的双手的伶巧,他的心灵的智慧或是他的英勇的结果。只有这样,满足人生需要的种种手段才不降为仅是一种外在的事物;我们还看到它们的活的创造过程以及人摆在它们上面的活的价值意识。"②这样的描绘可以说与席勒的人性美学体系关于古希腊人的人性完整状态的描写是一脉相承,完全一致的。在黑格尔的艺术类型发展史的理论阐述中,同样也可以看到类似的席勒的人性美学思想的影子和影响。黑格尔根据艺术的内容与形式的矛盾运动,把艺术类型划分为三种不断发展的类型。象征型艺术是一种物质形式超过理念内容的艺术类型,主要是东方的建筑艺术,比如埃及的金字塔、中国的长城;古典型艺术是一种物质形式与理念内容相统一的艺术类型,代表作品就是古希腊雕塑;浪漫型艺术,是一种理念内容超过了物质形式的艺术类型,主要代表就是基督教的艺术,即音乐和诗(文学)。艺术经过了这样三种类型的发展,也就走到了自己的尽头,要让位给宗教和哲学。这就是黑格尔的"艺术终结论"。黑格尔的这些美学思想,不仅把古希腊的人性和艺术作为人类的人性和艺术的典范及理想境界,而且对近代市民社会或资本主义社会的人性和艺术进行了反思批判,可以看做是席勒的人性美学体系与马克思的实践美学思想体系之间的过渡环节和中介环节。

---

① 朱光潜《西方美学史》下卷,人民文学出版社1964年版,第501—502页。
② 同上,第499页。

马克思曾经在《〈政治经济学批判〉导言》中高度评价了古希腊的人性完整和艺术的繁荣,从而提出了艺术生产与物质生产不平衡的规律,而且指明了"资本主义生产与某些艺术,例如诗歌的敌对关系"。这些明显地显示出马克思实践美学思想与席勒的美学思想和黑格尔的美学思想之间的继承和发展关系。不仅如此,马克思恩格斯在《德意志意识形态》中,仿佛是继承发挥着席勒和黑格尔的美学思想,指出了分工所造成的人性的分裂和人的片面发展状况:"由于分工,艺术天才完全集中在个别人身上,因而广大群众的艺术天才受到压抑。即使在一定的社会关系里每一个人都能成为出色的画家,但是这决不排斥每一个人也成为独创的画家的可能性,因此,'人的'和'唯一者的'劳动的区别在这里也毫无意义了。在共产主义的社会组织中,完全由分工造成的艺术家屈从于地方局限性和民族局限性的现象无论如何会消失掉,个人局限于某一艺术领域,仅仅当一个画家、雕刻家等等,因而只用他的活动的一种称呼就足以表明他的职业发展的局限性和他对分工的依赖这一现象,也会消失掉。在共产主义社会里,没有单纯的画家,只有把绘画作为自己多种活动中的一项活动的人们。"[①]这些思想与席勒的美学思想息息相通,有着千丝万缕的联系。恩格斯在《共产主义原理》中指出:"阶级的存在是由分工引起的,到那时现在这种分工也将完全消失,因为要把工业和农业生产提高到上述的那种水平,单靠机械的和化学的辅助工具是不够的,还必须相应地发展运用这些工具的人的能力。当十八世纪的农民和手工工场工人被吸引到大工业中以后,他们改变了自己的整个生活方式而完全成为另一种人,同样,用整个社会的力量来共同经营生产和由此而引起的生产的新发展,也需要一种全新的人,并将创造出这种新人来。生产的社会管理不能由现在这种人来进行,因为他们每一个人都只隶属于某一生产部门,受它束缚,听它剥削,在这里,每一个人都只能发展自己能力的一方面而偏

[①] 《马克思、恩格斯、列宁、斯大林论人性、异化、人道主义》,第129—130页。

废了其他各方面，只熟悉整个生产中的某一个部门或者某一个部门的一部分。就是现在的工业也渐渐不能使用这样的人了。由整个社会共同地和有计划地来经营的工业，就更加需要各方面都有能力的人，即能通晓整个生产系统的人。因此现在已被机器动摇了的分工，即把一个人变成农民、把另外一个人变成鞋匠、把第三个人变成工厂工人、把第四个人变成交易所投机者的这种分工，将要完全消失。教育可使年轻人很快就能够熟悉整个生产系统，它可使他们根据社会的需要或他们自己的爱好，轮流从一个生产部门转到另一个生产部门。因此，教育就会使他们摆脱现代这种分工为每个人造成的片面性。这样一来，根据共产主义原则组织起来的社会，将使自己的成员能够全面地发挥他们各方面的才能，而同时各个不同的阶级也就必然消失。因此，根据共产主义原则组织起来的社会一方面不容许阶级继续存在，另一方面这个社会的建立本身便给消灭阶级差别提供了条件。"[1]马克思在《1844年经济学哲学手稿》(1844年4—8月)中指出了人类异化和异化劳动的真正根源："私有制使我们变得如此愚蠢而片面，以致一个对象，只有当它为我们拥有的时候，也就是说，当它对我们说来作为资本而存在，或者它被我们直接占有，被我们吃、喝、穿、住等等的时候，总之，在它被我们使用的时候，才是我们的，尽管私有制本身也把占有的这一切直接实现仅仅看作生活手段，而它们作为手段为之服务的那种生活是私有制的生活——劳动和资本化。因此，一切肉体的和精神的感觉都被这一切感觉的单纯异化即拥有的感觉所代替。人的本质必须被归结为这种绝对的贫困，这样它才能够从自身产生出它的内部的丰富性。"[2]马克思还在《1844年经济学—哲学手稿》中对人性的发展作出了展望，指明了废除私有制和分工才可能达到人性复归的共产主义社会："共产主义是私有财产即人的自我异化的积极的扬弃，因而是通过人并且为了人而对人的本质的真正占有；因此，它是人向自身、向社会的

---

[1] 《马克思、恩格斯、列宁、斯大林论人性、异化、人道主义》，第130页。
[2] 同上，第182页。

(即人的)人的复归,这种复归是完全的、自觉的而且保存了以往发展的全部财富的。这种共产主义,作为完成了的自然主义,等于人道主义,而作为完成了的人道主义,等于自然主义,它是人和自然界之间、人和人之间的矛盾的真正解决,是存在和本质、对象化和自我确证、自由和必然、个体和类之间的斗争的真正解决。它是历史之谜的解答,而且知道自己就是这种解答。"[1]我们从这些有限的引文中就可以看到席勒的美学思想体系的影响和影子。这些影响和影子的具体表现形式,我们会在相应的地方做一些更详细的说明。

席勒是西方社会中最先觉悟的启蒙主义思想家,他继承了卢梭和康德等人的哲学思想和美学思想,企图以审美现代性反思、批判、代替启蒙现代性,力图打破启蒙现代性的三大神话,即理性主义神话、科学技术神话、社会进步神话,幻想以美和审美及其艺术的审美教育来改变人的人性分裂状态,实现人性的完整,从而由自然王国经过审美王国达到道德王国,改变整个人类社会,使人类达到真正的自由。他的这种人性美学思想,对于20世纪以来的西方现代主义和后现代主义的美学思想和文论思想具有巨大的影响,其中最为典型的就是德国法兰克福学派从阿多诺到马尔库塞再到哈贝马斯的几代哲学家和美学家,他们分别在西方现代主义和后现代主义的资本主义社会中,继承和发扬了席勒的人性美学思想,也想运用美和审美及其艺术来反思、批判资本主义的工业社会和后工业社会的"文化工业""单向度性""单面人""技术统治论",以建立"否定辩证法"的艺术(阿多诺)、"新感性"的"审美之维"、"交往行动"的"生活世界"(哈贝马斯)。

叔本华和尼采的意志主义是西方现代主义美学直接继承和发挥席勒的人性美学思想的美学流派。阿图尔·叔本华(Arthur Schopenhauer,1788—1860),对于正在全球化的欧洲资本主义制度感到悲观失望,希望像席勒那样用美和审美及其艺术来拯救人性和人类。他认为,每一个人都是在自己的盲目的

---

[1]《马克思、恩格斯、列宁、斯大林论人性、异化、人道主义》,第191页。

和谐与自由

意志冲动的驱使下去追求自己的利益和幸福。可是到头来人们只能在痛苦和无聊之间像钟摆一样摆来摆去：当自己所追求的东西得不到的时候，人就陷入了痛苦之中，可是，当自己所追求的东西得到的时候，人就会感到无聊。所以，在叔本华看来，人生就是苦海茫茫，无边无际。那么，怎么样才能够摆脱这种无穷无尽的痛苦呢？他认为，佛教所说的修炼到涅槃的境界是一种摆脱痛苦的最终法门，然而，这种修炼却不是一般常人可以做到的。因此，他就要为一般常人寻找一种摆脱人生痛苦的路径。于是，他和席勒一样找到了美和审美及其艺术。他认为，美和审美及其艺术是创造一种审美外观形象世界的活动，这种活动就可以使人暂时忘掉人生的痛苦。因此，美和审美及其艺术就是对盲目的生命意志的摆脱。弗里德里希·威廉·尼采（Friedrich Wilhelm Nietzsche，1844—1900）继承和改造了叔本华的意志主义哲学和美学，去掉了叔本华意志主义的悲观主义色彩，从生命意志的积极方面发挥了席勒的人性美学思想。尼采与叔本华和席勒一样严厉地批判了资本主义社会破坏人性的现实。他认为，尽管资本主义社会的物质财富不断增加，可是真正的自由和幸福并没有降临人间。资本主义工业社会的僵死机械生存模式压抑着人性，生命本能萎缩了，使人们患上了现代的文明病，丧失了意志的自由激情和创造冲动，以致颓废成了现代文化的特征。尼采指出，医治现代文明病症的途径，必须首先摧毁欧洲的基督教传统文化，恢复人的生命和意志本能，把作为世界的本体的生命意志赋予人生，重新解释人生意义。他大声疾呼："上帝死了！""重估一切价值！"尼采与席勒一样反对一神教的基督教，因为基督教最终从被压迫者的宗教蜕变为统治者压迫者的宗教。尼采追随席勒反思批判启蒙现代性和理性主义哲学和美学。人类崇尚理性原本是为了追求自由和幸福，可是理性时时处处敌视生命本能和生命意志，把人类推入了无限的痛苦深渊。尼采的权力意志的哲学和美学，是一种非理性的哲学和美学，它把生命意志或权力意志凌驾于理性之上。权力意志或强力意志宣告了上帝的死亡，拒斥古希腊苏格拉底以来的传统形而上学。权力意志或强力意志的根本就是肯定人类的生命,肯定人类的人生。作为一种本能的、自发的、非理性的意志力量,权力意志或强力意志决定着生命的本质,决定着人生的价值。强力意志或强力意志来源于生命,归源于生命,它就是创造意志,就是精神力量,它就是实现现实人生的动力。而美和审美及其艺术也就是这种权力意志或强力意志的表现,也就是生命和人生的最高境界。只有在美和审美及其艺术的创造活动中人类才能够得到自由和幸福。尼采与席勒一样把古希腊悲剧作为自己的追求理想。他认为,世界上的艺术可以分为日神艺术和酒神艺术两大类,日神艺术是一种宁静的艺术,是一种梦的艺术,以造型艺术作为主要形式;而酒神艺术则是奔放的艺术,是一种醉的艺术,以音乐为主要形式;古希腊的悲剧就是把日神艺术和酒神艺术结合起来的完整的艺术,其本质是酒神的生命奔放和激情。他同意叔本华的观点,悲剧艺术是人类的最高艺术形式,因为它以个体生命的被毁灭而充分张扬了人类族类的酒神精神和生命本质及其权力意志或强力意志,并且把日神精神和酒神精神完美结合起来,达到了人性的完整。这些都可以说是席勒的人性美学思想的现代主义表现。

特奥多·阿多诺(Theodor Wiesengrund Adorno,1903—1969)是西方马克思主义者的杰出代表人物,是德国法兰克福学派的第一代主要代表人物。他以"否定辩证法"为哲学基础的美学思想和文论思想,反对资本主义社会中的"文化工业"的同一性及其维护资本主义制度的功能,要求发挥"否定的艺术"或"艺术的否定性"来批判和改变资本主义制度。阿多诺发现,在资本主义社会中,文化工业的媒体广告操纵着人们,使人们失去了革命性和批判精神,变成了一种流行文化的被动接受者;广大群众几乎都满足于唾手可得的快乐,变得温良恭顺,对周围的资产阶级社会的经济政治环境麻木不仁,视而不见。林林总总的文化工业产品表面上形形色色,实质上却是同质化、模式化、商品化、消费化、娱乐化的同一性的资本主义社会制度的意识形态工具。文化工业制造了虚假的资本主义的供求关系,却扼杀了富有自由精神和创造精神的、真正给人快乐的、真正的文化需求和精神需要。因此,资本主义市场上充斥着虚假的需求,以假乱真,鱼龙混杂,使得人民大众是非不分,浑浑噩噩,盲目顺从资本主义的市场。这些都可以看做是席勒的人性美学思想在现代主义美学和西方马克思主义美学中的继续和发挥。因此,阿多诺高度重视"否定性艺术"的批判性,特别强调这种艺术的救赎人类、拯救人性、改造社会的功能。他与席勒的观点一样,极力揭露了近现代资本主义工业社会的人性分裂、人格丧失、世界和人都分裂成碎片的异化现实,并且认为拯救人性、革除人类异化、改造社会的伟大力量只能来源于"否定性艺术"的"否定辩证法"的精神补偿,人们在现实中已经沦丧的理想和梦幻、已经异化了的人性,只有艺术才能够重新完整地展现出来。因此,他认为,艺术就是要展示被挤掉了的人类幸福。这些与席勒的人性美学思想极其相似的审美乌托邦的理想,不仅反映出阿多诺的美学思想和文论思想的审美现代性特点,而且也使得他成为了后现代主义美学的先驱者之一。

赫尔伯特·马尔库塞(Herbert Marcuse,1898—1979)是法兰克福学派另一个主要代表人物。他认为,现代发达资本主义社会工业技术的进步虽然给人提供了许多自由条件,但同时也给人同样多的强制;这种社会培养和铸就的是一种"单面人",也就是席勒所谓的"人性分裂的人"。这种人没有精神生活,没有创造性,只有麻木不仁的物质生活。马尔库塞借用弗洛伊德精神分析学说,希望通过真正的人性的文学艺术建立起一种"非压抑升华"的"新感性",实现一种理性文明和非理性爱欲协调一致的新型乌托邦。马尔库塞的美学思想与席勒的人性美学体系一样,是一种反思批判资本主义社会制度和意识形态的理论体系,是整个法兰克福学派的社会批判理论的重要组成部分。在《单向度的人》(1964)中,他揭露了大众化和商业化的艺术是资本主义社会压抑人的工具,也是导致单向度的人和文化的罪魁祸首。在《审美之维》(1979)中,马尔库塞认为,艺术,特别是先锋艺术或否定性艺术,可以自动地对抗、否定和超越现存的发达资本主义社会的社会关系,颠覆统治阶级的意识形态和资本主义社会中的普遍经验,促使单向度的人再生为人性完整的人。这种人性美学思想无疑就是来源于席勒的美学思想体系。在《反革命和造反》(1972)中,马尔库塞把艺术既视为一种美学形式,又视为一种历史结构,艺术是审美世界的诗情画意与现实世界的价值意义相统一的理想世界。他指明了艺术的两重性:艺术既具有对现实的肯定性和保守性,又具有对现实的否定性和超越性;艺术的肯定性与否定性是一种辩证的关系,艺术的肯定性本身就包含着否定性,艺术的肯定性力量同时也就是否定肯定性自身的力量。马尔库塞力图把艺术和革命统一于改造世界和人性解放的实践活动中,艺术和革命的统一就可能创造出表现人性的新的美学形式,召唤出一个人性解放的"新感性"世界。因此,在马尔库塞那里,美学就成为了批判单向度社会的双向度形式,也就是唯一可以指导人类摆脱压抑性社会的人文学科。马尔库塞的社会批判理论体系像席勒的人性美学体系一样反对暴力革命,也反对第三国际的议会道路的改良主义,倡导一种不同于暴力革命和议会斗争的"非暴力的反抗"方式。这种"非暴力的反抗"就是他所谓的"大拒绝"。这种"大拒绝",既要拒绝资产阶级用来奴役人民的科学技术,还要拒绝资本主义社会中的一切压抑人性的东西。因此,这种"大拒绝"就是一种持久的革命行动,是一种不同于苏联的"正统马克思主义的"革命模式,马尔库塞称之为"穿越机构或体制的长征"。这种"大拒绝"的革命目标是要解放爱欲、解放艺术、解放自然,这种革命模式是把马克思主义革命思想同席勒的人性美学思想和弗洛伊德精神分析学说结合起来的一种审美乌托邦设计。马尔库塞的社会批判理论的这种审美乌托邦的理想就是直接来源于席勒的人性美学体系的西方马克思主义理论和后现代主义美学思想。

于尔根·哈贝马斯(Jürgen Habermas,1929年6月18日—)从他的交往行动理论来继承发挥着席勒的《审美教育书简》中的人性美学思想。他专门写了一篇《论席勒的〈审美教育书简〉》来阐述席勒的人性美学思想。众所周知,席勒1793年夏天开始写作《审美教育书简》,于1795年发表在《季节女神》

和谐与自由

(Horen)上。哈贝马斯认为,《审美教育书简》就是西方思想史上第一部对现代性进行审美批判的纲领性文献。席勒运用康德哲学的概念分析现代性,发现了现代性自身内部已经发生分裂了,于是席勒设计了一套美和审美及其艺术的审美教育乌托邦,赋予美和审美及其艺术一种全面的社会革命的作用。哈贝马斯高度重视席勒的这部作品,认为它的意义和价值高于当时在图宾根大学种下自由树结为挚友的谢林、黑格尔和荷尔德林在法兰克福对未来的憧憬。由于艺术被席勒看作是一种深入到人的主体间性关系当中的"中介形式"(Formder Mitteilung),所以艺术应当能够代替宗教,发挥出统一的力量。因此,哈贝马斯认为,席勒把艺术理解成了将在未来的"审美王国"里付诸实现的一种交往理性。席勒在《审美教育书简》的第二封信中提出这样的问题:让美在自由之前先行一步,是否不合时宜?"因为,当今,道德世界的事务有着更切身的利害关系,时代的状况迫切要求哲学精神探讨所有艺术作品中最完美的作品,即研究如何建立真正的政治自由"。席勒提出这个问题实际上就已经暗含着这样的答案:艺术本身就是通过教化使人达到真正的政治自由的中介。教化过程与个体无关,涉及到的是民族的集体生活语境:"只有在有能力和有资格把强制国家变换成自由国家的民族那里才能找到性格的整体性"。这就表明,艺术要想能够完成使分裂的现代性统一起来的历史使命,就不应死抓住个体不放,而必须对个体参与其中的生活形式加以转化。所以,哈贝马斯认为,席勒强调艺术应发挥交往、建立同感和团结的力量,即强调艺术的"公共特征"(der Offentliche Charakter)。对席勒来说,只有当艺术作为一种中介形式,在这个中介里,重新把分散的部分组成一个和谐的整体,发挥了教化作用,生活世界的审美化才是合法的。只有当艺术把现代社会已分裂的一切——膨胀的需求体系、官僚国家、抽象的理性道德和专家化的科学,带出到共同感受的开放天空下,美和审美趣味的社会特征才能表现出来。哈贝马斯认为,整个人类的生活世界有三种类型:主观世界、客观世界以及社会世界,它们分别是认识的三种兴趣(利益)各自关注的对象。其中,社会世界又包括制度世界和生活世界两种:制度世界是指那些制度化、组织化以及科层制化的世界,即现代国家机关和社会市场体系;而生活世界则是指能够开展言语沟通、追求话语共识的"尚未主题化"的"原初世界",它包括进行话语共识的公共领域以及维持私人利益的私人领域。资本主义社会中私人领域和公共领域之间必然出现的矛盾,使得资本主义社会全面异化,那么,通过美和审美及其艺术的审美教育,规范和重构资本主义公共领域的结构转型,重新回到生活世界,才能使资本主义社会继续向前发展。因此,哈贝马斯就在马克思主义的基础上"重建历史唯物主义",继承席勒的人性美学体系的审美教育思想,构建了一个理想的交往行为模式,建立了他的语用学的交往行为理论,回到了他的理想化的"生活世界"的"公共领域",达到一种主体间性的"共识"和"公共行动",也就是实现了席勒的所谓"人性完整"的人和社会。

汉斯-格奥尔格·伽达默尔(Hans-Georg Gadamer,1900—2002)是德国当代哲学解释学和解释学美学的主要代表人物,他的艺术本体论与席勒的人性美学思想有着很密切的联系,表现出后现代主义美学与席勒的人性美学思想的继承关系,特别是他的"游戏说"就是康德和席勒的"游戏说"的继承发挥。伽达默尔在《真理与方法》中,开宗明义就将美学视为哲学解释学的重要部分。伽达默尔指出,艺术揭示着人的存在,艺术和美是人的一种基本的存在方式;艺术经验超越自然科学方法,又接近于哲学经验和历史经验,可以成为解释学的出发点;同时,每一件艺术品都应该被理解,而全部世界的本体论存在就是理解;那么,具有理解特征的审美经验和艺术经验,也就表明审美经验和艺术经验是某种解释学现象。这样,伽达默尔就把审美经验和艺术经验提升到了哲学的高度,使得美学成为哲学解释学的不可或缺的有机部分。伽达默尔从本体论角度出发探讨了艺术本质问题,艺术作品本质上具有的时间性、随机性,是在特定环境下该作品对一定审美主体所生成的特定意义。伽达默尔指明了,艺术离不开人的存在和自我理解;作为游戏的艺术,给人类敞亮了一个自由的天地;艺术及其意义的不断开放性突出了艺术与现实的关系，艺术既高于现实而又不脱离现实。伽达默尔的解释学美学思想与康德和席勒的美学思想有着千丝万缕的联系，尤其是他的"游戏说"就是脱胎于康德和席勒的"自由游戏说"。康德和席勒都曾用"游戏"来显示审美的自由性质：只有在游戏中，人才能够彻底地放松自己，从而解放自己；因而审美与游戏是相通的，它们都表明了人的主体性自由。伽达默尔去除了康德和席勒的"游戏说"的强烈的主体性倾向，把游戏作为艺术作品的存在方式，即是指艺术作品的本源。从游戏与艺术作品的关系来看，游戏既不是游戏的行为，也不是主体创造艺术作品过程及其情感心理状态，更不是游戏活动所实现的主体性自由，而是一种存在本源和存在方式本身。伽达默尔主张，艺术作品的真正存在是在改变艺术经验者的艺术经验中获得的；艺术作品与游戏的存在方式有着共通之处：艺术作品的存在并不是由于创作者的创造，而就在于艺术作品本身。艺术作品的存在，就像游戏的存在一样，都是由于它们本身。伽达默尔认为，游戏具有一种独特的本质，它独立于那些从事游戏活动的人的意识。他强调游戏本身是游戏的主体，游戏者并不是游戏的主体，这样就突出了人参与游戏的第一性。他指出：所有的游戏活动都是一个被游戏的过程。游戏就是具有魅力吸引游戏者的东西，就是使游戏者卷入到游戏中的东西，就是束缚游戏者于游戏中的东西。游戏本身比游戏者更具有优先的地位，使游戏得到表现才是游戏者的作用，能够往返重复运动就是游戏的本源特征。一般人认为，没有游戏者就没有游戏主体，也就没有游戏。然而，伽达默尔却独出心裁，他强调游戏的本源地位，就是要彻底克服西方近代认识论哲学的主客二分思维方式。实质上，这一思路与席勒的人性美学体系把美和审美及其艺术归入"实践理性批判"的"实践转向和实践分析"是一脉相承的，是对西方近代认识论美学的超越和突破。伽达默尔还认为，自我表现是游戏最突出的意义。他指出，游戏确实被限制在自我表现上，因此游戏的存在方式就是自我表现。因此，游戏的真正本质就是这种自我表现，因而自我表现也是艺术作品的真正本源。

不过,这种游戏的"表现"概念是一种本体论意义上的表现,是一种存在事件,而不是那种主观情感的表现。这样,伽达默尔就把艺术真理观放在了一个新的坚实的基础上,它超越和扬弃认识论的艺术真理观,他指出:艺术的存在不能规定为某种审美意识的对象,因为正相反,审美行为远比审美意识自身了解的更多,审美行为乃是表现活动存在过程的一部分,而且本质上属于作为游戏的游戏。所以,这种强调游戏的存在本身的艺术真理观就可能突出美和审美及其艺术的审美教育作用,也就是使人成为人的巨大作用。这就是席勒的人性美学体系的直接目的本身的表现。在《美的现实性:作为游戏、象征和节日的艺术》中,伽达默尔的三个关键概念"游戏"、"象征"、"节日"都是来源于古希腊人类学,并且进行了考据学的论证和探讨。这些都表明,伽达默尔是与席勒的人性美学体系一样,回到了古希腊文化的基础上来探寻理解艺术的真谛,追溯到古希腊文化人类学的根本上阐述他的艺术观念。这些都可以看到席勒人性美学思想的影子。

席勒的人性美学体系及其审美乌托邦的理想在他以后的社会历史发展中并没有实现,甚至在席勒本人的思想中也是疑虑重重。然而,作为一种面向现实生活世界的理论设计和思想追求,席勒的人性美学体系却有着巨大的实践性,对当代社会反思批判工具理性、技术构架、反抗暴力政治、升华人性品质、认识生活存在等,都具有重大的意义和价值。黑格尔继承发挥了席勒的人性美学思想,成为了德国古典美学的集大成者。马克思继承和发挥了席勒的人性美学体系的批判精神,同时,马克思把席勒的人性美学思想进行了社会实践的改造,使之成为了变革社会、改换历史进程、人类实践活动对象化、人的本质复归的一种现实力量。叔本华、尼采则大力张扬席勒的人性美学思想的生命意志的消解和扩展的功能,为西方当代人本主义哲学提供了美学的新方向。20世纪中期,法兰克福学派成为了席勒的人性美学体系的直接传播者,他们面对当代政治科层化、理性技术化、生活商品化的资本主义社会现实,将审美批判和审美王国作为拯救人性和改造社会的主要手段,发挥席勒审美自由和道德政治的审美乌托邦的理想,成为当代西方文化批判中独树一帜的西方马克思主义流派,产生了持久的影响,给人类解放一些新的启示。后现代思想家们或多或少受到了席勒的人性美学思想体系的不同程度启发,墨菲的政治学、麦金太尔的伦理学、福柯的社会学、哈贝马斯的交往理论都从席勒的人性美学思想体系中吸取了各种不同的思想营养,丰富着整个后现代主义思潮的内涵和形式。后现代思想家们对社会的批判、对生活的反思、对未来的期待都积淀了席勒的理念、愿望。席勒以其诗人的天才、深邃、睿智、良知所表达的人性美学思想曾经深刻地影响了人类社会文明的过去和现在,也必将深刻、久远地影响人类社会发展的未来。

原载《青岛科技大学学报(社会科学版)》2013年第4期

德国古典美学概论

张德兴

18世纪末到19世纪初,在德国形成了一个独特的美学流派——德国古典美学。在该派美学的大旗下聚集着一大批在西方美学史上名声显赫的美学家:康德、黑格尔、席勒、谢林、歌德和费希特等等。德国古典美学是西方美学发展历程中一座高耸入云的丰碑,是西方古典美学发展的最高峰。它既继承、总结和发展了自古希腊美学以降的西方美学传统,又对一系列重要的美学问题展开了深入的研究,贡献了自身的卓越智慧,为近现代西方美学的发展奠定了坚实的基础,并成为马克思主义美学发展的重要理论来源。

德国古典美学的形成决不是一个偶然的历史现象,而是有着深刻的社会历史原因。德国古典美学的产生是与德国独特的社会历史条件密切联系在一起的。18世纪初到19世纪30—40年代,欧洲各国的发展非常不平衡。英国、荷兰两国早已发生了资产阶级革命,18世纪后半期英国的工业革命极大地推动了英国经济社会的发展,使之成为资本主义的领头羊。而法国在1789年爆发了推翻封建制度的大革命,向着资本主义跨出了关键的一大步。相比较而言,作为欧洲主要国家之一的德国明显落后于英、法、荷等国。当时的德国几乎没有大工业,手工业生产占据了主导地位。就社会生产关系而言,封建生产关系仍牢牢地占据了统治地位。更为不幸的是,德国仍处在极度分裂的状态,严重的

和谐与自由

封建割据使全德国无法形成统一的市场,极大地阻碍了资本主义生产关系的发展。与此相应的是德国资产阶级十分软弱,在政治上依附封建贵族,在经济上严重受制于封建生产关系,因此无法用资产阶级革命的手段来解决与封建阶级的矛盾。当然,作为一个新兴的阶级,德国资产阶级是具有一定的革命要求的,他们希望推翻封建制度。但问题在于,尽管法国大革命震撼了德国资产阶级,激发了他们反封建的情绪,但当他们看到法国大革命中劳动群众的巨大力量和革命手段之激烈之后,就被吓倒了,害怕进行彻底的资产阶级革命,反而处处与封建贵族妥协,而对人民大众采取敌视的态度。

德国资产阶级的软弱性和两面性直接影响了当时的德国知识界。他们一方面热烈地欢迎法国大革命,向往着"自由、平等、博爱"的资产阶级理想的实现,另一方面又被法国大革命后期雅各宾派专政激烈的暴力革命和人民大众巨大的革命力量吓破了胆,开始对法国大革命感到失望和恐惧,甚至站到了它的对立面。18世纪末到19世纪初德国古典哲学和美学都鲜明地体现出德国资产阶级的这种软弱性和两面性。

德国古典美学的形成既与欧洲资产阶级革命以及资产阶级生产方式在欧洲的逐步确立给德国带来强大冲击和造成社会政治生活的巨大变化密切相关,又与18世纪中叶以后德国文艺和学术的繁荣以及自然科学发展的深刻影响紧密相连。在17世纪和18世纪中叶以前德国在文艺方面也十分落后,以至于一些德国文艺理论家、美学家如高特雪特、温克尔曼等人在研究中只能大量列举外国的例证或者古代的例证来印证自己的理论。但18世纪中叶以后情况就发生了根本变化,德国的文学艺术和学术研究出现人才辈出、繁荣昌盛的景象,歌德、席勒、海涅、贝多芬、莫扎特等一大批第一流的文艺家和莱辛、赫尔德、文克尔曼等许多卓越的文艺理论家不断涌现,为德国古典美学的发展提供了强大的推动力,文艺实践和文艺理论研究中提出的许多新问题成为德国古典美学发展重要的思想资源。

同时,德国古典美学的重要理论家们所拥有的自然科学知识和材料远比他们的前辈丰富,当时自然科学的巨大发展深刻地影响了德国古典美学,给德国古典美学带来了辩证法观点。这一时期,自然科学的众多领域都取得了许多新的成就,例如:法国博物学家布冯根据对生物界变异性的假说提出人猿同源的观点,法国生物学家拉马克则进一步发表了进化学说,德国地质学家魏纳用历史发展的观点解释地球成因及生物变迁;康德则提出太阳系起源的"星云假说"等等,都是从联系、发展的辩证法观点研究客观世界,给德国古典哲学、美学带来了积极又深刻的影响。

德国古典美学的理论家们从前辈美学家们那里广泛地吸收理论养分,经过批判性继承,结合自己独特的时代精神,构筑起各自的美学理论体系。前辈美学家们达到的美学理论高度构成了他们美学研究的出发点,康德是如此,席勒、谢林、黑格尔等人莫不如此。不过具体地说,对于德国古典美学的形成和发展影响最大的当推法国启蒙派美学、英国经验派美学、德国理性派美学以及意大利历史学派美学。

以狄德罗、卢梭为代表的18世纪法国启蒙派美学崇尚理性,具有鲜明的政治功利性,要求文艺为社会变革服务,服务于当时第三等级的反封建斗争,注重美学与社会现实和文艺实践的密切联系,并且已经初步具有历史主义的观点和辩证法因素,对德国古典美学产生了重要影响。如狄德罗十分重视文艺的道德教育作用,对康德、席勒、黑格尔等人都产生了积极影响:康德把美看成是道德的象征;席勒迷恋于用审美游戏来改善人性进而建立审美的王国;黑格尔则要求文艺家"首先是为他自己的民族和时代而创造",[1]凡此种种无不带有狄德罗美学观点的深刻烙印。

英国经验派美学家们对于德国古典美学影响同样不可低估。以休谟、博克

---

[1] (德)黑格尔《美学》第1卷,朱光潜译,商务印书馆1979年版,第336页。

为代表的英国经验派美学家,注重对感觉经验的心理分析,从生理学和心理学出发研究美学的基本问题,高度重视情感、想象、联想等主体心理因素在审美活动中的重要作用,把艺术看成是走向真正道德的指南,都对德国古典美学的理论家们产生了深远的影响。休谟对想象和共同人性的重视,博克把美和崇高作为最重要的美学范畴,从心理学和生理学的角度加以研究等等,为康德、黑格尔等人所高度重视。显然康德在审美鉴赏判断分析中提出的"共同心意状态"概念有着休谟共同人性理论的影子,而他对崇高范畴的分析则深受博克的影响。黑格尔同样也是如此,在他的《美学》一书中,英国经验派美学家的影响随时可见。

德国理性派美学家是德国古典美学代表人物的前辈,其影响更为直接。在18世纪,理性派美学在德国占据了主导地位。莱布尼茨、沃尔夫和鲍姆嘉通等人的美学思想直接影响了他们的后辈美学家。德国古典美学的所有重要理论家都概莫能外。莱布尼茨"天赋观念"说对于康德美学中的先验原则,对于黑格尔"美是理念的感性显现"这一核心观点都有深刻的启示。鲍姆嘉通于1750年出版的《美学》一书,明确规定了美学研究的对象、范围和基本内容,并把美学作为一门关于"情"的感性认识的科学来研究,这个里程碑式的创举,启示了康德美学的独特建构。

以维柯为代表的意大利历史学派美学给美学研究带来了历史的眼光。维柯一方面看到了人类社会的发展是一个从低级阶段向高级阶段不断发展的历史过程,具体地说是从神的时代经过英雄的时代发展到人的时代的历史过程,人类的文学艺术和文化只能置于这样的历史发展过程中才能得到理解。维柯的历史观念深刻影响了德国古典美学的理论家,尤其是黑格尔、席勒。

德国古典美学作为特定时代的产物具有许多鲜明的理论特点。首先,德国古典美学高扬着理性主义旗帜,充满着人道主义精神,高度重视审美活动中人的主体性。作为一种资产阶级意识形态在美学上的表现,德国古典美学的理论家们普遍都以人为中心审视美学问题,这样,人的理性精神,人的主体性,人性问题都密切与他们的美学理论联系在了一起。康德美学高度强调人的主体性,他的美学的出发点就是要在情(感)的领域中建立起先天的综合判断,即他要证明快与不快的情感对于人的判断力也可以构成先天的综合判断,具有普遍性和必然性。而情的领域正是人类精神世界三大领域之一,其余两个领域分别为知(性)的领域和意(志)的领域。席勒美学尖锐抨击资本主义社会对于人性的摧残,要求通过艺术和其他审美活动使人摆脱人性的分裂,把感性与理性和谐统一起来,从而达到人性的完整和完善,使人成为自由的人,并以此建立一个自由的"审美王国"。在黑格尔美学中,对人的高度重视,对自由的无限向往也构成了一个鲜明的特点。在其他的一些美学家如歌德、谢林、费希特那里,理性主义、人道主义都渗透其美学理论的内核。

其次,德国古典美学具有调和经验派美学与理性派美学的明显倾向。从康德开始一直到黑格尔,德国古典美学的理论家们普遍都既看到这两派美学的优点,又看到了它们的缺点,试图舍弃其缺点,而把它们的优点综合起来。康德作出的瞎子和白痴的著名比喻正是体现了他对两派哲学、美学的基本评价以及他要调和两派理论的努力。应该说康德美学的这种努力是卓有成效的,尽管未能最终彻底统一两派美学理论,留下了一系列内在矛盾,但是他开辟的这条道路为后来的德国古典美学家们所遵循,并在黑格尔美学中得到实现。黑格尔把美看成是理念的感性显现,他从理性与感性的统一、内容与形式的统一、一般与特殊的统一、客体与主体的统一中理解美的本质,真正把经验派美学与理性派美学有机地统一了起来。

再次,德国古典美学从总体上说具有唯心主义的倾向,同时对于辩证法的运用成为一个普遍趋势。大体说来,康德是在其主观唯心主义的二元论哲学的基础上展开其美学理论的。席勒一方面继承了康德的许多重要美学理论,就其从人的感性冲动与理性冲动相结合的观点来展开美的分析而言,是对康德美学哲学倾向的继承和发展;但另一方面,席勒又企图去寻找审美心灵的客观化表现,这明显偏离了康德美学,具有某种客观唯心主义的倾向。这为谢林美学和黑格尔美学的客观唯心主义倾向开辟了道路。

当然德国古典美学中更值得人们重视的是对于辩证法的运用。上面指出的该派美学综合经验派美学与理性派美学的努力本身就是具有辩证法因素的,因为德国古典美学的理论家们运用具体分析的观点,一分为二地分析两派美学理论。尤其是在黑格尔美学中,辩证法有机地渗透到他所构筑的庞大的美学体系中,成为用辩证的观点研究各种美学问题的崇高典范。

此外,德国古典美学十分崇尚体系化,这是其又一鲜明的特点。从康德开始,构筑完备的美学体系便成了德国古典美学的理论家们的自觉追求。这可以从两方面来理解:一方面,他们基本都是一些重要的哲学家,在构筑美学理论体系时,都把美学问题从自己独特的哲学立场上加以把握,并有意识地融入自己的哲学体系之中,使之成为其中的一个有机组成部分。康德、谢林、黑格尔等无不如此。另一方面,他们对于美学问题的思考不仅深入,而且十分系统、详备。凡是在他们那个时代人们所能涉及的重要美学问题基本上都落入了他们的视野中,并通过自己的不懈探索,大大推进了对于各种美学基本问题的研究。在这方面,康德和黑格尔构筑的美学体系包含的美学理论宝藏尤为丰富和深刻。

德国古典美学在西方美学发展的历史过程中具有极其重要的历史地位,这可以从以下几个方面加以说明。第一,德国古典美学是对西方自古希腊开始的各种美学理论一次全面的总结。德国古典美学的理论家们尽管哲学立场并不相同,美学理论也各有特点,但是有一点则是共同的,即他们都十分重视前人的美学理论遗产,通过自己的吸收和消化,使之成为构建自己美学体系的理论营养。无论是康德美学对于经验派美学和理性派美学吸收并加以调和,还是黑格尔美学对此前美学理论的广取博采,无不都充分表明他们极其重视前人的美学理论遗产,并批判地加以继承。正因为如此,德国古典美学就成为西方古典美学的一个最高峰。

第二，德国古典美学开启了西方近现代美学，同时也启发了马克思主义美学。西方近现代美学的发展蔚为大观，流派众多，美学思潮更迭迅速，对于文艺的发展变化能够做出极其敏锐的反应，在这种蓬蓬勃勃的景象后面人们可以深切地感受到德国古典美学深刻影响。康德美学包含了一系列内在矛盾，深刻地启发近现代美学家们的理论思考，在大多数西方近现代美学流派的理论中，我们都可以发现康德美学的影子。黑格尔更是如此，他的集大成的美学体系是此后任何美学理论都无法回避的巨大存在。另一方面，马克思主义美学的形成和发展同样离不开德国古典美学的重要影响，无论是马克思、恩格斯还是此后的马克思主义美学家都从康德、席勒、歌德、黑格尔等人那里获益良多。德国古典美学构成了马克思主义美学的最重要的理论来源。

第三，德国古典美学坚持把人作为文艺和美学研究的中心，把美与人、与人的自我创造密切结合起来，充分肯定了审美活动是一种社会活动，只能存在于人类社会之中，同时在众多美学家那里注意把辩证法观点引入美学研究之中，有不少人还努力用历史主义的观点审视人类的审美活动，这样，德国古典美学就把西方美学推向了一个前所未有的理论高度，使自身成为马克思主义美学之前的一个美学理论的巅峰。

当然，我们也必须看到，德国古典美学带有深刻的时代烙印和局限性，德国资产阶级的软弱性、妥协性和两面性在其中都得到了充分的反映。因此，不论是康德、歌德、席勒、费希特，还是谢林、黑格尔，他们的美学理论都带有德国资产阶级的鄙俗气，都具有相当程度的空想性，同时也都具有十分浓厚的思辨性。法国资产阶级展开的轰轰烈烈的现实的政治革命，在德国古典哲学和美学则变成了纯粹理论上的革命。对此我们应有清醒的认识。

原载《复旦大学中文系教授荣休纪念文丛·张德兴卷·美学奥秘会探》，复旦大学出版社 2017 年版

简论康德的美学思想

张德兴

康德美学与亚里士多德、柏拉图和黑格尔美学一起构成了西方古典美学的四座高耸入云的丰碑。了解了康德美学和黑格尔美学就会对西方古典美学达到的高度有一个清晰的认识。康德美学是十分复杂的,这种复杂性首先在于康德努力要把经验派美学和理性派美学有机地融合起来,克服它们之间的矛盾。在哲学上,康德认为经验派哲学和理性派哲学都有局限性,经验派只相信感觉,理性派只相信理性,两者都有局限性。他打了个比喻:经验派理论家就像白痴一样,能感受,但没理性;而理性派理论家则像盲人一样,有理性,却没有视觉感受。他们都有明显的局限性。理想的状态是把两者结合在一起:既能感受,又具有理性。在美学方面,康德同样也试图调和经验派美学与理性派美学。

康德是德国古典美学的奠基者。康德美学是他以前的各派美学理论卓越的继承者和批判者,又极其深刻地影响了他以后的美学家。即使到了20世纪,在流派纷呈的西方各派美学理论中,我们仍然可以看到康德的理论影响。因此他是一个里程碑式的人物。康德理论具有了不起的丰富性,同时他在融合各派美学理论时又呈现出很多矛盾,从而有力地启发了后世人们的思考。后代美学家都从康德美学那里吸收了很多理论养料,阐发出丰富的内涵,并在这个基础上提出了他们新的美学理论。这也就是康德美学之所以影响深远的重要原因。

一、康德的生平和思想体系

抽象性和思辨性特征在康德美学中表现得特别鲜明。康德也认为自己在思想领域中进行了一次"哥白尼式的革命"。这并没有言过其实。在哲学上他开创了一种主体性哲学,在美学上他也把主体性作为基石。康德美学有一个很大的局限性,这就是他的研究主要局限在抽象理论范围之内,这种理论倾向在费希特、谢林、席勒等人那里也都存在。这是德国资产阶级的软弱性在思想领域的表现。即使站在唯物主义立场上,具有鲜明的现实主义倾向的德国古典美学家,如歌德,也避免不了这种局限性。因此正如恩格斯评价的那样,歌德"有时非常伟大,有时极为渺小;有时是叛逆的、爱嘲笑的、鄙视世界天才,有时则是谨小慎微、事事知足、胸襟狭隘的庸人"[1]。

康德的一生从来没有走出过家乡哥尼斯堡(今拉脱维亚首都里加)一步,他的非常刻板的生活方式竟然成为当地农民了解时间的方式:当康德出来散步了,农民就知道这时大概是几点了。作为一个美学家,康德对艺术的关心非常少。他的《判断力批判》几乎很少触及当时文艺创作的现实,这既反映了康德美学理论与文艺现实的脱节,也反映了康德文艺修养的缺乏。

康德主要生活于18世纪。他生于哥尼斯堡。其父是一个制革匠。他在哥尼斯堡大学求学,毕业后做过家庭教师。1755年,担任哥尼斯堡大学编外讲师,并于1770年正式成为该校教授,一度还做过校长。康德的学术道路以1770年为界分为前后两大时期,即前批判期和后批判期。在前批判期他的研究主要在自然科学方面;在批判期则放在哲学上。他的美学是属于哲学的。他的哲学主

---

[1] 《马克思恩格斯论文学与艺术》(一),第481页。

要受到了笛卡尔,莱布尼茨、鲍姆嘉通、沃尔夫为代表的大陆理性派和以培根、洛克为代表的英国经验派的影响。这些影响对他的批判哲学的形成产生了巨大的作用。此外,牛顿、卢梭、休谟对他也有非常大的影响。

在前批判期,他出版了《自然发展史观念》一书,其中提出的"星云假说"不仅对于自然科学,而且对于思想界都具有深远影响。在该书中,康德试图证明外银河系的存在。他认为宇宙起源于星云状的物质微粒。这种观点在哲学上意义巨大,因为它取消了所谓"第一推动力"的存在。长期以来"第一推动力"成了西方神学证明神的存在的核心论据。康德的观点是对神学的否定。不仅如此,它的意义还在于否定了一种僵化的自然观。康德认为宇宙在时间中存在,起源于一种物质性的微粒的观点肯定了宇宙的运动变化和宇宙的时间性。恩格斯对此给予了高度评价,在《反杜林论》中称"康德关于目前所有的天体都从旋转的星云团产生的学说,是从哥白尼以来天文学取得的最大进步"[1],在僵化的自然观上撕开了一个巨大的缺口。不过,他这一学说的局限性则在于认为生命的起源是不可知的。

1770年以后的后批判期则以"三大批判"为代表。1781年康德出版了《纯粹理性批判》,1788年他出版了《实践理性批判》,接着在1790年他又出版了《判断力批判》。从内容来看,这"三大批判"涉猎了三个不同的领域,但它们都从属一个大的哲学体系。康德要在哲学上给自然科学划定范围,认为人对自然认识的能力非常有限,只能达到现象界,不能达到本体——"物自体"。他把我们面对的客观世界分为现象界和物自体两部分。星空、河流、山川等等是现象界,能够被人类所认识。然而,人类认识能力不能达到的现象背后本质的东西,即"物自体"。因此我们只能把"物自体"交给信仰,这就给神学留下了地盘。康德思想中存在着各种各样的矛盾,这里存在的就是科学和神学之间的矛盾:既批判

---

[1] 《马克思恩格斯选集》第3卷,人民出版社1972年版,第96页。

神学,又给神学留下地盘。在政治观方面,康德年轻时是很进步的,但后来趋于反动。年轻时,他深受卢梭《社会契约论》的影响,支持法国大革命。但后来当以罗伯斯比尔为代表的雅各宾派采用激烈的镇压手段推进大革命时,康德被吓坏了,转而反对法国大革命。他认为革命改变不了道德品质,革命在德国行不通。显然,康德被法国大革命的血与火吓破了胆。

康德在哲学上企图调和经验派和理性派,认为无论经验派还是理性派,都不能解释知识的形成。只有把他们结合起来才会得到合理的解释。经验派认为知识来源于感性经验,理性派则认为知识来源于人的理性,而康德认为,只有把感性经验和理性结合起来才能形成知识。这表明他企图调和唯物论与唯心论、经验论与唯理论,当然从根本上说,他是站在先验唯心论的立场上进行这种调和的。所谓先验是说,在康德看来,我们在认识之前就存在着12个先天的范畴,如因果关系,必然性等等,我们的认识就是用这十二个先验范畴去整理现象界。

康德是十分重视人的主体性的。在认识论上,他提出的一个基本问题便是:人的认识何以可能?另一方面,他要找到人的认识方式以及认识能力所能达到的范围。这从属于上述第一个问题。上面指出,康德认为物自体不可认识,感觉经验靠不住,这既给神学留下了地盘,同时又是一种认识论上的不可知论的观点。不过,他又不是一个彻底的不可知论者,因为如前所述,他认为现象界是可知的。

在美学方面,我们打算从四个方面对其理论加以介绍:首先是康德美学的出发点,其次是对鉴赏判断的分析,第二是对崇高的分析,最后是他的艺术理论。

二、康德美学的出发点

康德美学从属于其哲学,构成了他的哲学体系的一部分。《判断力批判》作

和谐与自由

为康德的三大批判之一,有一个重要的目的,就是沟通《纯粹理性批判》与《实践理性批判》。康德美学具有很强的思辨性。《纯粹理性批判》主要研究人的认识能力,研究自然概念和现象界,要解决"先天的综合判断为何可能"这一个基本问题,属于认识论的基本问题。如果我们追溯一下哲学史就可以发现,大体说来,西方哲学的发展经历了古代的本体论的阶段,近代的认识论阶段和现代的语言论阶段。近代以前,哲学家们普遍关心的是本体论问题,他们要回答"世界的本原是什么"这样一个问题。康德之前的经验派哲学和理性派哲学则属于近代认识论阶段,关注的是"人怎样认识所面对的世界的?"经验派和理性派各自做出了不同的解答。这对近代以前哲学研究重点是一个重大的转换。到了20世纪,哲学们更关心的是这样一个基本问题:"人是如何用语言表述他所认识到的世界的?"这是一种语言论转向。康德所处的是西方哲学发展的认识论阶段,因此他高度关注人的认识问题。在《纯粹理性判断》中,他提出了先天综合判断如何可能的问题。在他看来,先天综合判断是认识的基本判断。《实践理性批判》研究的是人的意志能力涉及到的是自由、物自体等基本概念,属于伦理学范围。他认为现象界和物自体之间存在着明显的鸿沟。现象界不能对物自体施加影响,而物自体却能对现象界施加影响,因此两者应当联系起来。他之所以写作《判断力批判》,是因为他认为研究认识能力的《纯粹理性批判》和研究意志的《实践理性批判》之间缺少沟通,所以他试图沟通两者,因而于1790年出版了这部著作。他用美学把逻辑学和伦理学联系在一起,着重研究美、崇高的主体根源,这是《判断力批判》的一个主要任务。

康德认为,只有概念和概念发生了联系,有了一个主语,一个宾语,主语和宾语之间构成判断关系才形成知识。判断有两种:分析判断和综合判断。前者不带来知识,后者才带来知识。因为分析判断是主语包含了宾语。例如"人是动物"这一判断不增加新的知识。但综合判断把本来不相包容的两个概念联系在一起,产生了新的关系。例如"地球是行星",行星是一个新的概念,对于判断地球的性质起到了增加知识的作用。然而,综合判断有的具有普遍性,有的则不具有普遍性。例如"今天天气很冷"是一个综合判断,"冷"和"天气"是两个不同的概念,但这个综合判断不具有普遍性。真正带来知识的是具有普遍性的综合判断。比如:"物体受热会膨胀",这个综合判断具有普遍性,会带来知识。在康德看来,普遍性和必然性不能来自于经验,只有先天理性才具有。因为经验受到条件的限制,不可靠。诚如康德所说,我们看到的有些生活现象的确会误导我们,显现出感觉经验的局限性。例如,一根笔直的筷子一半放到盛满水的玻璃杯子中,另一半露在空气中,那么我们看到的筷子就不是直的了。这是经验欺骗了我们。所以康德认为普遍性只能来自先天的理性。因此他强调真正的科学知识建立在先天理性之上。因此,只有先天综合判断才能提供知识。例如,数学上"1+1=2"是一个先天综合判断,是通过先天理性得出的。

康德在《纯粹理性批判》和《实践理性批判》中已建立了先天综合判断,但他认为还不够,他还要在情感领域中建立。在康德之前不少西方理论家都把人类的精神领域分为知、情、意三大部分,康德承袭了这种观点。康德的《纯粹理性批判》讨论的是"知",《实践理性批判》讨论的是"意",而在"情"的领域中,他也试图建立先天综合判断。于是在《判断力批判》中他就努力完成这一基本任务。在该书中,他首先提出了一个基本问题:审美活动中的快与不快的感情对于人的判断力是否可以构成先天综合判断?它们是否具有普遍性和必然性?如果具有,那么就会形成新的知识。否则它们就不是先天综合判断。《判断力批判》这部著作提出了这个基本问题,也回答了这一基本问题。这样,审美判断就要讨论这个问题,这构成了康德美学的一个基本出发点。也就是说,康德美学的一个出发点是要把先天综合判断的建立推广到"情"的领域。

第二个出发点是沟通知和意的领域。纯粹理性属于知的范畴,实践理性属于意的范畴。康德认为知性与理性,现象与物自体、自然与必然,道德自由与理解力要通过判断力才能加以沟通。纯粹理性的世界是以自然的必然规律起作用的,比如我们面对的大自然就是如此,它服从自然的必然规律。还有一个以理性来行使职能的物自体世界,不受自然的必然规律影响,它是自由的。这也就是道德的领域。物自体领域属于信仰的领域。要沟通自然和道德,需要判断力。康德认为判断力可以把理性和知性沟通起来。判断力是心灵所具有的认识能力,是一种能把个别纳入一般加以思考的能力。先天综合判断具有普遍性和必然性,但在情的领域中,我们所面对的是个别的事物,但我们又要求它具有普遍性,这是一个"二律背反"。康德认为判断力是人类一种独特的心理能力,能够把个别纳入到一般加以思考,所以能够沟通知性和理性。现象和物自体的统一在审美判断中可以达到。审美判断是一种先天综合判断,它可以沟通现象界和物自体。这就构成了康德美学的另一个出发点。通过《判断力批判》,他沟通了《纯粹理性批判》和《实践理性批判》,在知性和理性之间架起了桥梁,使其哲学体系变为完整。这同时也表明康德美学具有明显的主观主义,他是为了完善体系出发而不是从人类审美实践出发研究情的领域的。他努力统一知、情、意,但说到底只达到了一种形式上的统一,而不是真正的内在统一。其出发点本身鲜明体现了试图调和经验派美学和理性派美学这一基本特征。

三、关于鉴赏判断的分析

有的美学著作把康德关于鉴赏判断的分析看做是对于美的分析,这并不准确。因为康德是通过审美主体对美的事物产生鉴赏判断来进行分析的,并不是单纯的美的分析。在《判断力批判》中,康德从质、量、关系、情状四个方面对鉴赏判断展开了分析。

首先从质的方面,他明确提出鉴赏判断不涉及利害感。后代的唯美主义,"为艺术而艺术"理论主要是从康德"审美无利害"说找到理论依据的。康德认为,人的快感有三类:生理上的快感、道德上的快感和审美的快感。审美快感是由鉴赏判断所获得的，本质上是一种自由的愉快。这里，康德强调了审美活动是和自由联系在一起的。换言之，审美愉悦是建立在精神自由基础之上的。所以审美活动与现实的功利以及道德的责任都没有关系。超越了现实功利和道德责任所获得的一种自由的愉快就是鉴赏判断的基本性质。

关于美的分析理论涉及到审美鉴赏判断的理论。康德主要从四个方面作了研究。

第一是从质的方面，他提出审美判断的无利害感的观点。康德明确说："那规定鉴赏判断的快感是没有任何利害关系的。"①这是《判断力批判》中非常重要的观点，产生的影响是非常巨大的。这种巨大的影响表现在唯美主义"为艺术而艺术"的理论以及其他各派形式主义理论当中，它们都把这一点充分发展了。因此康德的鉴赏判断首先从质的方面，即无利害感所做的规定有很深远的影响。康德为了进一步说明他的这个观点，具体指出人的快感有三种不同的类别：第一种是感官的快感；第二种是道德的快感；第三种就是审美的快感。他认为，感官的快感和道德的快感都受到了产生快感的对象的影响，受到了客体所具有的具体客观性质的影响。感官的快感是当我们面对一个事物的时候触发的，这时感官会产生一种快感，这种快感是由所接触对象的客观性质决定的。比说，我们在天很热很热的时候喝了一杯清凉的饮料，嘴巴里会产生一种快适的感觉，这是很令人愉快的。形成这种快感的原因是由对象，即清凉饮料的温度比较低、比较适口引起的。道德的快感为什么也是和对象分不开呢？康德他认为它涉及到客观的价值。道德的快感和对象所具有的客观的价值是分不开的，于是在康德看来，道德的快感当然也是受到了对象的制约的。他认为审美判断所引起的那种快感就是美感，和上面两种快感就不一样。审美快感是一种主观的快感，所以鉴赏判断所涉及到的美感实际上是与其他的两种快感不同的

---

① 康德《判断力批判》上卷，第40页。

和谐与自由

一种主观的快感,康德认为:"在三种愉快里只有对于美的欣赏的愉快是唯一无利害关系的和自由的;因为既没有官能方面的利害感,也没有理性方面的利害感强迫我们去赞许。"①也就是说,美感是欣赏者在主观上获得的满足,这种主观的快感在康德看来是一种自由的愉快。为什么是自由的愉快呢? 就是因为它是不受对象的客观性质的局限,超越了对象。康德提出美感实际上是既不涉及到对象和人之间形成的功利的关系,也不涉及到对象所关涉到道德关系的。所以他提出了鉴赏判断无利害感的观点,这是从质的方面对鉴赏判断所作的分析。

第二,是从量的方面对鉴赏判断所作的分析。康德得出了鉴赏判断具有一种没有概念的普遍性的特点。欣赏者从对象中获得了一种普遍性的理解,这种普遍性不是由概念所引起的。由此他提出一个基本观点:"美是那不凭借概念而普遍令人愉快的。"②概念是一种概括,是通过把对象中的所有类似的共同本质抽象出来而形成的。所以概念本身是有普遍性的,因为它不是单个的。但审美判断不一样,康德认为,审美判断是一种单称的判断,这种单称判断就是对于具体个别的现象或者个别事物所做的判断。然而,如果我们对这种判断要求具有普遍性,这就存在着一个矛盾:单称判断是个别性的,但是它又被要求具有普遍性,要求普遍承认。康德举了一个例子加以说明。"这朵玫瑰花是美的"是一个判断,和另外一个判断"玫瑰花一般地是美的",显而易见,这两个判断是有很大差别的。第一个判断是个单称判断,是指我们所面对的具体的这一朵玫瑰花是美的,那么这单称判断实际上是审美的判断。但第二个判断并不是审美判断,它不是单称判断。为什么呢,因为这个判断是"通过比较许多单个判断产生出来的判断……是作为一个基础于审美判断之上的逻辑判断而说出来的了"③。

---

① 康德《判断力批判》上卷,第46页。
② 同上,第57页。
③ 同上,第52页。

简论康德的美学思想

它是对所有玫瑰花所作出的概括。那么,第二个判断就是知识性的判断,是具有普遍性的。然而,第一个判断作为一种单称判断,它提出某一个别的、具体的玫瑰花是美的,这样的单称判断为什么也具有普遍性呢?康德指出,虽然这鉴赏判断是一个单称判断,不像知识判断、科学判断那样具有概念所决定的普遍性,但是它仍然具有普遍性。这种普遍性是和"普遍赞同"联系在一起的。这种单称判断会得到欣赏的人普遍赞同,而不是以概念来期待别人的赞同。

那么为什么别人会普遍赞同呢?康德认为,这就源于我们人类都具有的一种普遍的心意状态,我们的心意状态都是差不多的。正由于这个原因,所以当我们觉得这朵玫瑰花是美的时候,我们也期待着别人会有这样相同的审美判断。确实,在审美活动中有这种情况:有很多人会赞同你的审美判断。你看了一部优秀的影片,比如说国产片《红高粱》之类的电影,看了以后你觉得非常好,获得了审美快感。很多别的观众也会和你一样作出同样的审美判断。不过,我们也应该看到,欣赏者之间由于不同的审美趣味,可能作出不同的审美判断,这也是常见的现象。然而,对于这种现象,康德并没有深入分析。他只是分析了前面的一种情况,并用人具有普遍的心意状态加以解释,认为审美判断的普遍性在于共同的心意状态。康德提出人有普遍心意状态的观点显然是受到了普遍人性论的影响。从人心同此心就会得出这种观点。其局限性在于缺乏历史的观点,也缺乏阶级的观点。这是第二个方面,从量的方面对鉴赏判断所作的分析,认为虽然它不借助于概念,但仍然有着普遍性。

康德对审美判断所作的第三方面的分析,是从关系的角度作的分析。他认为鉴赏判断是没有目的的合目的性的判断。也就是说,鉴赏判断本身是没有目的的,但是它又符合我们主体的目的。"所以除掉在一个对象的表象里的主观的合目的性而无任何目的(既无客观的也无主观的目的)以外,没有别的了。"[①]

---

① 康德《判断力批判》上卷,第59页。

和谐与自由

他的话从表面上看似乎充满着矛盾,但是仔细来看,说明什么是很清楚的。对于这一点他从两方面进行了分析。他认为,说没有目的,主要是从客观的、主观的目的性这个角度来看的。审美判断是没有任何客观目的的。审美判断没有这种明确的目的性。当我们欣赏一幅优秀的画作或者一首诗歌的时候,我们并没有客观的目的。欣赏一幅画、一首诗并不会给我们带来任何物质利益,或者改变我们的生活境遇。从这方面看,康德认为审美判断是没有目的。但是从主观的角度讲还是有目的的。这个目的是什么呢?康德说,实际上对象是以一种形式(表象)来符合我们欣赏的目的,也就是说,审美对象的表象应符合"主观的合目的性"。他把审美判断同没有目的合目的性联系起来,实际上是从主观、客观两个方面来分析的。审美判断没有客观的目的,但有主观的目的,主观的目的是对象以它的形式来满足审美主体的主观的审美目的。从客观目的性的角度,他提出,目的性有两种,一种是外在的目的,一种是内在的目的。外在的目的是有用性,内在的目的是事物的完满性。外在的目的最突出的是表现在有用性方面,这是指客观对象本身是有实际用途的。比如说,一只杯子的外在目的是有用性,它可以装水以供我们饮用,也可以作为容器派别的用处。这就是说,杯子的外在目的在于有用性和现实利害关系,和道德的完善是没有关系的。另外一个是内在的目的。内在的目的就是事物的完满性,也就是以符合概念的要求为基本的前提。一个杯子,不管它是陶瓷的还是金属的,都要符合杯子这个概念。康德认为美和概念是没有关系的。无论内在的概念还是外在的目的,都与美和审美判断没有关系。他进一步分析说,主观的合目的性就是对象在形式和表象方面符合我们审美要求和审美目的。主观的合目的性,主要是形式的合目的性。正因为这种观点,因此很多人批评康德美学是一种形式主义的美学。这种批评是有道理的。为什么呢?前面在对鉴赏判断所作的质的分析当中,我们可以看到他的审美的无利害感的观点,实际上已经否定了审美判断和现实利害关系的联系,已经隐含了形式主义的倾向。在对于关系的分析当中,他又进

简论康德的美学思想

一步强调,主观的合目的性,主要是指对象通过形式和表象来满足我们审美目的这样的一种观念,实际上也是形式主义的。对此他说得十分明确:"因此当我们觉知一定对象的表象时,这表象中合目的性的单纯形式,那个我们判定为不依赖概念而具有普遍传达性的愉快,就构成鉴赏判断的规定根据。"[①]但康德的美学理论是充满矛盾的。在从关系的角度所作的分析中可以看到他对审美鉴赏判断的分析具有鲜明的形式主义倾向,但在后来他又作了一个补充,认为美可以分为两大类:一类是自由美,另一类是附庸美。自由美强调以形式的鉴赏为特征,但是附庸美则是以符合对象的概念,符合它的内在的目的为基本特征。康德甚至主张,美和道德有关系。依附于概念。从这个意义上说,附庸美也依存于对象的概念。这样康德对自己的形式主义倾向作了一种纠偏。从中我们可以看到,他的美学思想非常丰富复杂,处处充满着矛盾。

另一方面我们还可以从他后来对美的分析所作的补充中,印证这种纠偏。康德认为,美是道德的象征。而前面他却明确地把美和道德划清了界限。康德指出,人面对的三种现象会产生不同的快感。由客观的事物产生的快感和由道德产生的快感与由美的对象所产生的快感是不同的。这时,康德是把道德排斥在审美判断之外的。而把美看成是道德的象征的观点则鲜明地提出了美和道德的内在关系。其实,这是西方美学的一个重要传统,与古希腊苏格拉底、柏拉图一脉相承。苏格拉底和柏拉图都主张美和善相联系,美和道德相联系。康德美学有形式主义的倾向,但当他用附庸美来补充他对鉴赏判断和美的分析的时候,这就使他的美学体系产生了一种内在的矛盾。不过,仔细研究的话,也可以看成是他的美学体系中的不同的方面具有相互补充的一面,只是没有能够完全有机地融合在一起,因此我们便感觉到他的体系充满着矛盾。最后康德从情状来分析鉴赏判断。他提出,鉴赏判断是没有概念的必然性,鉴赏判断必然会被

---

① 康德《判断力批判》上卷,第59页。

和谐与自由

人们所认同。他指出:"美是不依赖概念而被当作一种必然的愉快底对象。"①他的观点非常鲜明,美是不依赖概念的,但是它又有必然性,它必然会使我们产生审美的愉快。他说:"鉴赏判断期望着每个人的赞同;谁说某一物为美时,他是要求每个人赞美这当前的对象并且应该说该物为美。"②康德认为,审美活动具有必然性,美感是一种必然性的快感。对美的事物我们在欣赏的时候,必然会产生快感。那么这种必然性来自哪里呢？康德说,它不是来自理论的必然性。在理论上有很多客观的必然性,比如说天热了,东西受热会膨胀,热胀冷缩就是必然性;又如,天空中带有阴电和阳电的云层相接触的话,就会产生电火花,并伴有巨大的雷声,这也是有必然性的。康德认为这是客观的必然,是一种理论上的客观必然性。另外一种必然性就是在实践上、道德上的必然性,是道德层面上的必然性。在不同的时代,不同的社会,不同的人群中都有一种道德的必然性。它使我们必然会采取某种行为,这是社会赋予我们人类的道德的必然性,是一种义务。我们生活在人类社会当中,有两样东西必须要遵循:一个是法律。法律通过强制性的手段,迫使我们必须要遵守它,如警察,监狱,法庭等等都是法律来迫使人们来遵守它的手段,这种必然性是用法律形式规定下来的。还有一种是道德的规范。它虽然不是暴力的,但是它要求我们用我们内心的真诚来遵循它。在日常生活中,看到一个老人摔倒了,我们扶他起来,这是道德规范所要求你的。对老人要尊敬,对幼小的孩子要爱护,尊老爱幼这是道德规范,是一种义务。那么审美判断的必然性是什么呢？康德提出,这是一种范式的必然性,也就是说,是一些人对一个判断共同会赞同的必然性。范式概念是一个哲学概念,指的是一种固定的类型。问题在于:这种范式必然性为什么是必然的呢？它来自于哪里呢？康德说,是来自于共通感,来自于我们人类心同此心

---

① 康德《判断力批判》上卷,第79页。
② 同上,第75—76页。

的共通感。共通感是一种主观性的因素。康德认为,这种主观性的因素是通过情感,而不是通过概念,仍然普遍有效地规定何物令人愉快,何物令人不愉快。可以清楚看到,康德提出的共通感实际上是一种情感上的共通感,它的必然性是一种情感的必然性,也就是说在情感上会共同赞同,产生一种共同的审美欣赏的快感。这和前面所说的道德的必然性,理论的必然性不一样。道德的必然性是一种义务,理论的必然性是客观对象产生的强迫性,审美判断的必然性不同于这两种。他既不是义务,也不是被强迫的,而是一种情感的认同。情感的认同的基础在于我们人心是相同的。从康德观点中可以看到,他是在人性论的基础上来讨论审美判断所具有的必然性的。大家知道,人性论主要是在近代西方被充分进行讨论和宣扬的一种理论,和资产阶级意识形态的发展密切相联。人性论有它的长处,也有其局限性。它的长处在于肯定了我们人会具有与动物不一样的共同性的一面,但把人性看成是万古如一,始终不变的东西,那就错了。人性是发展变化的,在不同的时代是有差别的。总的来说,人性会越来越丰富。康德所说的共通感是从人性论的角度生发出来的,通过共通感我们会对对象有一种共同的判断,普遍的赞同。康德在质、量、关系、情状四个方面对鉴赏判断作了分析,他的分析揭示了审美活动中的复杂性和矛盾性,这对于后代理论家有着巨大的启示。另外他把从单纯的生理、心理方面对于审美判断的研究引向了社会方面,如:他提出普遍共同心意状态是社会当中的人们所共同具有的。在他看来,"美只有在社会里产生着兴趣"。[①] 他突破了局限于生理和心理层面对审美判断所作的分析,从与社会联系的角度看问题,这对于以博克为代表的英国经验派美学是一个重要超越。但是康德审美分析理论也存在着很多问题。比如,他的共通感概念,实际上是建筑在抽象的人性论之上的,而抽象的人性论本身上有很多的漏洞,它缺乏历史发展的观念,康德同样未能避免这

---

① 康德《判断力批判》上卷,第141页。

和谐与自由

样一种局限性。另外,他的一些分析,比如对质的分析问题涉及到无利害的快感,也在很长一段时间被人们所诟病。人们批评他,主要是因为他没有看到审美活动和社会生活的密切联系,而且美的事物不仅仅是形式对我们产生影响,产生美感,美的对象的内容对产生美感也会具有重要作用,这些却被康德忽视了。因此康德美学当中的形式主义倾向被人们广泛批评也就不难理解了。

四、关于崇高问题

康德对崇高同样展开了深入的分析。西方学者很早就关注崇高问题了。这可以追溯到古罗马时代。那个时代的朗加纳斯等人就把崇高作为非常重要的概念提了出来,特别是朗加纳斯还专门写了论崇高的专著。但他讨论崇高的角度同我们今天对崇高的讨论并不相同。他理解的崇高更多的是从修辞学的角度把它作为艺术的风格来研究的。康德则不一样,他把崇高作为审美的范畴来加以研究,这大大超越了朗加纳斯。范畴是对对象本身的一种质的规定性所形成的。关于范畴,列宁曾在《哲学笔记》中指出,"在人面前是自然现象之网……范畴是区分过程中的一些小阶段,即认识世界过程中的一些小阶段,是帮助我们认识和掌握自然现象之网的网上的纽结。"[①]网是由经纬交织而成,在横竖相联的地方有一个个的纽结。这些纽结使这个网成为完整的体系。我们抓住了这张自然之网的纽结,就会纲举目张。列宁用这个比喻告诉我们,我们理解现象之网,一定要抓住概念这个纽结。我们看待崇高这个概念也应如此。尽管在古罗马时期人们已经注意到崇高的现象,但当时人们还没有从美学方面把它作为范畴来研究。不过,古罗马人毕竟已注意到崇高现象了。朗加纳斯在《论崇高》已经进行了较为详细的描述,认为小河、小溪等风景是优美的,但是大

[①] 列宁《哲学笔记》,《列宁全集》第38卷,第90页。

江大河是崇高的。例如尼罗河,大海的景观是崇高的。康德对崇高的研究突破了从修辞的角度展开,他继承了博克把崇高作为一个审美范畴来研究的思路,他的很多观点是对博克的继承,同时也有所发展。

对于崇高的研究为什么会引起康德的重视?这和历史上十八世纪资产阶级反封建的斗争是联系在一起的。资产阶级需要崇高的气质和气派,不满足于宫廷沙龙雕琢的、小巧玲珑的审美趣味。所以要求革新,要求在观念上,在艺术中加以创新和变革。康德对崇高的研究适应了这样一种历史趋势。从艺术的角度看,西方艺术在当时出现了罗可可式的风格、巴洛克式的风格,不厌其详的雕琢风格和趣味为新兴资产阶级所不满。他们要求创新,反对雕琢的趣味,满足自己的审美需求。康德特别重视理性的力量,强调人的精神力量在外在的事物中显现出来的伟大。这就是崇高。其实崇高有两种:一种是从自然事物中表现出来的数量的无限、力量的强大;一种精神的伟大所形成的崇高。车尔尼雪夫斯基在其学位论文中讨论过这种崇高,认为对象是弱小的,但精神是伟大的,仍然是崇高的。康德看到了这一点,认为崇高可以与人的理性联系在一起,在对象上表现出来的伟大就是崇高。下面我们打算对崇高从几个方面加以讨论。首先对崇高和美作一个比较。前面我们讨论了康德从质、量、关系、情状四个方面对鉴赏判断和对美所作的分析。康德认为对美的分析也适用于对崇高的分析。他首先看到崇高和美的共同性,他从三个方面分析了这两个范畴的共同性:首先,崇高和美一样,都是把快与不快的感情作为判断的宾语。对象崇高与否,就看它对主体产生的是快还是不快的情感。崇高和美的对象都应是对主体产生令人愉快的情感,是令人愉快的对象。第二个共同点,他认为崇高和美都不是感官的,逻辑上的判断,而是反思判断,具有普遍的有效性。

康德对崇高和美这两个概念进行了比较,他认为两者之间有许多共同点:第一,两者都是令人愉快的对象。令人愉快的对象才是崇高的或者是美的。也就是说,崇高和美的对象会给审美主体带来快感。康德认为两者之间的第二共同点是,对于崇高和美的判断是感官的判断,是反思判断,而不是逻辑上的判断。所谓反思判断,就是具有普遍有效性的判断。也就是说,我认为崇高的,别人也会认同我的判断。那么,关于崇高和美的审美判断为什么会具有普遍有效性呢?在上面讨论鉴赏判断的时候我们已说过,康德认为鉴赏判断是建筑在共同人性的基础上,也就是在共同心意状态的基础上做出的情感的判断,所以在情感上是普遍有效的。这点对于崇高感也一样。康德对于美感和崇高感的普遍有效性的观点具有浓厚的人性论色彩。西方人对于人性的研究和东方人很相似,从古到今人们都非常重视人性问题。这实际上就是人类对自身的认识。古希腊德尔菲神庙的门楣上有一句神谕:"认识你自己"。这是要求人类对自我有所认识。古代的哲人们在这方面做了很多工作,但得出的结论却并不一样。比如在中国,杨朱等人认为人天生就是自私自利的动物,因此,他提出,对于拔一毛而利天下这样的事,他也是不愿意做的;当然也有像儒家学派这样的认为人性本善的观点。这样,性恶论和性善论构成了尖锐的冲突。当然,也有人走中间道路,认为人物无所谓善或恶,人之所以会有善恶完全是后天形成的。在西方也一样,一种观点认为人是天使,另一种观点认为人是恶魔。还有人认为人一半是天使一半是恶魔,人的善恶主要由于环境的影响。人心中有善的种子也有恶的种子,善的种子生根发芽了,人则善;恶的种子发芽了,人则恶。环境的雨露阳光决定了人的善恶。当然还有人认为人本无所谓善恶,在这方面最典型的是英国经验派哲学家洛克。洛克提出"白板说",认为人心本来什么也没有,就像一块白板一样,后天写上什么就是什么了,正应了中国一句老话:"跟什么人学什么艺,跟着黄鼠狼学偷鸡"。显然,对于人性的探讨,古今中外都有相似的地方,直至今天人们对人性的探讨仍在不断深入,并没有一个终结点。因为人是历史的存在物,随着历史不断发展,人性也在不断变化,所以很难画上句号。由此可见,康德建立在普遍人性论基础上的共通感缺乏历史发展的观点。

康德认为,崇高和美之间的第三个共同点是对美的分析从质、量、关系、情状的方面展开,这同样也适用于对崇高的分析。

另一方面,康德认为崇高和美也有区别。他同样也从三个方面进行了分析。首先,就对象而言,美的对象有形式和限制,而崇高正好相反,它没有形式,因而也没有限制。康德举了花和大海的例子加以说明:花是美的对象,大海是崇高的对象。花有形式,大海在他看来却没有形式,大海是由无限的海水组成的,海水本身随着海所处的地形变化而变化。同时,两者本身伴随的快感也有区别。伴随美的快感主要和对象的质联系在一起;伴随崇高的快感则主要和对象的量联系在一起。比如它在数量上的巨大、力量上的强大等等。其次,就快感的性质而言,美的对象和崇高的对象给主体带来的快感,即美感和崇高感也是有区别的。美产生的是一种直接的单纯的快感,所以在欣赏的时候,欣赏者往往比较平静;而崇高则不一样,崇高的对象产生的是一种间接的快感,这种快感是由痛感转化而来的快感,或者在其中夹杂着痛感快感。比如,在看悲剧的时候,实际上欣赏者的心情在一开始是比较压抑的,不过剧情的发展并没有把观众彻底压垮,而是在看完悲剧后,会使人产生一种振奋,也就是说那种压抑的情感最后会被克服。比如看关汉卿的《窦娥冤》,看《普罗米修斯》等悲剧,窦娥生性善良却蒙冤入狱并被处死,普罗米修斯贵为天神,并通过盗火为人类做出巨大贡献,却触怒他天神最终被绑在高加索山上,每天任乌鹰啄开胸膛。当观众看到窦娥和普罗米修斯的悲惨遭遇时会感受到极大的压抑,但最后仍会上升为快感,这种快感其实是一种对恶势力的仇恨,一种推翻恶势力的欲望。所以康德就提出崇高感是间接的,是有痛感转化而来的快感,并在内心中激荡确实有一定道理。第三个区别,康德看来是最重要的,就是美是在对象的形式当中找到的,崇高是在欣赏者的心灵当中寻找到的。他指出:"自然界的美是建立于对象的形式,而这形式是成立于限制中,与此相反,崇高却是也能在对象的无形式中发见。"[1]因此,美感在对象

---

[1] 康德《判断力批判》上卷,第83页。

形式当中找到,因而是不确定的知性概念的表现,所引起的是一种快感。而崇高感并不是这样,它是在对象的无形式中找到的,因此它的根源是在主体的心理。康德指出,"我们只能这样说,这对象是适合于表达一个在我们心意里能够具有的崇高性;因为真正的崇高不能会在任何感性的形式里,而只涉及理性的观念"[①]。崇高感是带有恐惧和不愉快的。换句话说,我们之所以会有崇高感,是因为我们自信和由自信产生的强大,并不会被对象所压倒,关键就在我们自身。这就是康德通过美感和崇高感所涉及到的对象以及所引起的主体的感受所做的分析。我认为康德的分析有合理的地方,不过也有一些瑕疵,比如关于美感。美感其实并不仅仅是对象的形式所引起的,美感和主体也有密切联系,也就是说主观的心理对美感的形成起重要作用。一个美的对象并不是对所有人都会产生美感,原因在于有的人主观上不具有审美的能力,这种能力包含在修养方面、审美趣味方面、文化素质等方面。对于文盲而言,再优美的诗集对他也不可能是一个审美对象,因此他不认识哪些有文字写成的诗句。康德没有进一步分析这些现象,这成为其美学理论的一个薄弱环节。

康德把崇高分为两大类:数学的崇高和力学的崇高。这显然是受到博克的影响。博克也是把崇高分为两大类,一类在于力量的强大,一类在于数量的巨大。康德也一样,只不过名称略有不同而已。数学的崇高是指体积的无限巨大,而力学的崇高则是威力的强大。康德说数学的崇高是体积的巨大,不是数量上的计算,也不是逻辑上的推论,只是在直观上感觉到数量无限。比方说星空,有无数的星星在闪烁。所以他认为数量上的无限只有在粗野的原始状态的自然中产生的,比如森林、星空通过数量的无限大给我们一种崇高感。这种无限大其实是很难用感官来把握的,只是在单纯的直观中掌握整体,使它呈现出来,对此我们的想象力也无能为力,因为我们的想象力是感性直观的,我们面

---

① 康德《判断力批判》上卷,第 84 页。

对星空，面对银河系很难想象它的边际在哪里，它远远超过我们的想象力。因此数量上的崇高主要指的是数量上的无限。康德认为，对于数学上的崇高需要借助超感官的认识能力，也就是我们的理性来把握。第二种崇高是力学的崇高。力学的崇高是指威力无比巨大，它是产生恐惧的根源。大自然界有巨大的威力，比如夏天经常会有惊雷在头顶响起，令人恐惧；又如在海边，看到大海的惊涛骇浪，同样让人感到惊心动魄，领略到大自然巨大威力。这就是力学方面的崇高。然而康德认为，在巨大的威力面前，有时人会从恐惧中解脱而得到愉快。那为什么我们不觉得害怕呢？我觉得主要由于我们是站在安全的位置上，巨大威力没有威胁到我们的安全。假如看到雷电会劈死人，就不会觉得电闪雷鸣是很崇高的了，因为自身的生存受到了威胁。因此，康德指出："假使发现我们自己却是在安全地带，那么，这景象越可怕，就越对我们有吸引力。我们称呼这些对象的崇高，因它们提高了我们的精神力量越过平常的尺度，而让我们在内心里发现另一种类的抵抗的能力，这赋予我们勇气来和自然界的全能威力的假象较量一下。"①对此，博克也从自我保存的角度分析过，康德继承了这个观念，他认为我们能够超脱恐惧，在恐惧感中解脱，我们才能得到崇高感。力学的崇高其实只存在于心灵中，而不存在于任何自然事物中，所以我们在面对自然事物威力无比巨大的时候，我们感受的崇高是在心灵中，对象只是引发这种崇高感。人们之所以有崇高感，是具有来自理性观念的一种力量，和道德情操，文化修养有关。所以崇高感并不是所有人都具有的。这种观念也包含着博克的影响。在博克看来，崇高是我们心中唤起的观念。

下面我们来看看康德的崇高理论中存在的主要问题是什么。我觉得最主要的问题是，他把崇高理论建立在主观主义的基础上，通过形式逻辑分析展开他的理论，虽然在推论上说的过去，但在具体内容上有许多说不通。比如，体积

---

① 康德《判断力批判》上卷，第101页。

的巨大,威力的强大,在现实生活中很难区分:比方大海既是体积的巨大,也是威力的强大,所以康德一定要把它作为力学的崇高或者数学的崇高,仅仅存在于逻辑推理中,在实践中说不通。第二,还存在着以偏概全的问题,比如他认为崇高感是由痛感转化过来的,但实际上崇高感并不全都是由痛感转化过来的。他认为崇高感一定是包含在痛感中是片面的。康德区别力学的崇高和数学的崇高,大体来说是有一定道理的,但还是有局限性,这个局限性在于没有能够包含艺术的崇高。无论是力学的崇高还是数学的崇高主要还是针对自然事物,但在艺术作品中,比如悲剧和绘画描绘的崇高景象,康德没有加以分析。不仅如此,我觉得力学的崇高和数学的崇高很难涵盖艺术的崇高。康德并没有意识的这个问题,这不能不说是一个缺憾。不过,我们并不能因此而否定他的崇高理论所包含的有非常积极的意义。首先是继承了博克把崇高和人的精神层面联系在一起的观点,认为崇高感是一种精神优越感,这是非常重要的,也是康德美学的主体性的一个重要表现。康德美学的一个突出特点是非常强调人的主体性,在崇高理论中尤其突出。康德把崇高看作是精神的强大在对象中得到的表现,或者说,对象引发我们对自己的自信,这是康德崇高理论强有力的方面。第二,他对崇高和美的联系和区别的分析非常细致。这是两个不同的审美范畴,但又有许多共同性。康德在这方面的分析很有启发作用的。

五、关于艺术和天才的理论

康德对于艺术与天才问题做过一定研究,这里先来讨论一下他的天才理论,在新中国建立以来,文艺理论界都很讨厌讨论天才。为什么呢?因为主流意识形态是强调普通老百姓,天才是少数,超越在芸芸众生之上的,所以老是受到批判。其实天才是一种特殊的形象,在艺术当中,在科学当中,在其他领域中都是存在的。比方说在经济领域当中,有的人有很强的驾驭能力,能预测经济发展的方向,那就是天才;军事方面也有天才,非常能征善战,像解放军的将领林彪,刘伯承,像西方的拿破仑,马其顿帝国的国王亚历山大,都是军事天才。他们有的横扫千军万马,有的以少胜多。在艺术中天才尤其多,比如毕加索、达·芬奇、中国齐白石、王羲之等等都是天才。他们创作本身很难用一般的刻苦来解释。对此,康德有重要贡献。他首先对天才下了个定义,认为"天才就是天赋的才能,它给艺术制定法规"①。显然,康德把天才看成是天赋的,是能够给艺术制定规律的。天才在给艺术制定规律的时候,就要发挥创造的才能,要自由创作,所以天才都是自由的。在天才那里,自由又是符合自然规律的,也就是说,在天才那里自由和自然达到了统一。我们一般都知道自由实际上是对必然性的征服、突破和超越。而自然是受必然规律制约的,按道理两者是有矛盾的。但康德在他的天才论中把两者统一到一起,因为他认为天才是自由的,这种自由符合自然规律。因此康德认为真正优秀的艺术看起来就像自然,没有雕琢的痕迹。这就是康德天才论的基本思想,从中可以看到,他认识天才是一种天赋的观念,和他先验论的立场是一致的。康德认为人的认识能力是先天赋予的,人的独特的艺术禀赋也是先天赋予的。

他进一步分析了天才的四个特点。第一个特点是,天才具有独创性,不拘泥于俗套,不落于别人的窠臼,是与众不同的,即能够创新,创新是艺术创作中最重要的品质。假如不能创新,不能标新立异,只是简单重复,对艺术而言是没有意义的。比如毕加索的名画《格尔尼卡》,有很强的模仿能力的人可以仿制一幅,但毕加索的画可以得到艺术界、评论界高度的评价,而仿制的赝品评价则会很低,就因为它没有多少创造性。第二个特点是具有典范性。天才的典范性在于它有引领时尚,引领艺术潮流,产生规范性价值的意义。比如当年印象派画家莫奈、塞尚、德加等人,后来很多人都向他们学习,受到他们的影响。中国当代绘画,尤其是油画方面,也有很多借鉴印象派的。第三个特点是具有自然性,

---

① 康德《判断力批判》上卷,第152页。

是天生自然的,不能加以科学的证明,也不能传授。康德说天才很难由父亲传给儿子、丈夫传授给妻子,这是无法传授的。后来他在天才的性质方面补充,认为天才产生的原因是想象力和理解力的和谐。总的来说,康德的天才理论建立在先验论的基础上,具有主观主义的色彩。康德的主要问题在于他并没有看到天才与后天刻苦努力有密切联系,他完全否定这点,这就把天才产生的根源完全神秘化了。另外他把天才局限在艺术领域,因为天才在其他领域也存在,上述的军事等领域都具有禀赋卓越的人,他们所做的常人难以达到的功绩都是因为有特殊的才能。康德的天才论影响非常深远,西方很多理论家们都持有天才论。这是西方美学的一个重要的传统,早在古希腊时期,古希腊人就认为诗歌只有天才才能创作的,天才才能把热情和自己的诗篇结合在一起。

康德的艺术理论主要从创作的角度展开的。首先,他认为艺术具有特殊性。艺术特殊性在哪里呢?就因为它不同于自然、科学和手工艺。康德一开始就用排除法来界定艺术,第一先排除自然,艺术不是自然。艺术是一种自由的创造,有预想的目的,和自由意志相联系。而自然和自由意志并无联系,是天生的。再排除科学,认为艺术不同于科学。康德认为艺术是能,科学是知。科学是认识和了解,而艺术不仅是知识,而且是自己能够动手创作,实际上是一种能力。比如我们作为一个欣赏艺术的人,我们可以判断话剧中谁演得好谁演得不好,真正让我们去演那就肯定演得不好,因为我们没有经过像话剧演员这样的一种表演训练。然后排除手工艺,认为艺术不等于手工艺。在这个问题上,经常有人把两者的边际交织起来,因为手工艺既有艺术的成分,但也有实用的成分。比如说扇子,我们一般都是用来扇风纳凉的,但很多扇子实际是手工艺品,因为艺术成分和实用成分都包含在其中。许多名家在扇面上题了诗,作了画,使扇子充满了浓厚的艺术气息,这就是成了手工艺品。然而康德看到了手工艺和艺术的区别在于自由还是雇佣。艺术是自由的,手工艺是雇佣的,艺术家具有自由的品格,而手工艺匠则是被雇佣的。因此在艺术评论中,如果说某人画的画被别人评论为带有"匠气",实际上是一种很低的评价,即认为整个人的画像手工艺匠人一样在创作,我认为最重要的问题是缺少创造性。比如一个木匠,今天在做这样一个桌子,明天还是做这样一个桌子,反复不断地重复劳动,只要有客人的需要就行。但艺术家不行,如果齐白石天天画同样的虾,别的什么也不画,这样的重复没有创造性,最终会使艺术家的艺术生命终结的。康德深刻地看到了这点,他认为艺术是想象力的自由,游戏是愉快的,而手工艺是劳动,是不愉快的。康德就是这样把自然、科学、手工艺与艺术区分了开来的。

但另一方面康德看到美的艺术需要各种知识。虽然他强调了艺术不能和科学、自然画等号,但他看到艺术需要科学的知识。康德批评很多人把艺术看作自由的游戏。比如说,新兴的浪漫派就是如此,把艺术看作自由的游戏。在康德看来,艺术不仅仅是一般的自由游戏,而是想象力的自由游戏。他认为艺术是一种想象力的游戏,"这种想象力在努力达到最伟大东西里追逐着理性的前奏——在完全性里来具体化,这些东西在自然里是找不到范例的。本质上只是诗的艺术,在它里面审美诸观念的机能才可以全量地表示出来"[①],这种看法和浪漫派理论家有很大区别。他在直接讨论艺术定义的时候,提出这样的观点,艺术由于"它在形式上的合目的性,仍然必须显得它是不受一切人为造作的强制所束缚,因而它好像只是一自然的产物。……自然显得美,如果它同时像似艺术;而艺术只能被称为美的,如果我们意识到它是艺术而它又对我们表现为自然"[②]。这段话对我们有重要的启发作用,它强调了艺术的非目的性,充分肯定艺术应具有自由的品格。但另一方面,艺术又看起来象自然,受到了某种外在的规律性的制约。艺术家创作的时候,他其实知道有这样的制约,但他的创作仿佛非常自由。写诗作画都是这样。比如写中国古典诗歌,其实有很多束缚。古典诗讲究平仄、粘对、讲究对仗、押韵等等,对于这些诗歌格律,诗人都必

---

① 康德《判断力批判》上卷,第161页。
② 同上,第151—152页。

和谐与自由

须遵循它们。如果你没有达到运用自如的地步,你就会感到处处受到束缚。真正优秀的诗人能够突破这些束缚,运用这些格律规则时,仿佛很自由,得心应手。例如,杜甫七绝诗:"两只黄鹂鸣翠柳,一行白鹭上青天。窗含西岭千秋雪,门泊东吴万里船。"丝毫没有很多斧凿的痕迹,仿佛信手拈来。然而该诗写得十分工整,严格合律。例如对仗,数字对数字,量词对量词,非常工整,仿佛是毫不费力,充分显示了诗人高超的艺术才华和驾驭文字的能力。康德在对于艺术的思考中,要求艺术像自然一样,这是对艺术特殊性的深刻理解。

第二,关于艺术特点。康德提出,艺术的第一个特点是具有形式上的合目的性。这个观点重复了他对于审美鉴赏判断的看法。就质的分析而言,艺术也具有形式上的目的性。康德指出:"美的艺术作品里的合目的性,尽管它也是有意图的,却须像似无意图的……"[①]第二个特点是艺术具有普遍社会传达的特性。艺术可以传达给其他的人,艺术家的作品内容、他的思想情感、他对社会的感受和理解,都可以传达给社会其他成员。在形式方面也一样,他是人为的,但要看不出是人为的,要像自然一样。其实艺术是人为的,正是艺术的规定性。一棵树技法技巧也可以传达。当然我们更重视的是内容方面的传达。第三个特点是,艺术是人为的,但要看不出是人为的,要像自然一样。其实艺术是人为的,正是艺术的规定性。一棵树长在那里虽然很美丽,我们并不把它看作是艺术,因为它是天生自然的。但是一个画家画的一棵树,一个音乐家作的一个乐曲被演奏出来,我们就认为它们是艺术,因为它们是人为的,是人类具有艺术才能的艺术家的作品。他们的作品是人为的,但另一方面要使人看起来不像是人为的,也就是说是自然而然的。我们欣赏画家的画,观看电影艺术家的创作电影,我们会觉得它们仿佛非常自然,以至于我们相信这和现实一样。我们就会进入到艺术家所创作的世界当中,而这个世界就是艺术的世界,是绘画的世界,

---

[①] 康德《判断力批判》上卷,第152页。

小说的世界，电影的世界等等。如果一个画家、小说家、电影艺术家不能使他的欣赏者进入到他所创造的世界当中，那么他的作品就是失败的。看电影的时候，如果你可以忘了自己现实的存在，同电影中主人公同呼吸，共命运，一直到电影散场你才松口气，回到现实当中，那表明你已进入到电影世界了。这种现象就如同康德所说的自然而然地被吸引。康德强调艺术是想象力的自由游戏，这从艺术是人工的，但又看起来不像人工的这一特点中也可以充分表现出来。

最后，康德讨论了艺术的分类问题。康德的艺术分类研究没有特别可取之处。他认为，艺术可以分为语言艺术，造型艺术，感觉游戏的艺术这三大类。语言的艺术就是文学，包括独特的一种艺术样式——雄辩术在内。关于文学与雄辩术是语言的艺术，直到今天仍有争议。理论家一般都不认同雄辩术是一种艺术。在西方传统中，雄辩术是演讲的一种能力，口才的训练。第二种艺术类型是造型艺术。康德基本上持传统的观点，认为雕塑、绘画、建筑都包含在这一大类中。不过，他增加了一个园林艺术。大家知道，东西方园林艺术由于文化背景不同，表现出不同的艺术风格和面貌。比如说西方的园林艺术严格讲究对称，中轴线非常明显。而东方的中国园林讲究的是多样性的统一，没有严格的中轴线，不过在多样变化当中实际上有一个核心的筑园主题。康德把园林艺术看作造型艺术有一定的合理性，因为园林中有假山，有亭台楼阁等建筑物。但是园林当中还有花草树木，有河流池塘，你很难完全纳入到造型艺术之中。所以从严格意义上说，园林艺术是独特的艺术门类。

第三种艺术类型是感觉游戏的艺术。康德主要指的是音乐。音乐是感觉游戏，也就是说诉诸于我们听觉的游戏。康德说法非常独特，很有独创性。因为东西方的艺术理论家、美学家对艺术的分类从来没有这样把感觉游戏的艺术作为一个专门的艺术大类。康德的艺术理论主要从创作角度对艺术的特殊性、艺术的特点和艺术的分类作了研究，其中对艺术的特殊性方面的讨论最有启发性。另外，他对于艺术特点的研究也有很大的贡献。相对而言，较为薄弱的是艺术分类的理论。关于康德的审美意象理论。康德指出审美意象"就是想象力里的那一表象，它生起许多思想而没有任何一特定思想，即一个概念能和它相契合，因此没有言语能够完全企及它，把它表达出来"[1]。想象力形成一个表象，和理性的概念相对立，艺术家通过想象力形成一些表象。理性的观念会引起思想。想象力形成的表象也会引起思想，但这种思想并不是特定的、明确的。在康德看来，艺术中的表象会引起思想，但不会形成明确的思想。只有理性的思考才会形成明确的思想。

科学思维当中，通过概念来表达思想。而审美意象是离不开感性形象的，它能够超越自然的表象。建筑在感性形象的基础上，同时又能超越自然这样一种现象就是审美意象。康德的这个观点是对我们审美活动所形成的审美意象的深刻理解。在审美活动当中，当我们欣赏花草树木，欣赏艺术作品的时候，在我们脑子里形成表象的形象，这种表象的形象超出了一般的感性形象。它升华了，并具有其思想内涵，超越了自然。审美意象以有限的感性形象来表现无限的理性概念。换言之，形象本身是有限的，不论是一幅画，还是一首诗，但它们表现的观念却是无限的。这样，康德揭示了艺术活动当中，艺术作品的思想远远大于形象这样一个基本特点。艺术形象由独特的语言表现出来，尽管离不开感性的形象，却又超越了自然，表现了无限丰富的内涵。

总的来说，康德的美学理论很深刻，其中又充满着矛盾。他善于把在他之前的不同理论家的美学理论统一起来，但是最终还是不太成功的，因为许多内在矛盾并没有真正得到解决。其次，康德美学理论有一个很大的局限性，就是在强调主体性时候，由于从哲学先验论出发的，所以在他很多理论当中都渗透了一种先验论的痕迹。

本文原为《西方美学史》之一章，高等教育出版社 2015 年版

---

[1] 康德《判断力批判》上卷，第160页。

德里达论黑格尔的哲学情结

陆 扬

一、黑格尔时代

从 1974 年开始,德里达自称与"朋友、同事,以及大学和高中的学生们一起,参与了一场可以说是旷日持久的、直接关系到哲学的存在方式,尤其是它在法国的现状的斗争"[①]。这便是他与"哲学教学研究会"(GREPH)同心同德,为抵制政府在公立中学高年级中取消哲学课程的教育改革方针,所作的不懈抗争。德里达为此努力的成果,具体说是在 1974 至 1990 年间,围绕中学里应不应该教授哲学,以及哲学教学与哲学研究有什么关系、哲学同国家机制,特别是大学又是怎样的关系等等,留下的大量访谈书信和随笔文字,这些成果后被辑成《哲学的权利》,其中的第一部分于 1990 年出版,名之曰《谁害怕哲学》。谁害怕哲学?这似乎是一个彼此心照不宣,然而又是一言难尽的问题。

《谁害怕哲学》中有一章题为《黑格尔的时代》,专门讨论的黑格尔时代的哲学问题。德里达开篇引了黑格尔 1822 年所撰一封信中的一段文字:

[①] Alan Monterfiore ed. *Philosophy in France Today*, Cambridge: Cambridge University Press, 1983, p.47.

和谐与自由

> 如果容许我来谈谈我自己的经验……我记得在我 12 岁,命里注定我是要进入我国神学院的时候,我已经在学习沃尔夫给所谓的"清澄概念"(idea clara)所下的诸多定义了,到 14 岁的时候,我学会了三段论的所有形式和规则。到今天我还记得它们。[①]

黑格尔这一年是 12 岁。德里达认为黑格尔事隔 40 年之后,来向人告白他依然记得年少时光习得的知识,必然是在会心地微笑。而忽略不计黑格尔的幽默,实在是大错特错的事情。进而言之,这个会心的微笑,可以显示黑格尔其实在坦陈他是跑题了,因为在他的《大逻辑》里,再也没有讲述过他幼年时候研习的清澄概念和三段论这一类东西。黑格尔写这封信的时候是 52 岁,已经出版了他的主要著作,特别是《哲学全书》和《法哲学原理》这两部于了解黑格尔不可不读的大著。现在,当 52 岁,已经成就哲学家名声的黑格尔,来言说他的 12 岁时候的经历,又意味着什么呢?

德里达认为这里牵涉到时代的问题,特别是哲学的时代的问题。这是说,假定黑格尔成熟时期的作品还没有悉近出版,这个成就哲学家名声的"已经",是"还没有"发生,那么如果我们不去透彻思考这个"已经还没有"的概念的、辩证的、思辨的结构,我们就对"时代"一无所知。不论是黑格尔的时代,还是任何时代。当然,这里特别需要关注的,是哲学的时代。德里达发现,在这个他所谓"已经还没有"的表层底下,黑格尔的自传体文字是把时代问题看作精神现象学里的一个形象,看作一个逻辑契机。他甚至想象黑格尔会打开相册,一一道来:你看,阁下,这是我 12 岁,11 岁和 13 岁之间,照片里那就是我,那是我第一次接触哲学呢,我读了好多的书,我是有天分,我知道我有天分哪,可是说真的,那还不是真正的哲学,不过是老沃尔夫,还有三段论的公式,然后就是记忆,那已经是我啦,但还不是今天的黑格尔……如此等等。

---

① See Derrida, *Who's Afraid of Philosophy*, English trans., Jan Plug, Stanford: Stanford University Press, 2002, p.117.

德里达论黑格尔的哲学情结

如此等等，不一而足。德里达自称他给黑格尔编排出来的这些潜台词，初看之下有似插科打诨的喜剧调剂，因为这封信不是写给别人，而是写给一位部长的。而国家机器里的这位部长，肩负着一项特别使命，那就是在高中取消哲学教育，进而向全国推广。所以他觉得殊有必要，来重现黑格尔这一段回忆的历史语境。质言之，如果我们想了解今天的哲学家公务员，想知道今天哲学公务员的状况，如何与黑格尔的时代是如出一辙，那么黑格尔上面这封书信，就是非读不可的了，即便今天的哲学家公务员不再致信王公贵人，而是多多少少在向ENA（管理师范学院）出身的高级精英们呈报时情。黑格尔的书信是私人性质的，因为它倾诉一段儿时的回忆，是一位哲学家记忆犹新的回忆。但是它又很难说是私人性质的，因为收信人是一位部长，是国家机器的化身，而且书信有一种使命感，希冀国家将之付诸实践。这就说来话长了。

德里达发现，就在1822年6月，52岁的黑格尔发出上面这封信的下一个月，他又给同一收信人，这位叫做阿尔登斯坦（Altenstein）的部长写了封信。书信显出黑格尔的经济情况有些拮据。信中黑格尔说，他新近收到了一笔奖励薪水，但也差不多已告枯竭。原因是多方面的：他已届老年，不得不思及妻儿的将来。黑格尔谈到他为了使他的继承人能有330泰勒（thaler）的年收入，除了每年给"大学寡妇基金"交份内金，还额外上了保险，如今保费已经高达每年170泰勒。而他之所以不吝这笔开支，是事出两种忧虑：其一是担忧假如他没有在皇家大学的教授职位上谢世，那么大学寡妇基金就完全失去了意义；二是会不会因为他投保了寡妇基金，将来他的妻儿就无缘再得您大人的慷慨佑助？事实证明黑格尔是多虑了。就在他呈上此信的第二个月，部长给了他明确答复，作了保障。这可是国家的保障。

阿尔登斯坦给黑格尔的复信中说，他给黑格尔寻到了财源，其中包括去年300泰勒，当年300泰勒的一笔差旅费，而为了使这些额外的开销成为长久之计，他还特别在首相面前说了黑格尔许多好话。好话是指阿尔登斯坦不但夸奖黑格尔的政治哲学,而且夸奖黑格尔的政治影响,称黑格尔作为今日德国最伟大的哲学家诚然是人所周知,他作为一个人,作为一个大学教授的价值更是不容小觑。他的勇气、他认真和能力,足以叫那些没有深度的虚假哲学望而生畏,所以毫不奇怪,在年轻人当中享有崇高威望。阿尔登斯坦的这些美誉,在学生运动风起云涌的那个年代里,无疑是认真值得权衡的砝码。

德里达指出,黑格尔对部长的赏识是心知肚明的。所以这里的任何一种个人利益,都和历史理性和国家的利益交织在了一起。诚如黑格尔在同年7月3日的答谢信中,一方面是感谢不尽阿尔登斯坦的明断,一方面还在说他的工作特别需要心灵的自由和恬静,如今解除了后顾之忧,岂不是哲学的幸事乎?但问题是,作上述呈情的并不单纯是一个已望老境的男人,一个已经在念及身后事,在思虑大学寡妇基金的老男人,他更是哲学家黑格尔。这是一个怎样的哲学家啊,他是哲学史上思考哲学起源和终结的第一人,或者至少是在观念领域作如是思考。他还是思考古往今来一切哲学历史的哲学家。而且,他还留下一个童年时代,更将这童年的好时光栩栩如生表征了出来:哲学家一面在忧虑国家的哲学教育前景,一面在忧虑自己妻儿的未来,然后为了恳切陈请,表出11岁至13岁之间的一段记忆。这一切显得那样的不可思议。

二、谁害怕哲学?

黑格尔的这一封呈情书当然不在他的经典文本之列,它不过是一封书信。但是德里达紧盯住这一封书信,当然也是有他的良苦用心。比较哲学史上的书信传统,黑格尔的这封信无疑是有它的鲜明特点。依德里达所见,哲学史上的此类书信要么是虚构说法,演绎一些哲学命题;要么是哲学家之间的心得切磋,而且通信的两个人当中,必有一人是"大"哲学家。当然,也满可以是哪个大哲学家同王公贵胄的对话,讨论一些属于宏大叙事的政治哲学问题。但是无论如何,德里达发现,一直到黑格尔的时代,中学甚至大学的话题,都还不属于上述"宏大叙事"的范围。对于是时德国这样一个正在专心致志同封建势力较量的新兴国家来说,教育的问题似乎还未及被提上日常议程。而在另一方面,大哲学家之间的私人信件交往,似也构成一个传统,它们一般作为传记和生平轶事的素材出版,通常可以作为消遣读物。比较来看,黑格尔同阿尔登斯坦的这一段插曲,同上面两个传统认真来说都不相干。所以它属于哲学边缘的故事。而哲学的边缘,根据德里达的一贯作风,向来是具有非同凡响的历史意义的。

德里达指出,黑格尔的这封信在哲学书信的传统里是找不到自己位置的。因为它不仅仅是一封"信",即便它外表上看起来同一般的书信毫无二致。它与其说是写给某一个人,不如说是出演某一种功能。具体来说,黑格尔这封信的情境,必须同时联系至少三方面来加思考,方可见出意味来。这三个方面第一是黑格尔的重要哲学著作,特别是他的《法哲学原理》;第二是黑格尔的其他著作,比方说至少他的书信,甚至写给警方通缉人士的秘密书信;第三是黑格尔的实际行为。而今天我们知道,黑格尔在他的柏林时期,远不是一个道貌岸然、唯唯诺诺的官方哲学家。

那么,这封信里发生了什么?德里达认为它可以显示黑格尔并不如人想象的那样,纯然是个背靠权力的"大哲学家"。他是应阿尔登斯坦之邀来到柏林的,被授予费希特讲席。阿尔登斯坦从1817年起任公共教育部长,致力于推广普及教育,倡导大学的学术自由。德里达发现恩格斯称赞过此人的自由主义,又发现在是时初具规模的官僚体制里,阿尔登斯坦这位自由主义倾向明显的共济会员,地位其实并不稳固,不得不左支右绌,与时时准备反扑过来的封建势力作出一些妥协。黑格尔致书阿尔登斯坦,这样来看也颇可见出这些微妙的妥协痕迹。比如黑格尔显然没有直面现存权力之间的种种矛盾,相反,他的哲学命题无一不是在迎合这个现存的体系,而这个体系又是柔韧无比,无须伤筋动骨就可以时时变成新的花样。对此德里达非常欣赏恩格斯《路德维希·费尔巴哈

和谐与自由

和德国古典哲学的终结》里给予黑格尔的评论,他转引了恩格斯的一段话:当黑格尔体系的全部教条内容被宣布为绝对真理,而同他本人消除一切教条东西的辩证方法形成矛盾时,黑格尔教条"革命的方面就被过分茂密的保守的方面所闷死……可见,单是体系内部的需要就足以说明,为什么彻底革命的思维方法竟产生了极其温和的政治结论"[①]。

德里达这里看重的是"体系内部的需要"。他的问题则是,单是体系内部的需要,就足以说明这类妥协的复杂性吗?或者,求诸"体系"和"方法"的二元对立?答案同样不容乐观。因为在德里达看来,这一"体系"和"方法"的区分,毋宁说是内在与体系自身,是为哲学内部的相互关系。就黑格尔的哲学空间来看,德里达认为它是影射了政府的立场。这个立场就是重新审视高中的哲学教学,一是防止它迷失在空洞程式的陈腐泡沫里,二是防止它越出学堂教学的边界。但是,什么又是空洞程式?什么又是陈腐泡沫?它们由谁来定义?根据哪一种哲学或者政治策略来加定义?在这一系列问题之下,德里达发现黑格尔的哲学由是观之,不妨说也是针对上述疑虑而来。对此黑格尔的建议是教授学生知识内容,将之视为思辨哲学的入门初步,同时也算尊重了"学堂教学的边界"。知识内容包括人文学科、古典文学和宗教教义。黑格尔本人同宗教当局的并非相安无事,两方面唇枪舌剑的交锋是家常便饭。很显然,黑格尔更愿意把宗教,这里当然是基督教,看作一种普遍的知识和文化,而非教会的等阶。这意味着宗教的教学既不应当单纯是历史事件的客观叙述,同样也不应当化解为自然教义的抽象演绎,更不应当用主观的狂热情绪来表征道德。换言之,拯救宗教教育误入歧路,只有改用思辨的方法来教授宗教,一如黑格尔本人在其《精神现象学》等著作中所为。虽然,黑格尔的这一努力其实是失败了,但是德里达指出,这一努力得以启动的结构到今天存在,而且不断在修正显示自身,这个结构,他

[①] 见《马克思恩格斯选集》第3卷,人民出版社1976年版,第214页。

愿意称之为"黑格尔时代"。

那么,黑格尔时代的哲学教育,对于20世纪的法国又有什么现实意义?德里达注意到黑格尔举荐的知识教授计划,究其实质是旨在推广一种"普遍文化",认为它在高中教育中较专门的职业训练为好。但实际情况却是根据政府发布的官方文件,高中是把哲学教学挡在门外,唯独大学把它保留了下来。比如黑格尔特别看重逻辑教学,认为它是一切知识的先决条件,可是偏偏逻辑给排除出了高中的课程。黑格尔同意不教授哲学史的观点,即认定离开了理念的思辨,哲学史充其量不过是一系列肤浅观念叙述的看法,则使德里达深有感触:黑格尔时代德国高中课程对哲学史的敌意,即便在今日法国的高中里,也是如出一辙。理由同黑格尔的陈述几无二致:流于叙述而少有思辨。但是德里达同样发现,思辨色彩最为浓重的形而上学,一样是给黑格尔排除出了高中课程。他认同黑格尔的立场,那就是形而上学就其思辨的形式来看,之所以不宜在中学施教,是因为舍此可以教授意志、自由、道德、法律、宗教这些多多少少包含了哲学内容的知识。换言之,后者是有哲学之实,而没有哲学之名。哲学的内容由此在中学里,是假道其他的学科而得传授。这在黑格尔的德国是这样,在德里达的法国亦然。

这样来看,黑格尔的这封信就是意味深长了。德里达认为在黑格尔之前,西方哲学是奠定了一个传统,它把哲学家的书信视为无缘于"伟大"哲学命题的"次要"文本,以为它只是围绕哲学的外围问题纠缠不清,比方说,在各种经验的、政治的力量里面纠缠不清。但是现在黑格尔的这一封信,足以来显示这个传统是多么破绽百出。破绽百出是因为黑格尔的这封信无论怎么来读,在德里达看来,都非常相似经典文本。那么,这是不是意味着"主要"和"次要"的哲学文本等阶可以颠倒过来,令后者反仆为主,高居发号施令的地位?非也,德里达指出,对于黑格尔而言,哲学本不存在内部和外部的区分,所以在其他哲学家看来是日常拉杂、街谈巷议、捕风捉影的东西,因为它们的形式的、经验的和辩证的内涵,是完全可以一样进入哲学的大雅之堂,一样表征出理性和体现的发展路径的。

相对于中学,哲学在大学里又是怎样一种状态?大学是国家理所当然的百科全书式学园,无论市民社会里的哪一种力量主掌了国家的话语霸权,大学一如既往坚持着它的人文传统。德里达将这个传统甚至往上拉到公元9世纪,查里曼大帝治下的加洛林王朝,指出查里曼鼎力推广学术,其目的就在于化解宗教的权威,使之为国家服务。而且大学的宗旨,总是周旋妥协在国家的各种力量之间,无论这个国家是普鲁士、拿破仑一世和二世的法国、资产阶级共和国、纳粹法西斯、社会民主、大众民主,抑或社会主义国家。人文传统当然可以解构,但是解构以后大学何去何从?是不是马上会有其他力量乘虚而入?德里达认为这是没有疑问的。在大学外围的其他力量,正在虎视眈眈,乐观大学的人文传统消失让位,以图取而代之呢。要之,谁害怕哲学?德里达对此作了如是回答:

> 如果说今日的法国害怕哲学,这是因为推广哲学教育涉及到两类威胁力量的前景:一类是想要改变国家的力量(比方说,左翼黑格尔主义的时代),它们试图让国家摆脱当前的主掌权力,另一类是意在解构国家的力量,它们可以和先一类力量同时发力,可以结盟也可以不结盟先一类力量。这两类力量无以归纳到现有的哪一些个门类之中。在我看来,它们今天似乎是并存在通常叫做"马克思主义"的那一理论和实践领域之中。①

现在清楚了,谁害怕哲学?资本主义的政府害怕马克思主义哲学的潜在颠覆力量。这是问题的关键所在,它也清楚表明了德里达本人的哲学立场。其实就德里达本人的解构策略同黑格尔的辩证法作一比较,是很有意思的事情。理查·罗蒂在其《作为一种文字的哲学》一文中,就称德里达是黑格尔传统的"辩

---

① Derrida, *Who's Afraid of Philosophy*, English trans., Jan Plug, Stanford: Stanford University Press, 2002, p.149.

证哲学家"①。辩证法是黑格尔的专利,虽然德里达并不赞同黑格尔追本逐源的宏伟理论构架,后者正、反、合形式的辩证发展线索,在德里达看来也无异于西方逻各斯中心主义的典型表述,但是德里达本人倡导细读的解构主义方法,是不是可视为另一种辩证法形式?这一辩证法形式质疑的是文字和文本的意向,它没有采纳黑格尔的"合"的解决办法,而是放任矛盾自由游走,同时借用双关等等一系列解构策略,最终显示西方语言因为它的逻各斯中心主义传统,终而是有胶柱鼓瑟、事与愿违,甚至是弄巧成拙的缺憾。也许如上所见,德里达对黑格尔哲学官方色彩的关注,一方面是显示了当代法国哲学教育遇到的阻力,就像黑格尔时代的德国那样,本也是哲学一如既往的命运;一方面最终也显示了德里达本人哲学立场同黑格尔的差异。《耳朵传记》中他说,"黑格尔是国家的思想家"(Hegel le penseur de l'Etar),又说,黑格尔所处的政治体制里是国家控制一切。②这样看起来,哲学同国家的关系,个中的是是非非,真是一言难尽的。

三、哲学历史和现实中的境遇

哲学探讨我们的思想和我们与这个世界的关系。但是哲学家给人的影响每每是心不在焉、好高骛远。古希腊第一个哲学家泰勒斯晚上漫步旷野,仰望星空,不料想一脚踩空掉到枯井里面的传说,便是哲学家耽于空想、不切实际的典型写真。德里达本人不止一次援引过泰勒斯的这个典故,显示他对自己的解构主义有可能被理解为天马行空的形而上学,一方面是不遗余力以身说法予以纠正,一方面也是具有充分的心理准备,愿意时时自嘲反省的。

议及哲学的境遇,最好同文学作一个比较。两者的区别不妨说就是自古以

---

① Richard Rorty, "Philosophy as a Kind of Writing," *New Literary History* 10 (Spring 1978), p.156.

② Derrida, *Otobiographies*, Paris: Galilée, 1984, p.104.

和谐与自由

来最有代表性的精英文化和大众文化的区别。柏拉图《理想国》卷十已经说到，哲学和诗的争吵是由来已久。哲学家骂诗人是"对着主人狂吠的狗"，诗人讽讥哲学家是"慎密地思考自己贫穷的人"。柏拉图自己的立场自不待言。他的理想国要请哲学家来做统治者，诗人因为他蛊惑人心，远离理性，在他愿意改邪归正之前，只配遭遇流放的命运。亚里士多德《诗学》判定诗高于历史，因为历史写过去的和个别的事情，诗则可以通过可能性和必然性，来写过去、现在、将来，所以"诗比历史更具有哲学意味"。诗和历史的恩恩怨怨不是这里的话头，但是显而易见即便是在久被认为是替诗人正了名的亚里士多德眼中，诗在哲学面前也还是个二等公民，因为它的哲学意味再是深长，肯定是深长不过哲学自身的。甚至哲学和文学的性别比较起来也是意味深长。从历史上看，无论是把哲学比作至高的女神，如五世纪的波爱修；还是把它比作主掌一应小妾的主妇，如一世纪的犹太哲学家斐洛；抑或把它比作高踞在一切婢女之上的婢女，如三世纪的奥里金，都是将哲学当成了女性。可是哲学其实是一位男性。他居高临下，一语破的，百折不挠，明察秋毫，一副将世界把玩在掌中的大家贵族气派。即便需要文过饰非，他也理直气壮，冠冕堂皇，决不露出羞羞答答的可怜相来。反之文学理所当然是一位女性，她优柔寡断，扑朔迷离，经常是南辕北辙，无的放矢，我们总听到她在自我辩白是在如实反映人生，满载着人文关怀；或者提醒人她原本什么都不肯定，所以从来不曾撒谎。说这些话的时候文学自有一种微妙的魅力，打扮修饰下来，女人味实足，只因她时时提心吊胆，唯恐她的男性上司看不入眼。所以哲学和文学，虽然以受众和市场计两者不在一个层面上，但是它们在主流意识形态中的地位，显而易见也不在一个层次上面。

哲学依照德里达的说法，它的陈述结构是由逻辑和理性构成，而非悉尽依仗"表达"了它们的语言的修辞手段，这明明白白是以反对文字来界定自身。可是哪一种哲学可以脱离文字构架起它的空中楼阁？除非不著一字，尽得风流的苏格拉底。但即便苏格拉底，没有柏拉图和克塞诺芬尼不遗余力追叙先师的犀利辩锋,他的道德修行还不是早就化作了泡影。德里达致力于颠覆一系列的形形色色二元对立,哲学和文学不过是其中之一。哲学和文学的主仆关系一时间似乎也颠倒了过来。但问题其实远非如此简单。哈贝马斯质疑德里达的解构理论时说,德里达等人消解哲学和文学间的界限,固本意是为颠覆理性为上的逻各斯中心主义,但由于此一消解完全抹煞了文类和学科之间的起码区别,实际上是趋向于围绕一个新的中心来重新构筑文字的大一统体系,这个中心就是文学。应当说哈贝马斯所见完全正确,只是恐怕他过高估计了德里达的文学热情。德里达本人是哲学家,不错,德里达说过他从小就喜爱文学,但是他同样也说过自己从来不后悔选定了哲学这个职业。仅就上文德里达对黑格尔书信的读解来看,我们为德里达本人设身处地而想,相信他也决不会甘心让哲学屈居文学之后。

哲学和文学一样,是今天我们高校里的传统人文学科。它们面临的挑战,许多方面是相似的甚至是同一的。德里达身体力行,不懈抗争法国政府在公立中学高年级中取消哲学课程的教改方针,对于中国高校这两门课程的历史回顾来说,应当并不陌生。文革伊始高教改革,最高领袖首先想到的是取消中文系,理由是中文是我们的母语,它可以在生活中习得,不需要在大学里教授。这个实用主义的教改理念并非空穴来风。对应于我们的中文系,英国高校的英语系迄今不到一百年的历史,它是随着英国文学渐而进入高校体制,然后最终在剑桥和牛津这两个最高学府扎下根来的。而当初牛津和剑桥迟迟不愿意接纳文学的原因,和毛泽东的考虑基本上是如出一辙。

哲学按理说是高教体制里最为古老的学科。大学本身就是在欧洲中世纪经院哲学的语境中建树起来的。中国教育体制中的哲学学科,则也许可以说是最具有中国特色的一个传统学科。我们的高中课程里面没有哲学,但是有政治,这是哲学作为主流意识形态普及的基础入门。而政治作为高考无分文科理科的必靠课程,可以发现它的重要性实际上远超过了德里达担忧有可能给一笔勾销的法国高中的哲学教育。高中政治在大学中的升级版式是思想政治专业，而不是可以同西方接轨的政治学。而思想政治由公共课发展成为专业课的架势，自成一统培养起硕士和博士，大有同它的母体哲学分庭抗礼的趋势。因此，假如我们把这一块也看作哲学的一个组成部分，或者说，哲学的一个衍生产品的话，那么显而易见，哲学在中国教育体制中的地位，可以说是在当今世界上举世无双的。它肯定不存在因为政府意志而寿终正寝的忧虑。

我们的哲学面临的挑战主要来源于市场。市场的需要，具体说是毕业生就业的形势，决定了马克思主义哲学的前景比中国哲学、西方哲学、逻辑、伦理学、美学、宗教等所有二级学科都要看好。而顾及思想政治专业本身莫若说是从马哲里面分解出去的更注重现实政治的部分，我们断言中国大学已经当仁不让成为今天世界上马克思主义哲学的大本营，应不是夸张。但思想政治和学术并不是一回事情，今天承接了国家大量下拨经费的前者，其成果无论从市场还是同行评议的眼光来看，大都不能差强人意，令人堪忧。同样因为市场的缘故，哲学最核心的部分逻辑，差不多成为最无人问津的专业，这无论如何是哲学本身的悲哀，从中可见出今天中外教育基本类似的功利实用主义倾向。2003年教育部建议在大部分普通高校里停招宗教专业的本科生，给许多雄心勃勃做大宗教专业的学校当头一棒，一个重要的原因，也是就业方面的考虑。

哲学在今天全球化的语境中，它所面临的危机是世界性的。哲学在中国的境遇无疑是值得庆幸的。哲学在中国属于社会科学，而中国的社会科学概念远大于西方的社会科学。西方的社会科学是指政治学、人类学、法学、经济学这些沿用自然科学方法、其成果可予实证统计的社会研究领域，中国的社会科学则除此之外再加上西方称之为"人文学科"（Humanities）的文、史、哲以及语言学、艺术等一应学科，盖言之，凡不属于自然科学的研究领域，在中国都属于社会科学的范围。不仅如此，当我们的主流意识形态话语以"哲学社会科学"并称，它意味着什么？它意味着哲学不仅仅是一切社会科学中的"第一哲学"，意味着哲学单独一个学科,就可以和社会科学所有其他学科的总和并驾齐驱。虽然这个"哲学社会科学"的命题毋宁说是约定俗成的叫法,是有其名而无其实。但就是有这样的名分,哲学也理该心满意足了。德里达2000年访问上海时,曾经引出过"中国没有哲学"的风波,这个明显是给误读下来的命题,它的另一个弦外之音是中国的哲学必然具有中国自己的特点。这在学科建制上隶属于哲学的宗教上表现得再明显不过,宗教在它的西方语境里,诚如德里达所言,基本上是基督教的同义词,但是中国大学的宗教专业里主业是宗教原理,其他因地区资源的优势而各各胜出的本土宗教如佛教、道教,规模和声势上也多有盖过基督教者。同理中国的哲学中,曾经作为哲学同义语的形而上学和本体论,只是很小的一个部分。今天中国的哲学不但是马克思主义的真正家园,而且被寄予中国特色社会主义元理论建构的厚望,它进可以图谋经国济世的文化霸权,退可以守住柏拉图和孔子以降的历代遗产。谁害怕哲学?这样的问题在我们听起来是不是显得遥远而陌生呢?

原载《湖北大学学报(哲学社会科学版)》2009年第5期

黑格尔：一个现代性的哲学回应

王才勇

长期以来，黑格尔哲学由于他的思辨性，更由于他对理念世界的执着，很容易使人以为在经由思维刻意编织远离尘嚣的另一个世界。其实，只要认真读一下他的德语原著，很容易感受到其哲学的现实指向，不仅指向当时欧洲社会发展的历史与现状，而且也到处从感性现实出发。这个现实维度赋予了黑格尔思辨哲学隐秘而鲜明的现实指向。黑格尔所处的现实世界正是西方现代社会在欧洲崛起并蓬勃发展的时期，其间既显出新发展拥有的现代活力，也显示出新发展带来的问题。所以，他的哲学可以说是对西方现代性的一个哲学回应，正是这样的特质使得他对后世产生了深远的影响。

一、面临的问题

不管从什么角度看，主体性应该是现代性问题的哲学内涵所在。哲学史上，自笛卡尔始的主客二分到了康德那里，成了一曲主体性思想的赞歌。康德本人曾认为，知性概念的先验演绎是其思想的关键。[1]其实，走向这条先验演绎之路的更深层根源在于对现象与物自体的区分。他断言，人所认知的对象并不

---

[1] 参见康德《纯粹理性批判》，邓晓芒译，人民出版社2004年版，第5页。

是客观所是的,而是相对于人而言的。至于对象的本来面貌是人理性无法通达的。这样一来,对象就成了人知性活动的产物,知性概念的先验演绎成了世界的本源。

在西方社会开始全面走向现代的十八世纪,这样的思想无疑一方面将此前理性主义哲学推向了清晰而彻底的表述,另一方面也应合了现实世界的走向,因而,得到了广泛的追捧,此后的费希特显然沿着康德弘扬主体理性的思路继续前行。但是,康德主体性思想中由于区分现象与物自体而导致的主体先验演绎又显然引起他不满。于是,他抛弃先验演绎而从确定的意识活动出发,由此推出了本原行动(Tathandlung)概念作为一切意识活动的基础和出发点。进而由自我设定自己,自我作为对设(Entgegensetzen)地设定非我,自我与非我的统一,推出了主体活动一步一步创造世界的哲学理论。这样的哲学在承续康德主体性思想的同时,又剔除了康德哲学的先验演绎性,使主体与客体处于交互作用的过程中。但是,这样的交互作用由于从自我出发并以自我为基础,所以最终无法使主体和客体统一在一起,而使二者处于对峙状态。

谢林作为康德与黑格尔哲学的中间人物,一方面沿着费希特的思路,坚持人在对象面前的主导性,另一方面又在斯宾诺莎实体思想的启发下发现自我与非我背后还有更高一级的存在,主张人与对象,主体与客体是可以统一的,以致提出了包容主客体的"世界灵魂"(die Weltseele)概念。主体与客体原本就统一于"绝对同一"之中,这种同一是没有差别,没有主客之分的。他说:"这种更高的东西本身就既不能是主体,也不能是客体,更不能同时是这两者,而只能是绝对的同一性,这种同一性决不包含任何二重性,并且正因为一切意识的条件都是二重性,所以它绝对不能达到意识。"[①]

显见,到黑格尔之前的整个德国古典哲学的核心问题是主体性以及对其衍

[①] 谢林《先验唯心论体系》,梁志学等译,商务印书馆1997年版,第250页。

生问题的解决。同时，从现代性角度看，这些也是现代社会向哲学提出的关键问题所在。康德确立了现代社会的主体性原则，但却将之限定在人的活动，而不涉及对象本身，以致人与对象本身处于鲜明的对峙状态；费希特从确定的自我的出发，虽然将对象与人放在了某种关联中看待，但由于自我是一切的基石，所以，主客依然无法统一；谢林为了克服费希特的弊病，引入了总体性思维，用作为原始状态的"绝对同一"去言说主客体的一致，结果却将主客体的差别也一同否定了。由此清楚显现了德国古典哲学到黑格尔之前，同时也是黑格尔面临的几个问题：

首先，主体性是现代哲学的一个基本原则。哈贝马斯从现代性角度考察德国古典哲学时就说道："主体性成为现代的原则。"这对哲学来说就意味着用概念去把握这个新的时代。①这是康德哲学的功劳。黑格尔在其《小逻辑》中曾指出，"康德哲学的主要作用在于唤醒了理性的认识，或思想的绝对内在性。……它绝对拒绝接受或容许任何具有外在性的东西，这有重大的意义。自此以后，理性独立的原则，理性的绝对自主性，便成为哲学上的普遍原则，也成为当时共信的见解"②。

其次，主客关系成为了现代哲学的一个基本问题。主体具有了绝对的独立自主性，这样的主体如果没有任何客观性规定，那必然脱离现实，必然无法令人满意。黑格尔曾就康德的认识与现实的二元论指出道："假定绝对站在一边，而认识站在另一边，绝对是独立的并与认识相分离，并且它是一种真正的东西，认识是在绝对的东西之外，当然也是在真理之外。"③主体必须具有客观规定性，但这个规定如果像在费希特那里一样是以主体的绝对地位为先决条件的话，那么，这样的客观规定最终隶属于主体，而没有根本解决由主体独立自主性而来

---

① 参见哈贝马斯《现代性的哲学话语》，曹卫东等译，译林出版社 2004 年版，第 24—26 页。
② 黑格尔《小逻辑》，贺麟译，商务印书馆 1986 年版，第 127、150 页。
③ 黑格尔《精神现象学》上卷，贺麟、王玖兴译，商务印书馆 1983 年版，第 52—53 页。

黑格尔：一个现代性的哲学回应

的弊端：远离真实。

再者，理性与意识的双向建构成为现代哲学的一个关键问题。独立自主的主体必须获得客观规定，但又不能有在先的地位。这就凸显了现代性面临的一个矛盾：一方面主体要独立自主，另一方面它又不能具有绝对的主导性。于此，必须引入整体性概念。但是，用更高一级的整体去包容或统摄主客体虽然使主体不具有了绝对主导性，但是，也抹煞了主客体本来具有的差别。正是基于此，黑格尔在崇尚斯宾诺莎"实体"概念的同时，又指出这个统一的"实体"是"毁灭的深渊"[①]，因为它抹杀了一切差别和规定。由此，作为整体性的概念就不能是凝固不变的，"还必须把它了解成自身活动的、活生生的"[②]。这个变动的过程就具有建构性，只有将主体和客体放到这样的过程中去看，主体才在面对客体具有独立自主性的同时又不拥有绝对至上的地位。这个作为整体的变动过程唯有意识或精神才会具有，而且它不能是主观的，必须是主观意志不能刻意左右的。由此，这样的意识或精神活动就成了现代哲学一个关键问题：它在建构主体和客体的同时又不能是主观任意的，而必须是客观的。

肇始于十八世纪中叶的德国古典哲学其实面对的恰是如何应对主体性这个现代问题。早年，黑格尔对主体性建构现实（康德与费希特）并没有持明显反对态度，因而对当时的法国大革命持肯定态度，罗伯斯庇尔专政后死了很多人，黑格尔转向反对，开始憧憬没有主体间冲突的东西。显然，独立自主的主体性是支撑起现代性的一个关键问题。但是，不受客体制约的主体又是行不通，因而缺乏现实性，不具有真实性。所以，现代哲学必须一方面使主体独立自主，另一方面又必须使之获得客观性内涵。从康德到谢林的哲学表明：主体与客体的关联或一致不能建立在应当基础上，而应是现实本身赋予的。这便是黑格尔哲学思考面临的问题，这一点在被视为其精神哲学最初形态的早期著作《伦理生

[①②] 黑格尔《哲学史讲演录》第4卷，贺麟等译，商务印书馆1981年版，第102页。

活体系》(1802—1803年)一书中已经得到了鲜明体现。在康德伦理学强调道德性(Moralität)之后，黑格尔于该书中明确强调伦理生活(Sittlichkeit)的重要性。在他看来，古希腊是具有伦理生活的时代，具有共同性和整体性，而到了罗马时代，原有的社会整体分化为一个个具有自己利益和需求的局部(Partikularität)，每个社会局部都从自己角度建立起人之间应如何行为的道德，然后又将此道德外推，认为别人也应该认可，并将这种其实是筑基于个别的道德作为一种权利(Recht)去要求他人，于是便有道德冲突。而伦理生活则是大家都认同的。所以，道德是个体的，内在的，伦理生活是共体的，外在的。康德基于应当的伦理学(Sollenethik)主要讲的是道德，所以是由主体性推出的。黑格尔不满于这样的主体性原则，认为从中世纪始的现代社会强调主体而失落了伦理性，所以他想在现代社会中重建主体间共同认可和接受的伦理生活。基于这样的主体间性思路，黑格尔推出了他的整个哲学体系。

二、问题的解决

黑格尔哲学的基本点是：考察一个具体对象时一同考虑到该对象的所有变相，也就是将具体对象置入其演变过程中去看待。早在费希特那里，为克服康德先验演绎而出现的自我设定自我，进而设定非我，又走向自我非我统一的过程已包含了这样的发展思想。但是，黑格尔去除了由自我而来的主观性色彩，将之推广到整个世界，使之成为所有对象发展变化的一个客观进程。因此，发展的观点和客观精神是黑格尔哲学的二个关键点。普遍的发展或变化在不去除主体性的同时，又避免了定于主体的先在性；客观精神同样在肯定主体精神性的同时又将之推向客观，抽离了主体的绝对统治性。所以，黑格尔哲学主要是为了在肯定自康德以来主体性思想的同时，又力图将主体纳入一个无法为所欲为的轨道。

正是基于此,为了克服康德的先验演绎,他的思考就必须从确定无疑的东西出发。而对象本身离开主体,离开人的思维是无从确定的,而且,当时西方现实已经到处印证着主体性。所以,他就从思维本身,而不是思维指向的对象出发。思维最初可确定的形式是意识,所以在《精神现象学》中黑格尔就从意识出发,而在意识中,感性确定性(Gewissheit, Unmittelbarkeit)又是其思考的出发点。进而,意识不会停留于自身,经由知觉和知性阶段之后又必然有自我意识,那是自我与非我的区别,主客区别开始出现。但是,主体并没有否定对方,双方相互依存。于是自我意识发展进入斯多葛主义阶段(一方面依赖对方,另一方面思想上自由,就像奴隶主与奴隶关系一样),紧接着的自由思想就开始想否定对方,但由于相互依存,又否定不了。于是,就出现苦恼的意识。当意识发展中出现了这种对抗时,理性开始出现。理性发现,对方其实是从自己异化出去的。因而,自己就是对方,对方也就是自己。这样,主体和客体在意识层面的差异到了理性层面就得到了消解。但是,这样的消解并不是理性刻意为之,不是理性主观置入,而是一种不以主观意志为转移的客观进程,那就是思维展开过程的必然产物,这个不以主观意志为转移的思维进程黑格尔称之为客观精神。所以,黑格尔在《精神现象学》中分析了理性之后又进一步谈精神,这个精神尽管可以体现于主体,但并不是主观随意的,而是一个无法主观干预的客观活动。正是在这样的客观精神活动中,主客之间的区别得到了给定的消解。

有了意识,必然就有自我意识。而在自我意识中,世界被二分了,主体和客体,那是异化的开始,人自己将自己从对象中异化了出来,这些都是人精神活动所致。精神活动继续前行就可以克服这种异化,那就是由理性而来的思考。进入理性阶段的思维,又重新包容了自我与对象。这样的精神活动就能克服异化,重新回到人与对象,主体与客体,思维与存在的统一中。这是精神展开的必然进程,因而是客观的。黑格尔在《精神现象学》中接着言说的客观精神的伦理,教化和道德阶段都是调适主客对峙的不同形式;之后进入的宗教阶段就是客观精神活动以绝对形式追寻着主客一致;最后出现的"绝对知识"阶段不仅意味着人类精神主体开始用概念形式去把握绝对,而且也意味着人类精神主体开始与最高的全体(无所不包的整体)合而为一,这就是主客统一的最高阶段,是最完全的自由,也是黑格尔哲学的最终目标。

马克思曾说,《精神现象学》是黑格尔哲学的秘密和诞生地。该书中,黑格尔将意识放到人精神展开的过程中去看待,并将主客对峙及其消融视为该过程的某个环节,进而,从精神活动这个总体层面来看主客的统一。这样的思维模式最初见诸于《精神现象学》,以后支撑其整个哲学体系的《逻辑学》《自然哲学》和《精神哲学》均体现了这个精神展开的三个客观进程:正,反,合。

较之于前此哲学,黑格尔显然坚持了由德国古典哲学推出的现代性原则,即理性具有的独立自主性,也就是观念论(Idealismus)立场。在他那里,世界同样由理性主体建构。美国哲学家罗伯特·皮平(Robert B. Pippin)在其《黑格尔的观念论》一书中所持的观点(黑格尔哲学是对康德先验观念论的继续和完成,根本上没有超出康德的先验观念论立场)[1]只能在此意义上去理解。同时,不容忽略的是,黑格尔坚持的理性主体的独立自主明显不同于前此哲学,它并不是先在的,既不是康德意义上先验的,也不是费希特意义上自在的,而是在精神活动的整个过程中生成的,论述中从意识出发只是逻辑上的在先。因此,黑格尔直接表达了对康德哲学主观先验性的不满。他在其《精神哲学》中曾指出:康德只知道主观的精神或者说精神的现象:意识和自我意识,不知道精神本身。[2]他本人则在《精神现象学》中论述了意识和自我意识之后,又进而提升到精神层面,并将精神看成是超越了意识和自我意识且作为它们的真理和根据的东西。这样,主体与客体,思维与存在的对峙就在更高一级的总体性层面得到了统一。总体是由所有个体组成的,是由个体的整个运动和展开过程推出的。所以,这

---

[1] 参见罗伯特·皮平《黑格尔的观念论——自意识的满足》,陈虎平译,华夏出版社2006年版。
[2] 参见黑格尔《精神哲学》,杨祖陶译,人民出版社2006年版,第207—208页。

黑格尔:一个现代性的哲学回应

样的主客统一又是主体和客体,意识和对象这些个体要素交互作用的结果。正是基于此,黑格尔将真理规定为过程,他曾说:"真理就是它自己的完成过程。"① 精神在其完成过程中实现了主客体,思维与存在的统一。这里,黑格尔通过将独立自在的理性置入到其演变过程中去看待而实施了哲学的现代性转向:一方面肯定了主体理性的独立自在性,另一方面又赋予其客观规定,也就是说,在坚持主体性原则的同时又克服了主观性困境,将主体性视为主客交互作用的产物。这也就是黑格尔著名的思维与存在同一的命题。

就字面来看,思维与存在同一似乎不可能真实,因为在日常生活层面那是二个完全异质的东西。但是,黑格尔循着事物发展路径一步一步进入到了更深层的本质层面,进而打通了二者,看到了二者的一致和同一。方法上,黑格尔并没有从普遍的东西出发,而是从确定的具体出发,经由反思深入到了事物发展变化的内里。一般而言,确定的具体就是单个事物或对象。但是,当时现实(从中世纪始的现代社会)是主体理性的产物,而且正处于发展变化中。所以,必须从主宰该发展变化的思维出发。而思维又是指向对象的,黑格尔的观念论路径就舍弃了作为末的对象,而专注于作为本的思维本身。所谓反思就是不关涉思维指涉的对象而对思维本身进行思考。由此就一步一步披露了思维在其展开过程中不可避免地会通过异化走向它的反面,出现自我与他者的对峙,最后又会回复到自身,重返异化前的统一状态。这并不是主观刻意的结果,而是思维本身,同时也是思维所指向对象的展开过程使然。所以,他在《法哲学原理》序言中明确反对把主客体统一的解决推向应当,而主张哲学研究的任务就是"了解现在的东西和现实的东西,而不是提供某种彼岸的东西"②。正是在这样一个语境中,黑格尔提出了他关于哲学与时代关系的著名论断:"每个人都是他那时代的产儿。哲学也是这样,它是被把握在思想中的它的时代。妄想一种哲学可

---

① 黑格尔《精神现象学》上卷,贺麟、王玖兴译,第11页。
② 黑格尔《法哲学原理》,范扬、张企泰译,商务印书馆1982年版,第10页。

和谐与自由

以超出它那个时代……而建设一个如其所应然的世界,那么这种世界诚然存在,但只存在于他的私见中,而私见是一种不结果实的要求,在其中人们可以随意想象任何东西。"①

这里令人费解的或许是,黑格尔将思维与存在直接作为同一的东西在言说。这里,他所说的存在并不是从单个个体角度来看一切实存的东西,而是从总体角度来看能被纳入到事物发展过程中去的东西。前者是偶然的,后者是必然的,那就是与思维进程相一致的东西。所以,黑格尔在《精神现象学》和《逻辑学》中对现象(Erscheinung)和现实(Wirklichkeit)作了区分。前者是外在的,如"力与力的外在化",后者是内在的,如"可能与必然"。与思维对应或相一致的,只是后者,那是哲学研究的对象。他在《小逻辑》中所说的"哲学研究的对象就是现实性"②指的就是与思维一致的存在,那也就是合乎理性的。所谓凡是合理的(vemiinftig),就是现实的(wirklich),凡是现实的,就是合理的。这里"合理"就是符合理性,现实就是与事物发展过程一致的。

显见,黑格尔彻底坚持了主体是世界依据的思想。但是,他又用发展的观点和整体性思想拯救了主体向任意性的滑落,从而对现代性面临的主客对峙问题做出了哲学回应。其间,黑格尔不同于前此哲学的关键是主体在其运动变化过程中对世界本身(包括主体自身)的建构。正如德国学者克朗纳所说,"在康德那里,思想自身回到自身,以便在自身中(即自我中)找到世界的根据。在费希特那里,思想在自我的根据上发现了上帝。在谢林那里,思想倾向于掠过自我在世界中直接寻找上帝。在黑格尔那里,思想终于要透过绝对的或神性的自我去建造这个世界"③。从黑格尔此后引发的反响来看,这一哲学触及了众多现代性问题,许多直至今天依然不失落意义。

---

① 黑格尔《法哲学原理》,范扬、张企泰译,第12页。
② 黑格尔《小逻辑》,贺麟译,第45页。
③ 克朗纳《论康德与黑格尔》,关子尹编译,同济大学出版社2004年版,第19页。

三、现代意义

黑格尔一方面力主主体理性对世界的意义,另一方面又将这样的主体自主性看做是一种客观进程。这样的思想虽然克服了现代性主体的不足,但也带有着深刻的内在矛盾:一方面力主主体干预现实,另一方面又强调客观给定性。这就使得黑格尔之后的追随者出现了分别倾向于不同方面的对峙情形。青年黑格尔派强调个体在其展开过程中的自我否定,强调理性对现实的干预力量;老年黑格尔派则强调整体对个体的协调力量,看重现实的客观机制。现代社会发展延续至今的左右路径由此得到了鲜明的确证。可见,陪伴现代社会发展的左右路径应该是应合主体性问题产生的,在前现代时期,主体还没有从对象中分化出来,所以并不存在(作为个体的)主体面对对象如何行为的问题。现代时期,主体不仅从对象中分化了出来,成了对象的主宰者,而且还面临着如何去实施这种主宰的问题。于是乎,以主观需求为主去刻意干预对象,还是顺应客观进程去左右对象,便成了现代性话语不可避免的二难。黑格尔显然使二者关系成了哲学的一个基本话语。因此,哈贝马斯指出:黑格尔开启了现代性的话语。[①]那就是如何对待主体性问题。

当然,从黑格尔学派中分化出的老年和青年黑格尔派有着各执一端之嫌。本来,黑格尔哲学是综合前此德国古典哲学成果的产物,他既坚持了康德,费希特在思想和自我自身中寻找世界根据的原则,又坚持了谢林透过自我在世界本身中直接寻找答案的思想,也就是说,即坚持了主体性,又坚持了客体性原则。他不是简单地将二者拼凑在一起,而是通过精神的自我展开将二者有机地结合在了一起。老年和青年黑格尔派的争执虽然没有看到这种结合,而是将黑格尔

---

① 参见哈贝马斯《现代性的哲学话语》第三章,曹卫东译。

哲学中包含的单一方面抽离了出来。但是,这种抽离却从事实上表明了现代性很容易陷入的一个困境:左和右的倾向。而黑格尔本人已经在尝试克服这个困境。这本身已充分显示了黑格尔哲学的现代意义。

现代哲学延续至今的发展充分显示这个二难依然困扰着现代人的思维。黑格尔之后的西方现代哲学可以说总体上承续了德国古典哲学开创的主体是世界的依据这一原则,但是,在主体如何左右世界,如何规定世界的问题上,则显出了分道扬镳的二条道路:其一,以费尔巴哈,马克思以及其后的批判理论等为代表的左倾路线:凭借理性的力量对现实实施不妥协的干预;其二,以现象学,存在主义为代表的右倾路线:凭借主体的自发机制展现由之建构的世界。现代思维中,左和右的相依并存也从另一角度体现了黑格尔所昭示的哲学问题的现代意义。

其实,黑格尔哲学最具特色,最引人注目的并不是其所包含的主体性和客体性要素本身,而是他使二者统一在一起的方式,也就是他有关思维与存在同一的思想。无论是黑格尔之后追捧他的黑格尔学派,还是将他作为死狗打的反对派,都将焦点定在他的这一思想上。追捧者看到了主体理性面对世界的主导地位,马克思主义有关"理论与实践统一"的思想便来自于此;反对者则拒斥主体对现实的刻意介入,反对主体不顾现实的主观性行为。其实,黑格尔有关思维与存在同一的思想有着极具现代生命力的丰富内涵,它绝不单纯地是这一结论宣明的那样简单,粗糙。

首先,这一思想揭示了现代性的一个基本话题:真既不是客观地给定的,也不是主观地设定的,而是主观与客观交互作用的结果。绝对的真是没有的,或是人无法通达的。在黑格尔那里,思维与存在的同一并不是主观先验地设定的,也不是世界客观自在地给定的,而是世界或精神运动变化的产物。其中,既有主体向客体的转化和生成,也有客体向主体的转化和生成,因此,这个运动变化既不孤立地发生于主观世界,也不孤立地发生于客观世界,而是主客观世界交互作用的结果。正是在这样的交互作用中,主体向客体生成,客体也向主体生成。结果,原有的主客对峙不复存在,存在的只是主客体的不断一致和趋同。正是在世界如此这般的辩证运动中,主客体才不断走向了同一,也就是,主体不断对象化,对象不断主体化。当然,主客体以此方式达到的一致主要发生在精神层面,现实世界中主客体的差别还是存在。这就表明,无论就主客间的差别还是统一而言,一切都发生在精神层面,实际世界中是没有主客之分的,一切都互为主体,同时又互为客体。这样的思想不仅以其主客体对世界双向建构的原则显出了现代意义,而且更以主客差异与统一的精神性内涵昭示了现代性冲突的精神性实质。黑格尔时代,世界还没有进入后福利社会,现代性冲突的精神性实质还被遮蔽在物质需求的外衣中。随着战后西方社会的进一步福利化,现代性冲突的精神性实质开始渐渐凸显,正是在这样的背景下,哈贝马斯和霍耐特从黑格尔思想中挖掘出了这一现代性原则。由此,足以显现黑格尔思想深刻的现代意义。

其次,黑格尔思维与存在同一的思想中有着一个基本环节:异化或外化。无论是自我还是对象,整个世界都是处于发展和变化中的,这是黑格尔哲学思考的一个基本点。在他看来,变化就是变成与己不同的东西,就是异化,否定。就物的内在统一性而言,异化或否定就是外化为他者。这就昭示,定于一点的物或自我是不存在的,一切都处于发展变化中,而且发展变化都是以否定自身的方式出现,也就是外化为他者或对象化。但是,变化并不会由此停止,再变化也就是回归自身,正是在此回归中,自我与他者,人与对象达到了一致。这个回归当然不是回归到原来的存在,而是与原来不一样的,是经由了他者的。之所以回归,那是就物与他者而言,是就物与关联物而言。也就是说,物(包括人)的变化并不是孤立的,而总是在关联物的作用下发生的。回归只是就关联物而言,是指受到他物的影响。实际世界中,个体变化在不同阶段可以有不同关联物。回归并不是说个体的变化会回到原点,而是指就

和谐与自由

某个单一的环节来看,个体会异化为他者,他者也会外化到他之中。也就是交互影响,交互生成。这样的思想显然包含着具体的现代意义,即如何面对他者或异者。黑格尔的思想昭示人们,个体(人或物)在其发展变化中不仅必然地会变成他者,而且正是在这种他者的参与或作用下,个体才会实现其发展变化。黑格尔时代,世界发展变化还没有进入纷繁多元的时代,他者的自我内涵及其对发展变化的意义还没有充分凸显。二十世纪以来,随着变化的加速,异化或外化的进程加快,新事物(他者)愈来愈显出其对象化的实质,由此,他者的意义开始不断显现。黑格尔异化思想深刻的现代意义由此可见一斑(发展与否定相关,否定—现代性批判,意识由于对象化而有了主体性,自主性,这是自我否定的过程)。

再者,黑格尔思维与存在同一的思想虽然以思辨的形式出现,但是,其间蕴含着强烈的现实意识。他所说的"存在"尽管与现存有着明显的区别,可是,他非常强调感性现实的确定性。他的思考无处不是从感性现实出发,他的思辨或推演都是从确定的感性事实出发的。他的思路是,从感性事实出发一步一步深入到事物的内里,直至达到事物最深层的内在本质。他整个思想体系呈现出的逻辑与历史的统一,明显体现了他强烈的现实感。可以说,哲学思辨的现实维度是黑格尔之前整个西方哲学或隐或显地存在的,如此直接地从感性现实出发,如此直接地与历史发展相对应,黑格尔无疑是史上最早的一位。黑格尔之后的西方现代哲学紧紧与感性现实挂钩,直接从身边的感性现实出发,可以说是承续了黑格尔开创的传统。黑格尔本人也是一位非常关注日常世界的哲学家,比如对于当时刚出现的早报他就给予了非常积极的肯定,他曾说:"持之以恒地阅读早报是清晨来自现实的恩赐。"[1]黑格尔哲学的现代意义显然也来自他强烈的现实感。现代哲学必须将其与现实的直接关联呈现出来,唯有这样,哲

---

[1] Anton Hügli und Poul Lübcke (hrsg.): *Philosophie-Lexikon*, Rowohlt Taschenbuch Verlag, 4. Aufl. 2001 Hamburg, S. 259.

学才能在现时代焕发出持久的生命力。正是基于此,哲学才是时代精神的产物。

最后,黑格尔思维与存在同一的思想最终要解决的是现代世界中主体与客体对峙的问题。在单个个体的具体存在中,由于异化或外化的缘故,自身与世界往往是处于对峙状态中的,但是就世界发展变化的总体而言,自身与世界是处于不断向对方生成的统一过程中的。现实生活中有着体现这种统一的不同媒介。早期《伦理生活体系》一书中,黑格尔之所以较之于道德更加看重伦理生活,是因为伦理或礼仪体现了众人的意志,而道德往往是个体的。《法哲学原理》中之所以看重国家的意义,就在于国家可以建立起指向总体性的秩序,因为人类进入到市民社会后,出现了法或权力的思想,那是精神自我异化的产物,各方都强调自我。而进一步的发展应该是起到统摄作用的国家。当然,在黑格尔那里并不是每一个实存的国家都能起到这样的作用,唯有与理念,与思维一致的国家才能担负起这样的历史使命。

黑格尔哲学的整个题旨就在于克服现代社会主客二分的困境,在直至今天的现代社会中,这样的哲学无疑不失其意义。在这方面黑格尔推出了许多令人瞩目的思想,比如他在《精神现象学》中曾就语言指出了其促成主客统一的功能,因为说出的话一方面是某种外化,对象化,另一方面它又没有真正的对象化形式,因而自身就兼具了内在与外在,自我与对象的双重特性。黑格尔思想的核心就是在一个主体性占主导地位的现代性语境中由主客体的双向建构去制衡个体与整体的冲突。这样的思想在直至今天的现代社会中依然具有着无以取代的现实意义。

原载《求是学刊》第 37 卷第 6 期,2010 年

在知识谱系中构筑学术个性

——蒋孔阳与《德国古典美学》

郑元者

蒋孔阳(1923—1999年),四川万县人。历任复旦大学中文系教授、博士生导师、国务院学科评议组成员、中华美学学会副会长等。出版《蒋孔阳全集》等10余种著作。他通过对一系列美学问题的探寻和思索,在顺应和融汇中外美学思想传统的基础上,立足于人类的生命实践活动和人对现实的审美关系,建立起以人生相为本、以创造相为动力、以美的规律和生活的最高原理为旨归的自由人生论美学思想体系。[①]他提出的"美在创造中"和美是"多层累的突创"等命题,揭示出马克思主义美学的特质在于追求人的全面发展和全面解放,强调感性、形象和情感与幸福生活的内在联系,演化了马克思主义美学的理论范式和思想内容,在中西美学比较上注重"生活方式→精神面貌→艺术实践→美学思想"这样一条整体研究的道路,在学术精神上崇尚"理智的谦虚",在治学上追求"为学不争一家胜,著述但求百家鸣",其美学思想被誉为"中国当代美学研究的总结形态",1991年获上海市首届"文学艺术杰出贡献奖"。

对于自己毕生的著述,蒋先生生前曾回忆说:"影响较大的是《德国古典美

[①] 参见郑元者《美的探寻与人生的觉醒——蒋孔阳人生论美学思想述评》,载《文学评论》1999年第1期和《复旦学报》1999年第4期。

在知识谱系中构筑学术个性

学》,而我自己特别心爱的则是《先秦音乐美学思想论稿》。这原因,首先是因为我是中国人,写中国的东西,特别感到亲切。"这一段回忆文字无疑确证了《德国古典美学》一书在蒋先生心目中的学术定位及其在学界的影响力。如今,商务印书馆"中华现代学术名著丛书"拟再版这部《德国古典美学》,其背后的学术意涵不言可喻。

在西方古典美学的知识谱系中,德国古典美学雄踞了一个近乎历史终局性质的高峰位置。将这么一个历史性的高峰引入学术探讨的视野和目标,对任何一位严肃、认真的研究者来说都难免要自我见证一段艰辛的历程。1980年1月,蒋先生在《德国古典美学》"后记"中不无感慨地写道:"缅怀本书的写作,前后差不多经历了十八年。"此番自我缅怀式的事实陈述与其说显示了写作时间上的某种底气,不如说是该书成长环节的一种治学精神上的注脚。1961年蒋先生开设《西方美学》等课程,参与《西方文论选》的编译工作,同年7月4日的《文汇报》刊发了他的《康德的美学思想——简评〈判断力批判〉》一文,《德国古典美学》第二章第三节"美的分析"即在该文基础上改写而成。1962年他应邀在上海社联作了题为《马克思主义经典作家对于德国古典美学的批判和继承》的讲演,随后商务印书馆来组稿,这两件事成了《德国古典美学》一书的缘起,此次讲演之后,开始写作该书。1963年,论文《歌德论自然与艺术的关系》发表于《学术月刊》4月号,该文成为《德国古典美学》第四章第二节"歌德论自然与艺术的关系"的基础。1964年他结合教学,着力撰写《德国古典美学》一书并完成初稿,至1965年完稿,交付商务印书馆准备出版。十年"文革"之后,他从商务印书馆要回书稿,在1977年至1978年之际对书稿做了一次认真的大修改"以成今貌",1980年6月终于由商务印书馆正式出版。

透过这样一组时间窗口,我们所能感知到的自然不是蒋先生有意跟时间进行慢跑比赛的味道,也不是现代社会所津津乐道的那种时间设计上的巧妙,而是寄存在这一漫长时段背后的心智磨难、学理沉淀以及足可预期的学术业绩。

和谐与自由

的确,作为我国第一部西方美学断代史研究专著,《德国古典美学》出版之后迅即产生重大的学术影响,国内一些报刊如《复旦学报》《文汇报》等曾著文评介,或称之为"开拓性的著作",或誉之为"一座坚实的里程碑",1983年美国《现象学信息报》第7期也予以报道,1984年该书获上海高校文科科研成果二等奖,1986年又获上海哲学社会科学优秀著作奖。

在蒋先生出版《德国古典美学》之前,主要是朱光潜的《西方美学史》等论著在担当国内西方美学史研究领域一线的学术触角的角色,这些论著曾对德国古典美学作过不同程度的介绍和研究,产生过不同程度的影响,不过,它们或限于通史类教科书的编写体例而不可能充分展开,或限于一些单篇文章和单人介绍无以成专史。相比之下,蒋先生的《德国古典美学》给自身设定的写作主旨是"对德国古典美学作比较深入的全面的批判和理解",以期"真正继承德国古典美学这一份珍贵的美学遗产"。正是秉持这样一种朴素的主旨,该书确乎形成了引人注目的学术个性,展示出独特的学术价值。对此,笔者曾做过一个总括性的评价表述:"蒋孔阳的《德国古典美学》则是我国第一部运用马克思主义的观点和方法来研究西方美学断代史的力作。作者全面而又系统地论述了德国古典美学的产生、形成和发展,着重介绍了康德、费希特、谢林、歌德、席勒和黑格尔的生平、著作和美学思想,阐述了叔本华、克罗齐、费尔巴哈、车尔尼雪夫斯基以及马克思主义经典作家对德国古典美学的批判和继承。作者既注重不同美学家的美学思想之间的内在联系和比较,又能指出各自的历史地位和局限,在努力做到以最大的历史性来还原每个美学家的思想体系的同时,又能在不少美学理论问题上有所创获和突破。可以说,该书以它丰富的原始材料、公允的立论以及深入浅出而又富于哲理的文风,填补了我国在西方美学史研究领域的一个空白。"[1]

---

[1] 引见郑元者《上海美学发展报告:1978—1998》,载《上海哲学社会科学研究发展报告:1978—1998》,上海人民出版社1998年版。

如果说这一表述是基于当代中国美学研究发展报告的体例、偏重于对《德国古典美学》问世不久在当时国内同类论著的总体格局中彰显出来的学术价值所做的历史追溯式的评价,那么,时至今日,自然完全可以引入不同的视角和评估指标对其进行开放式的价值指认。比如,已有同行指出,朱光潜的《西方美学史》撰写于20世纪60年代初,除了政治标准、阶级分析这些时代烙印之外,将内容介绍的重点和技术思路投放在美的本质、形象思维、典型人物性格、浪漫主义与现实主义这样四个实属当时国内文艺界而非西方美学的关键性问题上,而蒋孔阳稍后开始撰写的《德国古典美学》亦着眼于美学的性质、美的本质、艺术的历史发展、典型四个问题来说明"马克思主义经典作家对于德国古典美学的批判和继承",并以此作为《德国古典美学》一书的终篇,在不同程度上均反映了那个过于强调"古为今用"的时代精神。应该说,这种开诚布公的价值重估方式是值得赞赏的,而且,这种方式以及借此所指认的学理情状几乎可以无碍地延伸到当时无数兼具特定的时代情怀和学术情怀的论著上。一种情怀自有一种情怀下的景观和境遇,一种情怀自有一种情怀下的压力测试和无奈,而某种情怀下的学术坚守和自省则尤显珍贵。在《德国古典美学》"后记"中蒋先生曾坦言:"由于我的水平有限,加以资料不足,书中错误和遗漏的地方,在所难免"。朱光潜在《西方美学史》的"序论"部分特别申明自己的写作过程"在搜集和翻译原始资料方面所花的工夫比起编写本身至少要多两三倍"[①]。由此观之,蒋先生在《德国古典美学》付梓之际就将资料不足引以为憾,这是深知西方美学史研究和写作堂奥的一种自察,而他从1984年6月开始筹备、主编《西方美学名著选》的编选工作,即是这种自察的强力应对和有效的功能互补。

不过,《德国古典美学》作为我国第一部西方美学断代史研究专著,其价值、意义和学术个性实在不能跟任何性质的西方美学资料选或客观上被当作资料

[①] 朱光潜《西方美学史》,人民文学出版社1979年(第2版),2002年重印本,第2页。

工具书使用的西方美学史研究论著同日而语。它从初版至今历经岁月的流转，在无须市场策划、媒体炒作和政治精算的情境下毕竟度过了30余年的恬静时光，期间有过数次再版，凭借自身的初始面貌几乎在学术上设定了自己的某种默认值。这，或许正是学术事业的神圣和肃穆之所在。

需要进一步指出的是，《德国古典美学》虽然在章节体例上直观地以人物为线索，通过对康德、费希特、谢林、歌德、席勒和黑格尔这些代表性人物的美学思想各自的得失、利弊几何，逐一加以剖析，但通观全书，它确乎在整体上复现了德国古典美学的知识谱系、理论发展脉络和思想流变机理。这样的把握方式，一方面体现了蒋先生在考究具体研究对象上的系统化思维和比较分析等技术方法，另一方面也展示了他当时所特别关注的问题导向或问题偏向，而这些问题导向或问题偏向恰恰是他在书中得以穿越史料、有所评判和立论的学理视角和依托。倘若我们仅仅止于此来评估《德国古典美学》一书在当今的学术价值，蒋先生的形象俨然是一位地道的德国古典美学研究专家。在我看来，这无异于将该书的价值评估装入了一个闭合空间。其实，在《德国古典美学》与《美学新论》这部蒋先生一生美学探索的总结性著作之间，贯穿着一种略显内隐的问题联动和理论构筑上的互生关系。

从时间坐标和节点来看，1961年蒋先生开设《西方美学》课程，1962年在续开该课程的同时新开《美学》课程，同年他开始写作《德国古典美学》。正当他于1977年至1978年间对《德国古典美学》书稿做了一次认真的大修改"以成今貌"之际，1978年他应承人民文学出版社的组稿开始构想《美学新论》一书的写作，直至1983年正式开始撰写、1992年完稿。这两部著作在写作时间上的紧密衔接，表明蒋先生的美学探索和写作有着从《德国古典美学》到《美学新论》的问题联动和理论升级的重启历程。

比如，在《美学新论》中，由于蒋先生认为人对现实的审美关系是美学研究的出发点，所以他将《人对现实的审美关系》作为《美学新论》的开篇，该篇所阐述的理论内容在蒋先生的美学思想体系中无疑是至为关键的理论前提之一。而在《德国古典美学》一书中,蒋先生在申明了"美学是研究人对现实的审美关系"①这一总体性的美学立场之后,旗帜鲜明地借此来评述德国古典美学的整体历史地位、席勒美学观点的得失、马克思主义经典作家对待德国古典美学的基本态度等一系列重要的问题节点,既肯定了席勒"把人对现实的审美关系作了更为深入一步的探讨"②,又指证了"黑格尔的美学,不是研究人对现实的审美关系,研究艺术如何反映客观现实的美,而是服从于他的客观唯心主义哲学体系的需要,研究艺术在绝对理念发展到最高阶段时,如何作为绝对理念自我认识的一种手段"③,进而认为马克思主义经典作家对待德国古典美学的基本态度表现在美学上应该是"粉碎它的唯心主义的哲学基础,具体地分析它在人与现实的审美关系上以及艺术中的一些美学问题上,哪些看法是符合客观的事实的,在历史上曾经起过一些怎样的进步作用……"④,如此等等。这些评判性的表述跟蒋先生在《美学新论》中将"人对现实的审美关系"作为美学研究的出发点这一关键的学理举措无疑是深切呼应的。又如,《美学新论》中关于"人是'世界的美'""美在创造中""美是人的本质力量的对象化"和"美是自由的形象"等核心命题的学理意涵,我们几乎可以相当便捷地在《德国古典美学》探讨康德关于审美快感是一种"自由的愉快"、黑格尔关于美是"理念的感性显现"和艺术是"人的自我创造"、席勒关于游戏冲动的对象是"活的形象"乃至"很可贵地提出了'人的对象化'的萌芽的思想"⑤等上下文中感知到相关理论和思想上的某种承续和创生线索。可以说,蒋先生《美学新论》的理论运思和学术个性的构筑乃至确立,在相当程度上取决于《德国古典美学》一书在理论探讨上的深耕细作,两

---

① 蒋孔阳《德国古典美学》,商务印书馆1980年版,第12页。
② 同上,第191页。
③ 同上,第220页。
④ 同上,第344页。
⑤ 同上,第190页。

和谐与自由

厢联动,使蒋先生除了拥有德国古典美学研究专家这一身份以外,同时也拥有了美学家的身份。换言之,在蒋孔阳毕生的学术写作生涯中,是《德国古典美学》一书在相当程度上造就了作为美学家的蒋孔阳,而美学家蒋孔阳也在理论和思想的某种合体性和连带性上造就了《德国古典美学》那种具有区别于一般的西方美学史论著的异样品格和价值空间。

更值得玩味的是,蒋先生基于自己对德国古典美学这一知识谱系的长期钻研,似乎还从更深的精神层面汲取了一些关键性的滋养。1993年他曾公开刊发《推荐八种我最喜欢的书》,其中开列了4种外国书,除了柏拉图的《理想国》以外,其余3种均属德国古典美学家的书(黑格尔的《美学》、爱克曼辑录的《歌德谈话录》和康德的《判断力批判》),可见在蒋孔阳的美学道路上,除了马克思以外,这些德国古典美学家其人其书也一直发挥着无可替代的、近乎理论铺路石的作用。在《美国精神的封闭》一书的末尾,艾伦·布卢姆语重深长地说道:"在所有自相矛盾的共同体幻影中,人类真正的共同体是那些寻求真理者、那些潜在的智者的共同体,也就是说,是全体渴望求知者的共同体。事实上这只包括很少的人,他们是真正的朋友,就像在对善之本质有分歧时柏拉图是亚里士多德的朋友那样。对善的共同关注把他们联系在一起;他们的分歧恰好证明,为了理解善,他们相互需要。他们在探讨这个问题时绝对心心相印。"[①]虽然布卢姆自知这是由柏拉图的《理想国》引发而来的、也许适合当今这个激进时代的"一种激进的教诲",但潜藏在这种教诲背后有关人生终极真相的哲理蕴涵,对毕生以美的规律和生活的最高原理为旨归、将马克思"真理占有我,而不是我占有真理"这一话语作为自己的座右铭的美学家蒋孔阳来说,或许在精神上也有息息相通的一维,而蒋先生通过《德国古典美学》这一载体,昭示他在探究相关美学问题上虽不至于跟那些德国古典美学家"心心相印",但在布卢姆所指称的

[①] (美)艾伦·布卢姆《美国精神的封闭》,战旭英译,译林出版社2007年版,第330页。

那种"人类真正的共同体"意义上至少彼此"相互需要",已经是一件在学理上有迹可循、有据可查的事情。1995年4月4日,蒋先生在72岁高龄写完了《读书人的追求是觉醒》一文,在文末他颇动感情地总结道:"我读了一辈子书,而且至老不倦,年过七十,仍然在读书。我没有在书中找到'黄金屋'、'颜如玉',更没有在书中找到'英雄'的宝座。但是,我却找到了真理:一个人应当明白道理,应当平等待人,应当从现实的孽缘中,有所觉醒。黑格尔说,'哲学是一种不断的觉醒。'哲学是最尖端的书,是书中的王。我们读书,就是要追求哲学所要追求的觉醒。"[①]此番肺腑之言,既表征着黑格尔思想和德国古典美学能量在蒋孔阳自由人生论美学意义上的再次转化,更表征着蒋先生因其独具个性的美学构筑而持有的那种无意让天地失色、无须任何修饰的人生觉醒。这,也许正是《德国古典美学》所能超越知识之网和时间之维的、永久嘉惠于人的精神资产。

本文原为蒋孔阳《德国古典美学》一书后记,商务印书馆2014年版

[①] 《蒋孔阳全集》第5卷,安徽教育出版社2005年版,第682—683页。

论康德审美判断的共通感思想

朱志荣

  康德审美判断的第二个契机和第四个契机分别是："不凭借概念就被认为是一个必然使人愉快的对象的东西是美的"①和"不凭借概念而普遍令人愉快的东西是美的"②这两个契机，实际上是从两个角度阐述同一问题，美是一种不凭借概念的普遍有效的愉快，而这种愉快又是先验的，因此是必然的。康德自己曾认为："只有当一种判断对必然性提出要求时，才会产生对这类判断的合法性的演绎，即担保的责任。这也是当判断要求主观的普遍性，即要求每个人的同意时就会发生的情况。"③这句话意味着，主观普遍性的要求，同时也是必然性的要求，因为它是先验的。鲍桑葵曾从近代逻辑学很少区别普遍性和必然性的角度，决定将康德鉴赏判断的第二契机和第四契机放在一起论述："康德并没有把鉴赏判断的量的方面和语态方面放在一起论述。我却把两者放在一起，原因是，按照近代逻辑学，我们很少把量和语态，普遍性和必然性加以区别。"④美国学者玛丽·迈克罗斯基在《康德美学》一书中，也将第

---

  ① 康德《判断力批判》上卷，曹俊峰译《康德美学文集》，北京师范大学出版社2003年版，第468页；参见宗译本第79页。
  ② 康德《判断力批判》上卷，曹俊峰译《康德美学文集》，第468页；参宗译本第57页。
  ③ 康德《判断力批判》，邓晓芒译，人民出版社2002年版，第121页；参见宗译本第123页。
  ④ 鲍桑葵《美学史》，张今译，商务印书馆1985年版，第342页。

二契机和第四契机合论,称为"可传达的愉快",从普遍性和必然性两方面进行阐述。①从康德这两个契机的内容来看,第二契机涉及的是普遍赞同的共同心意状态和审美的普遍传达能力。第四契机则进一步寻求普遍赞同的必然性,即假设一种共通感作为先天基础,进一步阐述普遍有效性的先验根据。因此,康德根据他哲学体系的需要,从逻辑的角度将美的分析区分为四个契机,而第二契机和第四契机所阐述的实际上是同一个问题,即先天共同感问题。

康德以"共通感"这个假定前提作为审美判断的基础。审美的普遍有效性,乃在于它的共通感。康德整个审美鉴赏判断理论,都是奠定在共通感的基础上的。没有共同感,主体的愉快的情感只是私人趣味或经验,而无法获得普遍传达,因而也就无法引起共鸣。没有共通感,审美判断就没有一种"理性的范式",因而也就无法体现它的调节性功能,也就不能担负起自由向必然过渡的桥梁作用。因此,康德的整个判断力批判理论,是奠定在"共通感"这个假定前提的基础上的。正是通过共通感思想,他的审美判断理论才得以贯通起来,形成一个有机整体。

一、第二、四契机归并的理由

康德审美判断四个契机的观点,是他关于四项知性范畴的学说在审美判断力研究中的运用。这四项知性范畴,即量、质、关系、模态,是从亚里士多德《工具论》"范畴篇"中的十范畴(实体、数量、性质、关系、位置、时间、姿势、所有、主动、受动)里撷取的。亚里士多德的范畴是建立在语法和逻辑的基础上的,起着一种符号作用。康德认为,这个范畴是拼凑的、信手拈来的。于是,康德剔除了

---

① Mary A McCloskey, *Kant's Aesthetic*, State University of New York Press, 1987, pp.50-59.

其中的非思维纯粹形式的直观形式范畴,列出四项知性范畴,每项又包含三个范畴,共12个范畴,作为自己对对象作知性分析的逻辑坐标,并且形成了一个有机整体。这个范畴体系是时间的先验规定的先天内感形式,康德以此使得现象在时间中得到统一。

在"美的分析"中,康德运用知性范畴评判感性的审美判断,是出于他先验哲学建筑术的需要,是用理性主义的逻辑框架吸纳经验主义的美学成果,凭借概念对感性杂多进行综合整理,目的是将判断力的评判纳入他的哲学体系中,使得《判断力批判》分析的范畴在形式上实现了与前两大批判的贯通。康德的理由是"在鉴赏判断里总是含有与知性的关系"[①]。这种将审美判断纳入批判哲学体系中的尝试,是可以理解的;但因为审美判断是涉及知性的,就用知性范畴作分析,我认为这理由并不充分。康德由于忽略了审美判断与知性理解在思维方式上的不同,基本照搬先验范畴体系研究审美判断,这样做就常常显得方枘圆凿、牵强附会。因此,康德用他哲学体系中的四项范畴作美的分析,非但不能使他的分析更加系统化,反而使得他关于美的分析的思想在逻辑上多少有些混乱。

尽管康德在具体运用时,将量、质两者的顺序颠倒,将《纯粹理性批判》中的量先质后,改为质先量后,而且放弃了他在《纯粹理性批判》中将量划归数学的范畴,将关系和模态划归力学的范畴的做法,但依然只是形式上的运用,而不能在内容上将它们统一起来。因为审美活动作为不涉及概念的自由的游戏,与纯粹理性中的"先验自由"和实践理性中的"实践自由"均不相同。审美判断首先要将美与快适与善区别开来。知性判断依据的是概念,而审美判断作为一种范式的必然性,依据的却是心意诸能力协调一致的情感。这使得康德美学因受哲学体系的约束而显出矛盾。例如,"美的分析"中的"不涉及概念的普遍性",其

---

① 康德《判断力批判》上卷,宗白华译,商务印书馆1964年版,第39页注①。

内容本身就与《纯粹理性批判》中量的界定相矛盾。虽然康德在四个契机的分析中有着精辟的论述,但我并不认为这四个契机可以构成考察审美判断力的完整体系。

在康德的"美的分析"中,第一契机是针对"鉴赏"下的定义,而第二、三、四契机是针对"美"下的定义。这使得四个契机的看法在美的分析中显得不够统一。其中第一个契机和第三个契机在内容上有重复,而角度不同,第二契机"不凭借概念而普遍令人愉快的东西是美的"[①]和第四契机"不凭借概念就被认为是一个必然使人愉快的对象的东西是美的"[②]则是浑然一体的。按康德的哲学体系,一现象在与现实的连接中,凡是依照经验的普遍条件而规定的,就是必然的。经验与现象的直观直接联系着,而必然性则涉及对象的本质,在美学中即审美活动的本质。因而其中的普遍性与必然性是统一的。

康德对于审美判断四个契机的论述,还表现在他的"崇高的分析"中。康德认为鉴赏判断的四个契机对于崇高的分析同样适用,甚至更为适用。明显的表现,一是在"崇高的分析"中,康德将在"美的分析"中的质先量后的逻辑范畴顺序,又改回到了《纯粹理性批判》中的量先质后,理由是"审美判断是涉及对象的形式",而对崇高的判断"却能够是无形式的"[③],崇高"是一个理性概念的表现"[④]。二是康德认为对崇高的判断不像美的鉴赏那样以心意的静观为前提,而是在自身结合着心意的运动,"这运动将经由想象力或是连系于认识能力,或是连系于意欲能力"[⑤],分别体现着数学的情调和力学的情调,于是康德把崇高分为"数学的崇高"和"力学的崇高"。在《纯粹理性批判》中,康

---

① 康德《判断力批判》上卷,曹俊峰译《康德美学文集》,第 468 页,参见宗译本第 57 页。
② 同上,参见宗译本第 79 页。
③⑤ 康德《判断力批判》上卷,宗白华译,第 86 页。
④ 康德《判断力批判》上卷,宗白华译,第 83 页。

德把知性范畴分为两类,其中量、质是数学的,而关系、模态则是力学的。这是康德在"美的分析"中没有用到的。其实,这只是为着先验哲学建筑术的需要所作的一种比况的分析,说到底也还是形式上的。在"崇高的分析"中,这种分类的效果并不明显。

康德运用知性范畴的目的,在于把普通的知识提升到科学的地位。但事实上,崇高隶属于依存美,因而并不严格地符合康德纯粹美的理想,倒更合适用知性范畴体系进行分析,尽管这种合适依然是形式上的。离理性概念愈近,愈适合用知性范畴。

鲍桑葵在《美学史》中把第二、第四契机放在一起论述,其理由是:"按照近代逻辑学,我们很少把量和语态,普遍性和必然性加以区别。"[①]而克罗齐更是将康德第四契机中的必然性也理解为普遍性[②]。这样做,虽然有合理的一面,而在哲学的层面上却是错误的。在普通逻辑学里,必然和普遍两者的内涵虽有重合之处,而且可以看成不可分割的整体,但普遍性和必然性依然是有区别的。必然性是一个逻辑的概念,包含在因果之中,普遍性则指经验的现象。必然性是就其内在规律而言的,普遍性则是就外在现象而言的。必然性是超越现实的,而普遍性则是基于现实的。与必然相对应的是偶然,与普遍相对应的则是个别。在逻辑判断里,普遍性与必然性本来都是客观的。

不过,康德在论述审美判断问题时,倒是将必然性和普遍性两者更紧密地联系在一起了。审美判断的普遍性与必然性和逻辑判断的普遍性与必然性,毕竟是不同的。首先,在康德关于审美判断力的论述中,必然性和普遍性成了主观性的范畴。换句话说,审美判断中的普遍有效不是对象的普遍有效,而是判断主体的普遍有效。黑格尔在《哲学史讲演录》里,曾经这样评价康德的普遍性

---

① 鲍桑葵《美学史》,张今译,第 342 页。
② 克罗齐《作为表现的科学和一般语言学的美学的历史》,王天清译,中国社会科学出版社 1984 年版,第 122 页。

与必然性:"康德哲学的一般意义在于指出了普遍性与必然性那样的范畴,像休谟提到洛克时曾经指出那样,是不能在知觉中找到的;这些范畴在知觉之外有着另一个源泉,而这个源泉就是主体、在我的自我意识中的自我。"[1]康德认为,鉴赏判断不等于逻辑判断,其必然性是一种主观的、范式的必然性。与客观必然性不同,鉴赏判断是建立在想象力和知解力协调的基础上的,主要涉及先验的情感体验。审美判断没有客观原理,不强制别人赞同,而要求别人"应该"赞同。在康德那里,这个原理是先验的,同时是假设的,设想每个人都会赞同的。在第二契机里,康德论证了个体心理机能的知解力与想象力的协调;而在第四契机里,康德则探寻了作为群体的人的先验心理功能,这是将主观的东西当作客观的东西表像出来。

其次,对于审美判断的普遍性问题,康德在第二契机里只说了一半,另一半则在第四契机里。在第二契机里,康德论述鉴赏判断不涉及概念的普遍性的时候,强调"美若没有着对于主体的情感的关系,它本身就一无所有。但是这问题的说明,我们要留待下列问题解答以后,即:先验的审美判断是否以及怎样可能"[2]。到了第四契机里,康德才通过对内在共通感的说明,解答了审美判断是否可能及怎样可能的问题。在讨论第四契机的第 18 节中,康德论述了审美判断的可能性。而在第 19—22 节中,则讨论了审美判断是如何可能的。这就进一步阐明了审美判断的普遍性。这样,康德"美的分析"中的必然性与普遍性就有了更多的相通和互补的一面。

第三,康德先天设定人人所具有的共通感,把它作为审美判断普遍性和必然性的共同基础和依据。其中,必然性本身是普遍性的基础。第二契机和第四契机不是一回事,但它们可以互补,形成一个有机的整体。如果说第一契机和第三契机分别是从对象形式和主体的判断两个方面去界定审美问题的话,那么

---

[1] 黑格尔《哲学史讲演录》第四卷,贺麟、王太庆译,商务印书馆 1978 年版,第 258 页。
[2] 康德《判断力批判》上卷,宗白华译,第 56 页。

第二契机和第四契机则是从不同角度对对象进行论证,两者在阐释上处于互补的关系。康德认为,审美判断是一种心意状态的普遍传达,它同时是必然的。"一种判断,当它提出了必然性的要求时,这时演绎的任务就出现了,这就是要证明它这要求的合法性来。如果它要求的是主观普遍性,这就是说要求每个人的同意,那么,同样这场合也出现。"[①]康德强调审美判断的普遍性和必然性,目的在于将审美的快感与其他不涉及概念的主观一般快感区别开来。共通感思想使得第二契机和第四契机成了一个有机整体,进而也使得康德的审美判断理论成为一个有机整体。

因此我认为,第二契机和第四契机作为同一角度对审美判断的互补性阐释,不宜被第三契机拆开。康德之所以将两者拆开,主要是为了让他对审美判断问题的研究服从于其哲学体系的知性范畴系统。这是我将第二契机和第四契机合论的主要理由。

坦率地说,康德从哲学体系出发来阐释审美判断的共同性,并且把它绝对化,是有其局限性的。这一点,康德自己在后面的阐述中,已经不自觉地有所改变,这就是强调后天的社会性因素的影响。尽管康德认为经验层面上的审美的社会倾向并不重要,研究审美判断的先天原则才是他研究审美判断的任务,但是我们如果联系到康德纯粹美和依存美的思想进行思考,就会感觉到康德思想的矛盾性。这种矛盾反映了第二契机和第四契机的局限性,却同时也突破了他的思想体系给人以启发。

康德为着"美的分析"的需要,设定了"纯粹美",假定美是不依附任何先决条件而存在的。在此基础上,康德提出了审美判断的普遍性和必然性的先天原则。但事实上,这只能算是一种实验室式的假设,美常常是依附于现实的关系的,只有在现实关系支撑的基础上的美,才能成为美的最高理想。因此,康德提

[①] 康德《判断力批判》上卷,宗白华译,第 123 页。

出"依存美"的概念。依存美不符合"美的分析"中的范式,而符合康德经验的规范表像,并因社会性因素而具有一定的相对性和差异性。当共通感成为先天自然性与后天社会性相统一的时候,第二契机和第四契机所阐释的普遍性和必然性就不是绝对的了。换句话说,康德的美的最高理想,是不符合他的"美的分析"的二、四契机的。正是在这个意义上,我认为康德的先天共通感思想不能绝对化。审美判断的时代性和民族性乃至个性的差异等具体现实,有力地证明了康德先验设定的审美判断的普遍性和必然性原则本身是有局限的。

二、前人的共通感思想

西方的共通感思想并非从康德开始。古代及近代的神秘主义者,常常认为"共通感是上帝赐予人的伟大礼物。当人的洞察力和科学(精神)萎缩为杯中残酒时,它是作为一种神谕出现的"[1]。这些人虽然没有直接提到共通感,但他们的思想,大都把审美判断的普遍有效性奠定在天国的神的世界中。例如,柏拉图认为,美是不朽的灵魂从前生带来的回忆。审美的共通感便是由天国绝对本体引发的,是不朽的灵魂对于理式的共同反映。普洛丁也继承柏拉图的学说并加以发挥,认为灵魂在迷狂状态中从美的对象身上见到了绝对美,仿佛是回到了家,"与神契合为一体"[2]。共通感乃是人的灵魂对绝对家园的追忆。这些都是从神学目的论角度所进行的先验界说。

另一类共通感的思想则侧重于主体的身心尤其是心灵的先天相通方面来探讨。例如,毕达哥拉斯学派认为人有内在和谐,这种和谐与宇宙大化的和谐

---

[1] *Kant's inaugural dissertation of 1770 / Translation into English with an introd. And discussion* by William J. Eckoff. New York, AMS Press, 1970. p.24.
[2] 《九部书》第一部第六卷《论美》,转引《朱光潜美学文集》第四卷,上海文艺出版社1984年版,第124页。

是契合的。而人们在体现宇宙的和谐精神这一点上,是完全一致的。因此,主体的共通感就体现在人体天道上。它类似于中国古代道家的阴阳相生、五行相成的和谐体道思想,类似于庄子的以气合气,以道统一的说法。对共通感思想作出类似评价的还有亚里士多德。亚氏曾说:"我们具有一种共同的能力,它能感觉共同的事物,并且并非偶然地感觉。"①亚氏在《论灵魂》里论述了人类精神活动的外在感觉和内在心灵及其相关的特征,并对后世的共通感理论发生了一定的影响。虽然亚氏认为"在五种感觉之外(我是指视觉、听觉、嗅觉、味觉和触觉)并不存在其他感觉"②,"不可能存在某种特殊感官能感觉到共同的对象"③。但圣·托马斯·阿奎那还是根据亚氏思想,把感觉划分为外部感觉和内部感觉。外部感觉是指视、听、嗅、味、触五种感觉,而内部感觉则包括综合感、想象、辨别和记忆等。在《论灵魂》《论感觉及其对象》和《论记忆》等文章中,亚氏曾详细论述到内部感觉诸内容(把它们视为灵魂的内在功能),却并未认为它们是人的内部"感觉"。圣·托马斯·阿奎那则对其详细地加以发挥和阐述。在论述综合感时,他曾说:"综合感好比是外部感觉的根源和基础。"④"综合感的对象,就是视觉和听觉感受到的感性事物。因而综合感虽是一种能力,但是能伸展到五官的各个对象。"⑤这些说法,深深地影响了18世纪的英国学者们的"内在感官说"等,从而激发了康德共通感思想的形成。

18世纪英国学者们对共通感问题普遍重视,讨论亦多。大家相互激发和论争,从而对这个问题有了比较深入的看法。首先阐释这个问题的是夏夫兹别里。作为一个剑桥派的新柏拉图主义者,夏夫兹别里反对他的老师、经验主义者洛克的看法,而与莱布尼茨的理性主义思想一致。在1711年出版的《论特

---

① 《亚里士多德全集》第3卷,秦典华译,中国人民大学出版社1992年版,第66页。
② 同上,第64页。
③ 同上,第65页。
④ 《亚里士多德〈论灵魂〉》第3卷第3条,第611节。
⑤ 《神学大全》第一集第一题,第3条。

征》第一编《道德家们》中,他主张人先天就具有辨别美丑的能力,这种能力并不借助于理性思考,而是借助于人的一种"内在感官",即人的一种心灵能力。他还继承毕达哥拉斯学派的看法,强调宇宙大化的和谐是"首要的美",主体的内心世界只是这种"首要的美"的具体形态。接着,艾迪生在1712年发表《关于敏锐鉴赏力的培养》一文,把这种先天能力的学说加以发挥,并且强调了后天的培养。他认为敏锐的鉴赏力是"心灵带着愉悦体味作者的高妙和怀着厌恶感受作者的缺陷的一种能力","这种能力在某种意义上是我们生来就有的……尽管这种能力在某种意义上是我们生来就有的,但是仍要有些方法来培育它和提高它,否则它就会很不稳固,而且对具备它的人来说也不会有什么用处"①。夏夫兹别里和艾迪生的思想,已经基本上表达了当时对于共通感的主要看法:有先天素质,这是共通感的条件。同时这种奠定在共通感基础上的鉴赏能力,后天也可以培养和提高。后来夏夫兹别里的门徒哈奇生的思想大抵不出这个范围。他在1725年的《论美和德行两种观念的根源》之中,主要是在为夏夫兹别里辩护,论证内在感官,强调它是"天生的,先于一切习俗、教育和典范","教育和习俗可以影响我们的内在感官……但是这一切都必须假定美感是天生的"②。

直接对康德产生影响的是休谟和伯克。在1757年的《论趣味的标准》里,休谟认为人在审美趣味的素质上是相通的,而审美能力的强弱,则是在素质的基础上发展起来的。"因此虽然趣味的原则是有普遍意义的,完全(或基本上)可以说是人同此心,心同此理;但真正有资格对任何艺术作品进行判断并且把自己的感受树立为审美标准的人还是不多。"③在休谟看来,人的审美能力是共通的,个人气质的差别,时代与民族的差异,以及年龄的悬殊虽然存在,使得审

---

① 《西方美学史资料选编》上卷,章安祺译,马奇主编,上海人民出版社1987年版,第467—469页。
② 《西方美学史资料选编》上卷,程介未译,马奇主编,第475页。
③ 休谟《论趣味的标准》,吴兴华译,《古典文艺理论译丛》第五册,人民文学出版社1963年版,第12页。

美趣味"仿佛是变化多端,难以捉摸,终归还有一些普遍性的褒贬原则"。这些原则,天才可以通过艺术品表现它们,学者则可以"经过仔细探索",找到"这些原则对一切人类的心灵感受所起的作用"。如果有人在审美时"没有能造成预期的效果,那就是因为器官本身有毛病或缺陷"①。如同发高烧的人舌头不能辨别食物的味道,害黄疸病的人眼睛不能辨别颜色一样(按:休谟黄疸病一例与事实不符)。休谟强调审美趣味先天的普遍意义的思想对康德的影响是显而易见的。康德对休谟极为推崇,认为他打破了自己独断论的迷梦,对自己的整个思想方法发生了相当的影响。

伯克是最直接地影响了康德美学思想的英国学者。伯克的美学著作《论崇高与美两种观念的根源》出版于1756年,但该书的导论《论审美趣味》却是1757年再版时加进去的。一般认为休谟对伯克影响较大,也可认为休谟1757年《论趣味的标准》影响了伯克的《论审美趣味》。因为这篇导论与全书的内容有所抵牾(尽管同时作了一些修改),而与休谟的文章比较接近。伯克的思想虽然是奠定在继承前人的基础上的,但毕竟对前人的思想加以深化和系统化了。他强调了审美判断的普遍原则与现实生活的关系:"如果没有全人类共同的一些判断原则和感性原则,人们的推理与情感就不可能有任何根据以保持日常生活的联系。"②他认为人们审美感受的差别主要由于两方面的原因:一是"天然敏感性"的强弱,二是由于"对对象的较密切、较长久的注意。"③审美判断是"所有的人都依赖天然的同感来感觉,不借助于任何推理,每个人心里都承认它们的正确性"④。他把人的鉴赏力分为三个组成部分,即想象力、情感与知解力。前两种是"天性",而在知解力方面他则认为知识的改进对知解力有着影响。

---

① 休谟《论趣味的标准》,吴兴华译,《古典文艺理论译丛》第五册,第6页。
② 《论崇高与美——伯克美学论文选》,李善庆译,上海三联书店1992年版,第1页。
③ 同上,第15页。
④ 同上,第16页。

伯克是康德《判断力批判》之中唯一明确提到的美学家。但在前批判时期，除了荷迦兹之外，康德几乎没有提到英国学者。康德在《观察》一书中曾侧重于强调个体间的审美差异。其中开门见山地指出："与其说愉快或烦恼的不同情绪取决于激起这些情绪的外在事物的性质，还不如说取决于每个人所独有的，能够被激发的愉快或不愉快的情感。"①这说明，伯克的思想和康德批判时期的思想有一定的差异。

有一种意见认为："康德通过门德尔松的介绍，了解了英国美学家舍夫兹别利和伯克的思想，促使他写作他的早期论文《对优美感和崇高感的考察》(1764年)，而当他在晚年写作《判断力批判》时，则更全面地利用了伯克的一系列观点。"②如果我们仔细思考这段话，不妨可作如下补充：康德在写《观察》一书时，还没有读到伯克的《论崇高与美两种观念的根源》。伯克著作的德译本出版于1773年，因此，康德前批判时期不可能把握到这部著作的全部内容，而只能通过门德尔松的介绍简单了解其大概。《论崇高与美两种观念的根源》对康德的系统影响反映在《判断力批判》一书中。

康德还从批判哲学体系的角度，对伯克的思想提出了批评。他认为伯克对审美判断的解释主要是生理学的，是"纯经验解释"。"作为心理学的解释，对于我们心灵现象的这些分析是极为精细的，而且为经验人类学的令人喜爱的研究提供了丰富的资料"，但是，这种解释"我们肯定就不能指望其他人赞同我们所下的审美判断"③。尽管心理活动的生理机制是人们共同拥有的，但没有先天法则把私人趣味排斥在审美鉴赏之外，让审美鉴赏受必然的原则的拘束，而只是依赖于自然的权利，服从于个人情感的活动。因此，伯克的审美判断，还不能算

---

① 康德《对美感和崇高感的观察》，曹俊峰、韩明安译，黑龙江人民出版社1989年版，第1页。
② 汝信、夏森《西方美学史论丛》，上海人民出版社1963年版，第112页。
③ 康德《判断力批判》上卷，曹俊峰译《康德美学文集》，第528—529页，参见宗译本第119—120页。

作具有真正的普遍有效性。它没有每个鉴赏者必然应该遵守的法则,算不上真正的共通感。

英国学者卡瑞特曾认为:"康德的美的哲学,除了它的体系形式外,几乎各方面都要归功于英国著作家们。"①这话说得太绝对了。不过,就共通感这一点来说,却有一定的合理性。康德的共通感思想的具体内涵,明显地继承了英国学者的看法。但是,康德与伯克等人的真正区别,不只是卡瑞特所说的"体系形式",而是康德通过他的先验学说,把共通感放到他的批判思想体系中,使之系统化、理论化,并且更深刻地追寻其内在动因。正是在这种意义上,康德认为必须有先验原理作为鉴赏判断的根基。"人们通过探索心意变化的经验的规律是达不到这先验原理的。"②这种作为共通感的先验原理是一种绝对的命令,要求每个鉴赏者必须服从,规定他们"应该怎样判断"③。而且从中所感受到的愉快直接地和特定表像结合着。

总之,18世纪以前的学者对审美共通感的看法,既有神秘的解释,也有对身心的先天要素的分析,还有从心理学角度对内外感觉的区分。这些看法,对18世纪的英国学者产生了深刻的影响。康德在批判时期阅读了英国学者相关的看法,并且由目的论的思想出发,从先验角度对共通感进行系统把握,提出了自己独到的见解。

三、共通感的先验原则

康德系统化了前人关涉共通感的精辟见解,以期与他的哲学体系相吻合。在《判断力批判》中,康德将共通感严格确定在审美领域进行阐述。通过审美判

---

① *The Monist*. Volume35, Open Court Publishing Company in Chicago, p.315.
② 康德《判断力批判》上卷,宗白华译,第120—121页。
③ 同上,第121页。

断与认识、审美愉快与感官快适的区别来设定主观心态的共通感,认为它具体表现在心理诸机能协调的心意状态中。这种心意状态基于共同的先天素质,并且通过范式来体现必然性的要求,表现出普遍的可传达性。尽管它具体地表现在个别的鉴赏者身上,但它可以期望每个人都有一种"应该"的感动。

康德共通感的前提条件是不涉及概念。他在第二、第四契机中强调审美判断"不凭借概念",这就明确将审美与认识区别了开来。《判断力批判》第一章"美的分析"一开始,就开宗明义地指出:"为了判别某一对象是美或不美,我们不是把(它的)表像凭借悟性连系于客体以求得知识,而是凭借想象力(或者想象力和悟性相结合)连系于主体和它的快感和不快感。"①这样,审美判断就不只是判断方式问题,而且还是主体特定的能力使然。康德给审美判断和鉴赏的定义是:"鉴赏乃是判断美的一种能力。"②这种能力便是审美判断力。判断力是使特殊包含在一般之中的能力,而"一般"则通过概念来反映。判断分两种,一种是规定判断,将特殊事物归于预先给定的法则、原理之中,从而达到对事物的认识。这是涉及概念的逻辑判断。另一种是反思判断,指仅有特殊而求包含特殊的一般规律。这是一种主体对特定对象的态度,这种态度本身包含着一种主体情感对它的价值评判,有一种合目的性的原则在其中起支配作用。因此,它是一种主观的、与情感相联系的判断。这种判断之所以叫作审美的,是"因为它的规定根据不是一个概念,而是那在心意诸能力的活动中的协调一致的情感"③。判断力批判的目的,乃在于寻求这种反思判断力的先天基础。而先天共通感,正是对这种先天基础的先验设定。

先天共通感使得审美愉快不同于一般的感官快适,乃在于判断和快感孰先孰后。这不仅是先天共通感的关键,也是整个审美判断的关键。"在鉴赏判断

---

① 康德《判断力批判》上卷,宗白华译,第39页。
② 同上,第39页注⑤。
③ 同上,第66—67页。

和谐与自由

里是否快乐的情感先于对对象的判定还是判定先于前者","这个问题的解决是鉴赏判断的关键"①。如果是先有快感而后再发生判断,则是感官快适。"依照它的本质来说只能具有个人有效性,因为它直接系于对象所由呈现的表像"②,而不具有普遍有效性。因此,这只是一种带有利害感的感官快适,限于私人的主观感觉,对象与情感之间没有必然联系。而主观的普遍有效性是一种先有判断后有快感的判断,它不只是停留在外在感官的快适之中,而是导向情感,导向心意状态,即心理诸功能的协调。这种协调即想象力与知解力和谐自由活动的方式是可以普遍传达的。这是一种主观的普遍可传达性,人们可以共同分享审美的愉快。

这种不涉及概念、不同于感官快适的主观的先天共通感是康德假定的"人同此心,心同此理"的普遍心意状态。这种心意状态不是指某种外在感觉,而是心理诸功能协调的效果。按照康德的先天原则,只有在假定的共通感的前提下,我们才能进行审美判断。离开了人的先天共通感,便无法构成审美判断的普遍性。这种诸功能协调的心意状态,主要是指想象力和知解力的自由活动的状态。

想象力和知解力是主体在审美时的两种重要的心理机能。审美对象的表像"必须具有想象力,以便把多样的直观集合起来,也必须具有悟性(即知解力——引者),以便由概念的统一性把诸表像统一起来"③。在这种心意状态中,想象力有着创造性的自发的特征。它是可能的直观的诸形式的创造者。体现主体的共通感的审美理想正是凭借想象力才得以完成的。"想象力在一种我们完全不了解的方式内不仅能够把许久以前的观念的符号偶然地召唤回来,而且从各种或同一种的难以计数的对象中把对象的形象和形态再生产出来。甚至

---

①② 康德《判断力批判》上卷,宗白华译,第54页。
③ 同上,第55页。

论康德审美判断的共通感思想

于,如果心意着重在比较,很有可能是实际地纵使还未达到自觉地把一形象合到另一形象上去,因此,从同一种类的多数形象的契合获得一平均率标准,这平均率就成为对一切的共同的尺度。"①人在作鉴赏判断时,想象力必须在它的自由里被考察着,但是当想象力把握眼前的某一具体对象时,受着具体对象形式的限制,而对象的形式正赋予想象力以具体的形态。由于对象本身的形式含有多样统一的特征,这种多样统一与想象力的自由活动可以起到一种协调作用,在一定的范围内给想象力提供自由。但是这想象力由于植根于理性中的更高原则,根据模拟规律,仍可获得共同的基础。因此,想象力与知解力的合规律经由情感(而不是概念)的协调,由于形式的多样统一而体现出自由与合规律的统一。

而知解力则由想象力在它的自由中唤醒,知解力"没有概念地把想象力置于一合规则的游戏之中,这时表像传达着自己,不作为思想,而作为心意的一个合目的状态的内里的情感"②。知解力在审美判断中不是作为一个认识的功能,而是作为这种判断和它的不依赖概念的表像规定的功能,"依照着这表像对主体的关系和主体的内在情绪,并且在这个判断按照普遍法则而可能的限度内"③这种想象力与知解力的自由协调以适应对象评判的心意状态,便是人们主观上共同具备的,即所谓共通感,按照康德的说法,它"不是理解为外在的感觉,而是从我们的认识能力的自由活动来的结果"④。其内在的共通的根源,则在于假设的先天原则。

从先天的角度,康德认为共通感同时具有必然性,而不只是一种经验的心理事实。"在那里能够先验地认为每个人将感到对于这个被我称为美的对象的

---

① 康德《判断力批判》上卷,宗白华译,第72页。
② 同上,第140页。
③ 同上,第67页。
④ 同上,第76页。

这种愉快"[①]，这种必然性被称为是一种范式。这种范式表明：审美判断力不需要我们"从他那自然素质的粗糙的根底开始"，"不陷入错误的诸试验里去"[②]。审美判断力不是通过对前人模仿获得的，"不需要到别人的判断里去摸索经验"[③]。审美判断力有继承性的一面，这种继承同时有唤醒的意味。它不是从后天经验积累的，而是在先天素质基础上，与先进者"从那同一的源泉里来汲取，像那先进者自己所以汲取的，并且只学习先进者在汲取时是怎样做的"[④]。康德认为"在一切机能和才能之中正是鉴赏最需要范例，即那些在文化的进展中获得赞扬最久的"，"因为鉴赏的能力是不能由概念和训示来规定的"[⑤]。正因为这种范式的存在，当审美对象出现时，每个人都"应该"判断它是美的。而且每个个别的具体审美对象，都因这种范式而必然地包容在普遍赞同的原则之中。因此，审美判断的必然性作为一种范式，不只是一种普遍的规则，也不是客观的和知识的判断，更不是由经验获得，它可以无条件地期待每个正常人的普遍同意。

如同在美的分析的其他部分乃至康德整个美学和哲学思想之中一样，共通感的思想的阐述反映了他的二律背反。首先他认为审美判断是一种单称判断，而单称判断一般是不能显示出普遍性的，如感官快适。但康德又认为它同时具有普遍性，因为这种单称判断不涉及利害计较（欲念），让人们在审美判断中在喜爱这个对象中完全是自由的，因而也就看不出有什么只有他个人才有的私人特殊情况让他感到不自由。其中所产生的愉快的理由对一切人都应该是有效的，相信每个人有理由假定一切人都能感到同样的愉快。这个二律背反的关键，在于对判断的界定。一般单称判断属于规定的判断力，故有单称全称之分。而审美判断是一种反思判断，不涉及概念，而以情感为桥梁，通过合目的性的原

[①] 康德《判断力批判》上卷，宗白华译，第75页。
[②④⑤] 同上，第126页。
[③] 同上，第125页。

则作为共同的价值标准和心意诸能协调的依据,因此是普遍有效的。

共通感的第二个二律背反是不涉及概念,不是认识活动,却又需要想象力和知解力这两种认识功能的自由活动。康德认为,审美判断中的想象力和知解力及其协调,已经不是我们认识意义上的想象力和知解力。其想象力不只是一种对特定对象特定形式再现的想象,而是一种自动受感性形态感发的创造性想象,即自由的想象,这种想象没有强制的规律,没有实际的目的。其知解力也不是一般凭借概念导向确定理解的认识的知解力,而是一种不确定的理解,始终不脱离感性,使想象在没有概念的情况下协调成一个体系。因此,一方面自由的想象力,不可能是自主的,必须通过知解力的协调;另一方面知解力若按照一定的规律去规范它,"那么它的成果将在形式方面被概念规定着"①。因此,审美判断力乃是通过确定的知解力,通过合目的性的思维方式对想象力的协调。这种想象力与知解力和谐的心意状态,属于情的体验,而不是知的认识。

共通感的第三个二律背反,也是根本的二律背反,即审美判断虽然是主观的、个别的,却又有普遍性和必然性,是奠定在先验假设的基础上的。这就是"人同此心,心同此理"的共同心意状态。这个心意状态是人类先天就共同具有,不是约定俗成的。这个假设如同他的《纯粹理性批判》中的经验假定一样,是论证的前提,而本身却未经过论证,只能期待每个人都普遍认同。这个先天共通感正是康德整个审美判断的前提。

总之,康德在假定共通感的先验基础上,对共通感的现象进行了阐释,认为它是不涉及概念的反思判断。这具体表现为想象力与知解力协调的心意状态,通过一种必然性的范式的唤醒而获得的共鸣,并且通过他的二律背反的认证方式对共通感进行辩证的解说。其精辟之处昭然若揭,但由于共通感

---

① 康德《判断力批判》上卷,宗白华译,第79页。

的先验基础无法界定,因而在此基础上推论的精确性是无法确定的。后人也无法用康德同样的方法来解开康德先验假定之谜。对这个问题的真正解决,只能是另辟路径,再从康德的阐述中吸收有价值的成分。正是在这个意义上,我们认为康德的这种系统解说有其精辟、深刻的优点,也有其体系的不可继承的弱点。

四、共通感的社会历史基础

在《判断力批判》中,康德着力于运用《纯粹理性批判》中所确定的方法论,从先验、辩证的角度对共通感的问题进行研究。同时随着康德本人思想的发展,他已开始注意到社会历史因素的影响。这种社会历史因素,康德曾在前批判时期的《观察》一书中涉及,但那主要只是从经验的角度作一些零散的描述,显得很不系统,而且侧重于不同民族、不同年龄、不同性别之间的差异。到了《判断力批判》,康德便开始注重社会环境及其社交因素对共通感的影响。有了这方面的影响,共通感便不只是先天的,而且也与后天的交流、协调有关。共通感的具体内涵,也不是静态的、固定不变的,而是随着社会生活的发展,随着交流的不断深化,随着知解力的不断提高,而不断丰富、深化的。随之,人类所追求的自由的具体形式也在不断改进。因此,审美理想的具体形态也是不断发展着的。

康德哲学的最初宗旨,本来是从逻辑角度运用先验辩证方法研究知识和道德的,而对社会历史因素则态度冷漠。1783年前后,在康德展开他的哲学体系的同时,德国学者开始关注社会历史问题。伊萨克·伊泽林出版了《论人类历史》,认为人类历史是理性和道德逐渐地和持续地向着越来越完善的境地运动的过程。阿德隆出版了《人类文化史初探》(1782年),探讨文明史的发展因素和规律。受他们的影响,康德也开始问津历史问题。1784年,康德发表了《世界公

论康德审美判断的共通感思想

民观点之下的普遍历史观念》,1785年应约写出赫尔德《人类历史的哲学观念》一书的书评,以此与《人类历史起源臆测》一起作为对赫尔德反对和责难的答复。康德的社会历史思想从此展开。到1790年的《判断力批判》,康德突破了既定的哲学体系,将社会历史因素渗透到具体的论述中。康德在对审美判断共通感的阐述中,强调人的社会性和社交性,谈到文明的发展对审美的普遍有效性的影响,并从历史的角度探究民族性和时代性对共通感的影响,从而使美学思想超越了先验辩证法的樊篱。

康德认为,审美判断的先天共通感必须通过社会环境才能实现其普遍有效性。"美只在社会里产生着兴趣。"[①]在这种实现的过程中,人们借助于天然的社交倾向,而把自己审美愉悦的情感传达给别人,从而促进了每个人的审美的天然倾向性,协调了整个社会群体的人的审美感受。同时,也只有在社会环境中,人才会反映出社交的天然要求,期待审美鉴赏的普遍传达,让其他人与自己分享审美的愉悦,认同自己的喜悦,这就是共通感。因此,共通感本身就是一种社会性的要求,"恰似出自一个人类自己所指定的原本的契约那样","一个孤独的人在一荒岛上将不修饰他的茅舍,也不修饰他自己,或采摘花草,更不会种植花草来装点自己"[②]。

审美的共通感因其普遍的可传达性而借助于社交来实现其先天和后天的协调。共通感既有基于个体心灵最深处的先天基础,又可以普遍而深刻地传达,人类便有条件进行社交,通过交流而形成共同的东西。这样,共通感便不只是先天的,而是先天与后天的统一,"以便人类和兽类的局限性区别开来"[③]。而作为继承和交流中介的所谓审美的范式,也同样是先天和后天的统一。

---

①② 康德《判断力批判》上卷,宗白华译,第141页。
③ 同上,第204页。

和谐与自由

审美共通感的先天因素与后天因素的交融统一是在矛盾冲突中寻求中间点来沟通和实现的。就一个民族来说,该民族里合法的社交的内在要求与面临的巨大困难进行斗争,而这困难便是"把自由(并且也就是平等)和强制(这强制是由于责任感的尊敬和服从,超过了由于畏惧)结合起来"[①]。这就是说,自由与道德律令(义务)之间只有协调才能作为社交的基础。这种社交的办法通常是不同层次的人之间的共识,以寻求文化与天性之间的中间点作为共通感的法则。即特定民族内部借助于艺术来使文化人与较粗野的人之间得以交流和沟通,使他们之间相互传达诸观念,使前一部分的人博大、精炼同后一部分人的自然纯朴与独创性相协调。并且在这种协调中寻求文化与正确性之间的联结点,实际上是人的先天自然性与后天社会性之间协调的中间点,这才是审美判断的真正的共通感的法则所在。也正因为如此,共通感才有先天法则与后天社会性的统一,才有审美观念的具体内容的发展。

共通感的具体内容通过人际间的交流而不断向前发展。在自然向人生成的历史过程中,人的自然倾向冀求在社会中获得实现。文明的人便是"倾向并善于把他的情感传达于别人,他不满足于独自的欣赏"[②],并希望在社会里和别人共同感受。每个人都期待和要求着从他人那里来的普遍传达,仿佛是由人性本身所拟定的原始契约。人类从文身发展到文化发展的高峰时代,正通过普遍可传达性而提高审美意识的价值。这种发展的契机与人的知解力和道德原则均有密切关系,既然共通感的心意状态是想象力与知解力的协调,人的知解力在不断发展着;这种共通感的心意状态自然也在不断发展。同时,美作为道德的象征,审美判断能力是"一个对于道德性诸观念的感性化"[③]的评定能力。而道德是在不断发展的,其象征则不可能固定不变。正是在上述意义上,我们认为共通感的具体内容是随着社会的发展而发展的。

[①][③] 康德《判断力批判》上卷,宗白华译,第204页。
[②] 同上,第141页。

当然,共通感的发展毕竟是相对的。共通感基于人类本性的先天因素是不变的,主体的先天的感性形成,想象力与知解力的协调原则,主观形式的合目的性的先天法则,以及在此基础上所体现出来的审美心理功能是不变的。所变的只是受社会历史因素影响的共通感的具体内容。因此,康德从自己的哲学体系出发,阐述了共通感的先天性,又突破了这一框架。强调它的社会历史因素,其意义是重大的。虽然这离共同感的精确解释的距离依然遥远,但在研究的思想方法和思想高度上,确实比前人有了质的突破。

本文原为朱志荣《康德美学思想研究》之一节,上海人民出版社2016年版

从主体到先验性
——海德格尔对康德知识论的本体论转化

李 钧

在西方近代认识论发展过程中,康德哲学占据着举足轻重的作用。从康德哲学的整体来看,他最终的目的当然不是关于有限人类的知识理论,而是为建立一个"未来形而上学"做准备。在这个过程中,他的《纯粹理性批判》为西方知识论作了非常坚实的奠基工作,并且通过表象的"统觉",奠定了"先验自我"的存在,为后世作为主体性的奠基石。固然,"先验自我"在《纯粹理性批判》里,其实还只停留在理论层面,它的定位也是非常空洞和消极的。最为重要的是,康德的三大批判并未完成"形而上学"的任务,他的主体性分裂为三部分:知性、意志与情感,未被统一的主体始终停留在有限性中,离形而上学的建立还有鸿沟。

以康德开创的德国古典哲学,尽管是近代知识论的发展,但更是古希腊以努斯(nous)和逻各斯(logos)精神为核心的形而上学的复兴。故而康德之后,对德国哲学传统留下的最重要的任务不是精心构筑知识论,而是继续建立形而上学。在这个过程中,主体性如何统合、如何突破是一个主线索。比如费希特就在康德较为空洞的"先验自我"中加入"本原行动",将自我从静态的支撑变成能动的,结合"自我"与"非我",开启所谓的"同一性哲学"(黑格尔语)。谢林早期哲学则将精神和自然视为无差别的,进一步将精神客观化。黑格尔哲学以自我意识的精神统摄世界,以一个庞大的客观性自我意识发展的圆圈来完成了形而上学的建构。黑格尔以后,德国哲学的形而上学传统仍在延续,再一次的高峰是海德格尔哲学,值得注意的是,康德仍是海德格尔的一个重要出发点。其实,每一个以康德为出发点的思想,都是康德哲学的一次阐释,对于康德哲学的深意都作了别有意味的发掘,有助于我们深化对康德的理解。

一、知识论中的本体论维度

海德格尔的哲学、特别是前期思想主要是在与康德哲学对话的基础上架构起来的,他的思想的关节,如主体性问题、根据的本质问题,世界、自由等等,都是直接来自康德哲学的;更重要的是,他的思想,直接是康德已取得的成果的进一步发展。他认为:"康德的著作导向了西方形而上学的最后转折"[①]——当然,海德格尔就是以完成这个转折为己任的。所以,海德格尔前期思想中与康德的比较是比较突出、关键的。《存在与时间》未出版的第二部的核心部分是讲康德的。后来又马上出版了《康德与形而上学问题》作为补充,可见海德格尔对康德哲学的重视。确实,海德格尔从一个现象学的信徒,到摆脱现象学,关键在于从康德那儿找到了突破的钥匙。现象学"回到事物本身",但最终没有对意识结构行为的最终动力,即"发生"进行探索。海德格尔不满足于此,要求进展到最终动力,即形而上的层面上去。这一突破的关键是关注存在者与存在(存在者的根据)之间的关系,海氏以时间性意谓之。尽管胡塞尔也讲时间,但他仅把它当成一种内在意识。海德格尔的时间性观念,其实更根源地来自、发展于康德的"纯粹感性",一部《康德与形而上学问题》主要就是讨论这个主题。

---

① *Basic Writings*, ed., D.F.Krell, Harper & Row, 1977, p.139.

康德引向了突破,他如何引向? 康德又毕竟没有实现这个转折,在海德格尔看来局限又在何处呢? 康德的哲学本身有没有实现这个转折的可能,需要如何被改造呢? 海德格尔的做法,其实像一面镜子,引导着对康德更深的理解。

康德的"纯粹理性批判",根本上是探求有限知识的根据的,按照海德格尔的话说,即是追求存在者的存在。海德格尔是从知识论出发的,康德也是。对个体知识的确定性把握,是哲学、科学最终追逐的目标。

一般认为,知识是表象的联结,它要求表象的确定性和表象之间有正确的联结。要做到这点则要求表象与对象符合,联结与对象的固有关系符合。康德认为,表象是经验层面的,它只是一种活动的结果,是被动的,它自身不能提供任何自身是确实的或联系的正确的理由。经验知识的必然性和普遍性是来自人的先验性。只有先验性,才能赋予经验这些确定与联系,人的先验性是"先"在于经验、使经验得以可能的条件,它是经验的立法者,是经验的根据。这一条件应包括:一、有先在的整理结构与法则,即纯粹知性、先验逻辑。二、有先天地接受外来的"力"的刺激的能力,即纯粹感性。这样当我们前经验地受到影响时,就能通过先验性而产生表象。表象之间有联系,成为判断。但表象之间联系的理由是先天知识活动,即先天判断所赋予的,所以,经验知识,即判断,仅是先天判断的表象与结果。但传统逻辑却仅在经验层面考察判断的表现形式中的主词和谓词的关系,"不问知识之源流"[①]。要真正地把握知识的正确,当研究先天判断,就"经验判断就其自身而论,皆为综合的"[②]而言,人的"先天综合判断"就是核心问题。它包括表象生成的可能性问题与表象之间联结的可能性法则的问题,前者涉及纯粹感性,后者涉及纯粹知性。就判断与判断之间的推理来看,它又涉及到先验性整体即理性问题,后两者构成先验逻辑。这些结构起了"先天综合判断"的可能性,关于它们的研究就是康德的《纯粹理性批判》。

---

① 《纯粹理性批判》,蓝公武译,生活·读书·新知三联书店1957年版,第73页。
② 同上,第33页。

从主体到先验性

如果说我们的知识论追求的是真实的对象本身,那么知识论就必须包括先验部分的思考。在从前,知识的根据往往在形而上学中讨论。但康德认为,传统形而上学是虚浮而矛盾的,根本在于从未考虑过先天综合判断如何可能的问题,它直接超越经验,拟想超验的东西来作为经验的根据。这种旧形而上学观念没有考虑到人的判断的决定性作用,同时超验者和表象有直接关系而又完全不相通(因为超验者超越经验可能性之外),这样就导致了先验实在论与经验观念论,又有了一个经验表象如何与超验对象相符合的难题。传统形而上学与康德哲学都追问知识的根据,但它们之间有在路径和方式上超验与先验的区别。超验,主要指超越经验的客观的"理念",超于经验之外的实体;先验,主要指作为知识根据、在经验之先的先验主体。康德认为,直接关系于知识的,是先验主体性,而非超验之物,超验的东西要经过先验主体方能与知识发生关系。康德并不否定超验者,但他否定在知识的根据问题上,超验者直接起作用。这样,他就把形而上学推到了"未来",把知识根据问题变为判断的主体方面的先天综合判断问题,把原来形而上学的问题变成了知识论的问题。

康德这样做,出于他对解决传统知识论的困难的设想。在《纯粹理性批判》第二版序言中,他认为与其把一个先在对象摆在那里,让主观去符合它而产生主观依何根据才能符合客观的困难,不如仿照哥白尼由日心说到地心说的转变,来一个"哥白尼式的革命",让客观对象符合主观,解决主客观同一的问题。从此出发,他提出了主体的先天知识力,提出了先验性。所以,康德的"哥白尼式的革命"的含义是由以经验中的对象为标准,转向以主观为标准,建立主体性知识论。

海德格尔则把自己对康德的专门阐述视为《存在与时间》中提出的存在问题、一般本体论与基本本体论的问题的补充与澄清,也就是说,他着力发掘主体性知识论中的形而上学内涵,把康德的努力建立起来的知识论焕发出它曾抛弃的本体论的光彩。当然,海德格尔的这个做法,将改变传统的本体论和形而上学,也将使康德的知识论中隐藏的问题和可能性引发出来。他说:"康德的文本成了一庇护所,因为我在康德中找到了我所提出的存在的问题的辩护。"[1]存在问题是传统形而上学的核心问题,如亚里士多德所示。但在经院哲学的发展中变成了本体论(ontology)而与诸学科分立(即本体论和知识论是分开的),限定了亚里士多德提出的对存在进行形而上学阐释的可能性。海德格尔借对康德的阐发,对此进行了澄清,他引康德说:形而上学名为 Metaphysics,就说明它与自然科学(physics)有本质关系。一般认为,自然科学属于经验领域,形而上学就似乎是应属于理性的领域,外在于"物理学"。海氏认为康德则提出了另一种解释,即形而上学的主题正是研究自然科学的可能性的,是研究存在者的知识的可能性也即研究存在者的存在的。形而上学、一般本体论,讲的不是和经验无关的问题,而正是经验的可能性问题。形而上学并不和逻辑学、物理学等分立在两个知识系统中,它们在更为原始的意义上,是统一的。[2]形而上学根本还是一个知识论问题,当然,反过来,知识论也是一个形而上学问题。

海德格尔认为康德的先天综合判断如何可能的问题就是本体论,海氏对此作了解释:传统上认为知就是判断,那么本体论上的知就是先天判断,在此中个体的"存在"被知,因为这个判断把个体自身的存在通过"综合"带到经验上,展示为"内容(what-Being)"。而康德又把我们先天的知识即先天综合判断能力本身当做"纯粹理性",于是"对本体论知识的可能性的揭示,必须成为纯粹理性的本质的澄明"(第9页),即"纯粹理性批判"。"纯粹理性批判"就是研究知识的可能性问题,也就是一般本体的知识,是形而上学的核心、基础问题。他说,康德的知识理论是"真正的本体论,形而上学并非对立于知识论。……有必要显示《纯粹理性批判》的分析是自柏拉图与亚里士多德以来,真正使本体论成为

---

[1] *Kant and the Problem of Metaphysics*, Trans. By Richard Taft, Indiana University Press, 1984, p.XV.

[2] Ibid., pp.4-6.

一个哲学问题的第一次努力"①。本文开端我们说到,康德一直以"未来形而上学"为目标,但他把自己的知识论确实还是局限在人的有限知识如何确定这个范围里。但是海德格尔把康德知识论仍然直接与形而上学联系起来。形而上学不用再期待未来,有限知识的根据就是无限。当然,这给康德留下一个还需解决的任务,就是康德作为有限知识根据的,是主体的先验性,也就是有限的主体。海德格尔欲求把有限知识的根据转化为无限,就得转化有限主体为无限,即改造康德的先验性。

海德格尔直接把康德的问题转化为他自己的语言:"(这种知识的可能性)被抛回到更一般的问题上,即如此的存在者的一般显明的内在可能性问题",它是"向着存在者的行为的本质的阐明","使向着存在者的行为可能的东西,就是对存在的结构的初始性理解,使个体知识可能的就是本体论知识。"②

所以海德格尔对康德的"哥白尼式的革命"表示了热烈的赞赏,与一般人欢呼为主体性的建立不同,他指出这一革命的意义主要是新基础的建立,是先验性的而不仅仅是一平行两点间(主观与客体)重点的转变。他说:"为整体的形而上学奠基意味着揭示本体论的内在可能性。这是真正的意义,因为它是那在康德的'哥白尼式的革命'的标题之下常常被误解的东西的形而上学意义。"③与其说这一"革命"是把客体当做标准转为把主体当做标准,不如说是本体论的涅槃,"个体真理必须把自己调节到本体论的(层次上去)。相应的,'哥白尼式的革命的合理解释被更新了。这样,康德以这样的革命就驱使本体论的问题进入中心环节。"④

应该说,海德格尔对康德"哥白尼式的革命"本质的洞见是深刻的,康德知

---

① *The Metaphysical Foundations of Logic*, Trans. by Michael Heim, Bloomington, Indiana University Press, 1984, pp.150-1.
② *Kant and the Problem of Metaphysics*, Trans. By Richard Taft, p.7.
③ Ibid., p.8.
④ Ibid., p.11.

识论在这样的洞见下,具有早一步接触形而上学的可能性,他的知识论也被显示出更高更丰富的含义。

二、有限经验的双重性与它的有限性根据

海德格尔对于康德知识论的这种解读,其实在康德对于自身知识论的定位中已能见出端倪。

首先,康德的知识论并不允许有超越经验的东西存在。他是否定先验实在论(即超验的东西的实在)的,因为"吾人绝不能超越可能的经验的限界"。经验具有客观实在性,它往往需要一个超验实体来给自己根据。但康德坚持,这个超验实体无非是经验的推论。"在我以外现实对象之存在(此"我"……非以经验的意义用之),绝不能直接在知觉中授与吾人。……外部对象之存在,仅在思维中始能加以知觉,视为其外部的原因,即视为推论所得者。"[①]也就是说,它是通过有限性而推想的。故经验之外的对象是观念性的,即先验观念论。没有在经验之外的东西。

但反过来,知识论中又不仅仅是经验,它又需要超越性维度存在。康德在反对先验实在论的同时,也反对经验观念论。按照康德的理论,一般我们所说的"外在事物",有比较微妙的模棱两可。外在事物既是"推论",但又是经验知识成立所必需的,否则先天知识能力无以被激发、无以能统一。故而这个外在事物的推论,是先验主体要进行判断综合的必然法则,虽内存于先验主体性,但这个向外的力有其确实性,不可以认为一切都是主观性而被否定。基于这个原因,康德否定认为经验的一切都是人之臆想的经验观念论看法,而是赞同经验实在论,即经验中之物有实在的理由。

[①] 《纯粹理性批判》,蓝公武译,第 297—298 页。

康德的知识论从大框架来说是与形而上学分开的,但是,他又不自觉地把形而上学的内容收入了知识论的范围。因此,形成了他独特的先验观念论和经验实在论的理论。这种理论模式,使他的知识论显得不确定性很强。从理论上,这也许是一个缺点,但是,在思想上却很深刻,不仅把知识论的维度伸展到了天边,反过来也把形而上学的基础拉到了地面。但是,在海德格尔看来,康德明明在这里就可以同时解决知识论和形而上学的问题,但是康德仍然将两者分开,这就造成了知识论在该伸展的时候又硬生生地停下脚步。

康德的知识论的不确定性,体现在他关于有限经验的双重性特点上。在康德看来,经验是人的知性与感性综合而成。当我们关注于一个指引所导致的感性知觉时,我们得到了显象(appearance),当我们关注于这一指引所导致的知性结果时,我们得出了各种显象之"后"的实体(substance)。[1]实体与显象不过是人的知识能力被引导、激起所产生的结果的一体两面。海德格尔很重视这个结论,他特别强调说:"在 Opus Postamuns 中,康德说,物自身(本体)不是别的,正是显象,但两者仅表达'对同一对象的表象的不同的方面'。同一个存在者可以相关于原始直观或派生直观,差别'仅仅在于主体如何被影响的关系的差别'。"[2]也就是说,有限的知识,总体上是显像,但又具有显象和本身的双重性。

对于这个有限知识的双重性特点,康德设计了一个双重性的主体先验性来解决它。那就是,对于有限知识的显像,有一先验感性来对应;对于显像的综合与统一,有一先验知性(范畴)来对应。当然,知性还是不能完全解决显像的综合和统一的全部问题,因为,知性范畴只能解决显像如何被综合与被统一。那个综合与统一力量最根本来自何处,还是需要有解释。为此,康德又在感性、知性之外设计了一个第三者:理性。理性就是表示那导致综合和统一的异化的、指引性的力量。这种指引,外于人的先验知性、感性,而为人

---

[1] 参《纯粹理性批判》第二部第一编第三章。
[2] *The Metaphysical Foundations of Logic*, Trans. by Michael Heim, p.164.

的理性所包容,即关系到知性、感性整体。人在做任何综合判断时,都是由于被引起并同时有所指引的,正因为如此,人的先验感性和知性是有限的,是不能自我发生、自我指引的。人总要在理性的引导下,不断地向无限追求,总要向只有无限者才能理解的外向力量之源追求;同时人的有限知识,即每一次被引导而产生的结果,也必然向着这个终极原因而无限追溯或前进,使之成为一系列(推理)。

康德认为,终极指引只能通过人的先天知识能力整体才起作用,也就是说,每一有限知识判断过程,必然经过有限知识整体才能与无限知识发生关系。一方面,有限必受无限之影响,另一方面,有限又不能直接通达无限。人的思维能力在处理这个关系中处于两难,产生二律背反。这个问题,是《纯粹理性批判》第二大部分"先验辩证论"的主要内容。

从康德的解决方案我们看到,康德的主体先验性其实并未完全解决知识的根据问题。首先,感性与知性解决了知识的"如何",但并未解决知识的来源。其次,理性看似解决知识的来源,但他把理性设为整体性时,理性就成了一个永远达不到的目标。因此,康德的主体先验性充其量只是知识根据问题的中间性解决方案。这也就是康德在寻找知识根据时,硬生生地把范围限制在主体性中、把最终方案寄希望于"未来"所带来的后果。尽管康德的做法,以限制的方式在防止传统形而上学先验实在论方面具有重要的思想史意义,但是,在理论的一致性上却带来问题。正如海德格尔所说,探求知识根据的理论,必然就是本体论。康德却在走向本体论的途中插入主体论并停下脚步,限制了自己理论发展的可能性,并且,其主体论将因为其中间性而带来一些问题。

海德格尔能够看到康德知识论的本体论意义,是对康德知识论的提升,也是在理论上更为周延的表现。但是,要把康德的知识论看成是本体论,必然要伴随着把康德有限的、中间性的主体先验性加以改造。如果能用超越主体的更广阔的东西来代替有限的主体性的话,那么,有限知识的根据就可以直接与无限发生关系,使知识论变成本体论。海德格尔主要通过对先验性涵义进行更换来实现这一目标。他断称:"先验性的知识并不研究存在者自身,而是研究原始的对存在的理解的可能性,同时研究存在者的存在的结构。"①

三、作为有限知识根据的先验性

正是基于对康德的更高把握,海德格尔对康德知识论内涵做了别样发掘与改造。

海德格尔在阐释康德时把注意力集中在判断上,研究一般的判断结构,在力图澄清感性、理性和知性的本质时甚至将知性、理性都改造为接受性(感性)的,并由此强调了先验想象力与原始的感性的核心位置。比如,康德认为,在判断中,知性应用范畴对感性材料(表象)进行统摄和综合,因此形成概念。这个概念,应该体现为知性主动性的表现。但是,在海德格尔看来,概念无非也是直观。判断是一个决定,他说:"在这样一个决定中,和谐于直观的被表象者,又进一步在关于它的一般所指的情况下被表象。"②这个再表象的结果就是概念。也就是说,概念本质上也是直观,而主要不是主动性。这个改造,其实别有深意。因为,知性在康德思想中是具有主动性的。正是这个主动性,截断了知识根据的进一步上溯,从而把知识论保持为有限知识论,把先验性阶段性地保持为主体先验性。海德格尔在承认康德理论的基础上,揭示出概念和整个知性的"直观"本性,将他们统一在感性旗下,其实就要打开主体性的限制,将知识的根据进一步扩展开去,实现其本体论解读的目的。

因此,经验知识就在总体上变成了接受性的了。海德格尔说:"经验意谓

---

① *Kant and the Problem of Metaphysics*, Trans. By Richard Taft, p.10.
② Ibid., p.18.

着:存在者的有限的直观的知识。"①

按照康德的理论,经验知识是来自一种先天综合行为,即知性范畴与感性直观的综合。但是海德格尔并不认同经验之前的先天综合有感性和知性的划分,他在阐释康德的过程中提出,知识确实是由一种综合活动导致的,它发生在知识之前,所以它本身就是"纯粹的",它就是知识的根据。他把这种综合命名为"成真性综合(verifative synthesis)",并形象地称之为"带到前来(bringing forward)"的综合。②

海德格尔在这里体现出他对康德较大的改造。这里显示出一个较大的理论问题,那就是,经验知识可以从"双重性"中区别出统一的成分和被统一的成分,在它的"先天"阶段,是否依样划分出两个成分？康德是这么做的,但海德格尔明确表示他不同意这个方案。在经验中,必然有这么一个现象:一个对象、一个存在者,"存在者作为一站在对面的某物,必须给出知识"。海德格尔认为,经验的这种结构,正反映出了人的有限性。他说:"只有有限知识才有对象,于是才有'同一'、'对……符合'的问题,无限知识则无此对立。"③也就是说,经验中有此分立,但经验之前,应该无此分立,纯粹的成真性综合是知性与感性的综合。在海德格尔看来:"源泉的两重性并非是并列的,只有在它们的结合中,知识才能产生。"海德格尔强调,不可把原始的统一体当做经验的统一体,不要像在经验层面那样把感性与知性分开。如果在经验知识中,可分析出感性与知性两种要素,那么,也不可认为"把两个孤立的要素连在一起就得到纯粹知识(即知识的根据,纯粹综合)了,""它们的结合比它们更早。"他把这根本的综合(纯粹成真性综合)称为"基本的源泉"④,是知识的"根(root)"⑤。也就是说,感性和

---

① *Kant and the Problem of Metaphysics*, Trans. By Richard Taft, p.79.
② Ibid., p.19.
③ Ibid., p.20.
④ Ibid., p.24.
⑤ Ibid., p.39.

知性的对立或分别,仅是经验层面的,但在"纯粹"层面即经验的根据层面,不应该以经验层面的情况来模拟,在"纯粹"的层面,不应该有感性与知性的对立,纯粹层面的活动应该是更深刻更宽广的东西。

我们看到,康德的"纯粹"层面,具有以感性和知性并立为主的多重知识能力的并立,也正是通过这种结构,康德暂时把知识的根据停留在主体性中,也就是有限知识的根据仍然保持着有限,最终解决要靠理性的无限延伸来寄希望于未来。但是,这里面确实有用经验层面的情况模拟"纯粹"层面的情况,应该说,海德格尔是具有理论洞见的,在纯粹层面里,可能不再是感性知性这么一个主体内部对立的模式,而是一个更广阔的模式,这个模式应该能解决经验层面的材料和统一力量等诸般情况的来源。

海德格尔否定原始综合行动中有感性和知性之别,具有重大的理论意义。因为,在一般的关于人类能力的理论中,关于感性、知性的理解主要是康德知识论奠基的。作为美学学科本名的"感性学",其"感性"的意义,也无法突破康德关于人类能力的分析与定位。海德格尔的突破,无异于阐述一般理解中的"感性",不是真实起作用的东西,而是对于经验成分分析的不准确推断。在真实的人类生产关于世界经验的活动中,有没有感性、知性之分,真正的人类创造(综合)情况是怎么样的是只得重新探讨的。这些问题,其实是美学的奠基性问题。康德哲学中的各种可能性,被海德格尔发掘选择,对于美学基本理论具有极大的启示性。

海德格尔说,人既然要使经验的知是正确的、是真的,那就必须使把直观符合存在者的存在显明出来。它的前提就是必须先知道存在者的存在,故而,存在者的存在的知是知识的根据。依照康德理论,知识的根据在于人的先验性,所以海氏也称这纯粹综合(先在的知)是先验性(transcendence)。于是,为形而上学奠基也就是"人如何能先于对存在者的处理而知存在者的存在"的问题。[1]

---

[1] *Kant and the Problem of Metaphysics*, Trans. By Richard Taft, p.25.

和谐与自由

人这种东西,如果它能有知识,那么它的本质中必然有能够有知识的能力(先验性),海德格尔称为"对一个存在者开展":"本体论的可能性问题就是对存在的原始理解的'先验性'的基础的问题。先验性结构了先验的综合。这个问题也可变为:人这有限的存在,如何依循自己的本质,使自己能对一个存在者开展?"①海德格尔通过这些推进与勾连,指出形而上学、本体论的基础其实是人的本质问题,而人的本质问题,就是先验性问题、即知识如何可能的问题。那么,"先验性"的结构和内涵进一步是如何呢?

海德格尔指出,知识最根本上来自经验中的"看"(look)的行为,经验有这么一个基本结构:在一个"看"的面的两端,分别站立着人与存在者。这样,经验就有了这两个前提:一、存在者要站在对面。"站在对面"本身不指任何一个存在者,它指向所有存在者共同的状态,海德格尔称之为境域(horizon)。存在者是站在"对面"这一境域中的,我们经验的标准(即客观实在性)悉从这个境域而来。二、人必须能够"面向""转向"这个境域,否则无法接受一境域传达来的感觉,谈不上形成经验或知识。于是,作为经验可能的条件,就必须同时能给出这两个前提。海德格尔说:"本体论的知识……是一个存在者能够自身站在一个有限的造物对面的可能性的条件。有限造物需要这一转向……的基本能力,它(某物)站在对面。"对此,海氏称之为"原始的转向",这就是"先验性"。②经验是一个有限造物(人)站在存在者对面,这个有限造物如果"能"站在物的对面,则必然也可让物站在人的对面,"转向"与"站在对面"本来就在相对关系中,能有一必能有其二,因此海德格尔在此说先验性是人的"能"转向。人转向物,这表达式中必然还包含了人对存在者有所行动、与存在者发生关系的含义。

人的"能"转向……,不仅造就了在这转向中的人,而且还造就了"站在对面"的对象,所以,先验性的"能转向""让站在对面"就不仅仅是主观的,它有更

---

① *Kant and the Problem of Metaphysics*, Trans. By Richard Taft, p.28.
② Ibid., pp.27-8.

深的含义,即它包括了"客观实在性",也包括了对象的创造。经验的人站在一个对象的对面,这就需要他的本质能允许有这一"转向……",而他的本质既然能允许这一转向,也必然能允许有一对象站在对面。经验的人在经验之前就从自身中超越出去,先天地通达对象,他涵盖、产生了经验,包括他之中的经验的人与经验对象面对面的结构。海德格尔的这一结构,其实是试图解决哲学中的根本问题:思维和存在如何同一? 也只有解决了这个问题,才是本体论。

所以,海德格尔认为,知识—经验之所以可能,在于拥有知识的人能先验地给出经验的两方面,一方面是自我,一方面是对象。这先验性不仅具有主观性,还应含有客观性。他说:"把自己转向的让站在对面形成了一般客体性的境域。"于是,先验性对于经验中的自我来说,有着"走出"的特征,"这一在有限知识中在先的、并在所有的时候都必然的走出向……,因而是一不断的从……的站出"。海氏在此言后以括号注了一个"出窍"(ecstasis)。① "出窍"是海德格尔整体思想中的关键词,在此显出与传统知识论的关系。依这段话,"出窍"之得名在于先在地"走出自我",定位于主客同一的问题的解决中,它就是先验性,就是标识出转向的知性与标识出"站在对面"、在我们之外者的感性的本体论的综合。这个时候,海氏完成了对于康德主体先验性的改造,此时的先验性,已经超越了主体性,它包含主客观,并为主体性奠基。只有这样的先验性建立,康德的知识论才能是本体论。

四、更改判断的最高原理

康德曾说过有"一切综合判断的最高原理",这等同于海德格尔讲的知识的可能条件、先验性。所以,海氏在以上述方式讲述先验性后,引了康德的话来证

---

① *Kant and the Problem of Metaphysics*, Trans. By Richard Taft, p.81.

明自己:"康德给出的'一切综合判断的最高原理'的总结性公式是什么?它是:'经验的可能性的条件同时就是经验的对象可能性的条件'。"①海氏指出,上面的这个命题的关键词是"同时"。他说这一"同时"就表达了"能"转向(出窍)与"能"站在对面(对象的境域)的结合体,故而"先验性是出窍—境域的。"很明显,他把康德的公式中的"经验"当做"转向"一边,把"经验的对象"当做"站在对面"一边;把前者当做经验认识主体一边,后者当做经验认识客体一边。

但对康德稍有理解的人都能看出,海氏的这个归纳明显地曲解、篡改了康德,而且是有意地。因为,康德曾明确地说过:"一切综合判断的最高原理为:一切对象从属'可能经验中所有直观杂多之综合统一的必然的条件'。"②而海德格尔引的那句话,只是康德在这原理之下的引申。海德格尔为什么不引康德正式的定义,而仅引了它的引申?因为他要回避这一定义,因为这一定义没法被他那样归类,而且这一定义甚至反对他这样归类。

康德所说的"可能的经验中所有直观杂多的综合统一的必然条件"指的是认识主体方面的固有的认识方式:时间、想象的概观与范畴。康德说:"故综合判断之所以可能,吾人必须在内感(按其基本方式为时间)、想象力及统觉(按其方式为范畴)中求之……这三者实为那完全依据表象综合而造成的任何对象的知识所绝对必须者。"③所以康德讲的最高原理,实际上就是讲对象从属认识主体的先天认识结构,也就是康德"哥白尼式革命"的意义。如果是这样,那么海德格尔所引的那句话中的"经验的可能性条件",指的是认识主体的先天结构,即康德的主体先验性结构,它就是"经验的对象所以可能的条件"。康德其实是把"经验的可能性条件"归到主体一边。海德格尔只用这原理的引申,是因为这引申的字面上可以做文章,而对于难以做文章的原理的正式阐述,则有意回

---

① *Kant and the Problem of Metaphysics*, Trans. By Richard Taft, p.81.
② 《纯粹理性批判》,蓝公武译,第106页。
③ 同上,第151—152页。

避了。

但我们不可因此认为海德格尔对康德的阐释毫无价值,相反,他其实深刻地理解了康德,并且在批判哲学整体上理解了康德。海德格尔是借康德的《纯粹理性批判》的阐释来阐发他对批判哲学整体的理解。

海德格尔的阐释与康德原文的差距,正是《纯粹理性批判》与批判哲学整体(未来的形而上学)的差距。《纯粹理性批判》是自成一体的,它同时又归属于批判哲学整体,这样《纯粹理性批判》的一体必然带有阶段性的特征,也就是说,康德必然要限定《纯粹理性批判》中一些问题的发展,一些问题本来按逻辑发展要超出《纯粹理性批判》的范域而追溯更深的根据的,而康德为了保持完整性就不得不模糊这一问题的纵深度,或者切断之,并通过与同平面东西的联结、用另外的东西来补充来遮盖这种切断,这必然会浅化和偏置这些问题。

康德的"最高原理"很明确地把对象从属于认识主体的先验性,从这方面来看,海德格尔的阐释有误。但如更仔细地审视康德,就会发现"最高原理"的明确性后面,却有一模糊处。

首先,最高原则讲对象从属于主体的先验性的说法,如果结合到"对象"问题上,则仅仅是"对象"问题的引申。康德也好,海德格尔也好,都承认,经验对象其实是一种知性的表象产物。当直观被提供,它必然带着互相联结的趋向,人对此直观统一的趋向进行意识,就把这直观的统一趋向意识为"一",同时又把这"一"与直观对照,于是"一"就有了"外于直观"的性质,于是就产生了一个给出直观杂多的统一的个体。所以可以说,这个个体"对象"是主体的直观的统一的意识。所以说,就它是"某个东西"、某个存在者来说,它必然是从属认识主体的先验性条件的,所以说"最高原则"只不过是"对象"理论的一部分的引申。

康德也认为,杂多统一设置了一个"对象",同时也导致了"先验的统觉"。后者指"统摄杂多在一意识中",它自我意识到自己统摄直观,且是通过范畴的方式的,故可说一切直观皆从属范畴,"一切感性直观皆从属范畴,范畴乃是感

和谐与自由

性直观之杂多所唯一由以而能统摄在一意识中的条件"①。范畴必然导致经验的概念,所以范畴是"纯粹概念"。范畴是意识的必然统一方式,所以,康德把直观的统一的另一头归为"先验统觉"。而康德又说,意识的必然的统一,"实际上"就是"与对象的关系"。在此,我们要强调,"与对象的关系"这个表达是一个整体。也就是说:统觉一方面是"自我同一",另一方面必然要产生"与对象相关"这一模式来统摄直观,即统觉必然要在"直观必须是某种对象的显象"的模式中统摄直观。康德说:"自我同一的本源的、必然的意识,同时亦即一切现象依据概念——即依据不仅使现象必然的再生且亦因而规定'它直观的对象'(此对象,即现象必然在其中联结的'某某事物的概念')的规律——的综合所有的必然的统一的意识。"②"与对象相关"作为统觉的模式,其中"对象"是一概念,即统觉统摄直观的一种方式、一种范畴。所以,从这个意义上说,对象其实是一对象概念,是属于"统觉"即自我的。

但是,统觉为何要在"与对象相关"这一方式中统摄对象呢?统觉为何自身要假设一个与自身相"对"的东西呢?这只能这样解释:先验统觉本来就处在一种使直观统一的状态中,于是它把自身的这种状态意识为"我"与某种东西相关,或者"我"与"对象"的"关系"。在这个表达式中,"自我"与"对象"都是一个"概念"。这正如海德格尔讲先验性是"让……站在对面"一样,包含了"转向"与"站在对面"的对立。先验性是同一与差异的两重性的统一体。为什么"自我"也是一概念呢?因为自我——"先验统觉"的自我意识所意识到的东西,是内感知直观统一的产物,也是概念。

"先验统觉"先天地能感到自身的不均衡,故要以一"与对象相关"的方式来思考。这种方式的设计,还满足了康德对范畴"客观实在性"的强调,为了它和经验中的对象有其根据,他还设立了一个"先验对象"。但"与对象相关"这个结

---

① 《纯粹理性批判》,蓝公武译,第106页。
② 同上,第127页。

构又是怎么来的,理由又是什么? 其过程很含糊,康德也未再加以进一步阐述,他在关于"自我"、特别是关于"自我"为何要以"与对象相关"的基本方式来实现自己的能力,即为何要"自我异化"的问题上,显得特别含糊。所以说,康德的一切综合判断的"最高原则",其实并非是最高的,它是"对象""自我—统觉""范畴"等问题的延伸。康德说:"统觉的原理,是人类知识全范围中最高的原理。"前一个最高原则,讲对象从属先验主体性,而先验主体性又具有客观实在性,而客观实在性又来自"统觉"的"与对象相关"的方式。而最后这一步是很含糊的。不过,这深刻处的含糊触及了最根本的东西。

正因为这样,海德格尔主客差异与同一的先验性,在表面上篡改了康德的"最高原则",但出于康德的最高原则还要依赖于一个"统觉"的模糊性来看,他的解释正是在最根本的源头上解释康德,同时还揭示了康德思想中的问题。

原载《美学与艺术评论》第 14 辑,山西教育出版社 2017 年版

德国古典美学中的形式概念

张旭曙

一、形式·审美·人

要充分、合理地分析、评估"形式"在德国古典美学体系建构的思想张力中所起的作用,我们可以引用席勒的一句令人费解、颇有争议的名言:我确信美只是形式的形式。不过,面对形式,我们不能回避这样一个棘手的处境,一方面我们能时时感受到形式的强大的冲击力,另一方面,鉴赏判断五花八门的形式概念内涵——鉴赏判断的先天普遍形式(康德)、感性形象(黑格尔)、含有形象之义的理性形式(席勒)——又使我们如堕云雾、不得要领。那么,如何才能对德国古典美学中的形式问题获得清晰而有深度的透视呢?在我们看来,那就是必须把它放置到启蒙运动的思想图景中去考量。

康德在《什么是启蒙?》中写道,启蒙的格言就是敢于认识!要有勇气运用你自己的理性!这种启蒙精神把能运用理性看作为人的本质,并且坚信人能够通过理性的运作而实现自由。的确如此,启蒙思想家的设计方案的最终目的就是为自我和人奠定普遍的理性基石。就我们的论题而言,形式问题的实质是与人、与主体性问题联系在一起的。

德国生命哲学家西美尔在《现代文化的冲突》一文中这样分析道,相对于古代世界的存在概念,近代哲学的主要问题是自我概念的兴起。十七世纪末期"'自我'、灵魂的个性才作为一个新的核心概念而出现。有些思想家把存在描绘为自我的创造,另一些思想家则把个人的特性理解为'使命',理解为人的根本使命。这种自我、人类的个性,既是绝对的道德要求,也是一种形而上学的世界目的"[1]。西美尔描述的正是启蒙思想的主要特征,我们可以再简化为两点:普遍理性、人的科学。卡西尔在《启蒙哲学》中也指出,莱布尼茨在《论真正的神秘的神学》中表达的在个性与共性的概念之相互关系中寻求和谐的思想转移了全部哲学的重心,由美的问题而导致的新的"哲学人类学"的创立是18世纪全部文化的特征。[2]但是后来的思想史发展表明,理智主义把人的生命抽象化、概念化,而人本主义或者注重表面的物质生活,忽视精神生活,或者只关心生活本身,不能超越自身看到全体。因此我们看到,贯穿启蒙运动的经验派和理性派、生活派和形式派之间的对峙,就成了德国古典哲学美学的思考出发点——面对感性和理性、内容与形式、主观与客观、必然与自由、思维与存在、有限与无限、个别与一般等一系列矛盾冲突,和谐、健全的人如何可能?(其实,我们只要看看《启蒙哲学》第七章的小标题就可以约略见到德国古典美学主题之思想来源了)审美功能是导向个体、社会和谐的必由之路,是德国唯心主义者们的共同主张。康德用无目的的合目性的审美判断力统一个别与普遍、自由与必然,席勒追求美的感性客观性,谢林把美和艺术作为感性的有限之物和理性的无限之物的联系,黑格尔用绝对精神的自我矛盾(对立统一)运动统一了主观与客观,正如克洛纳在其巨著《从康德到黑格尔》中所指出的,这可以看作为德国古典哲学美学的一个主题明确、条贯一致的思想史线索。

我们知道,康德试图用审美判断力作为沟通纯粹理性与实践理性之桥梁,这个问题的要旨就是自然的人如何通过审美和合目的的活动而成为自由的人。

---

[1] 刘小枫《人类困境中的审美精神》,东方出版中心1991年版,第244—245页。
[2] 卡西尔《启蒙哲学》,顾伟铭等译,山东人民出版社1988年版,第31—349页。

在他看来,只有人才有真正的理想。但是,康德学说的重大缺陷在于,它不但没有越出纯认识论的范畴,而且始终把问题的解决放到主观的、形式的一面。如同康德一样,席勒的美学是他对人性的先验分析的自然延伸。所不同的是,康德的统一是主观的,抽象的(主观的合目的性),席勒则在人的艺术和审美活动,在游戏冲动及其对象"美"中,把"形式"和"生活"调和、统一、结合在一个充满创造力的审美世界中,把形式美学、生活美学和康德的批判美学结合与调和成一种"活的形象"的综合体。审美、美和艺术的重要性在于使人摆脱异化状态,恢复人性完整,达到精神自由。在使他扬名四海的第一篇"思想抒情诗"杰作《欢乐颂》中,席勒就热情讴歌过人人无差别,万民同乐的天堂世界形象化地表达了对过分理想化的精神自由、平等的渴望。席勒对美的本质的探讨已经从康德的纯思辨的主观的形而上学朝着客观、现实的基地上转移了,成为"美是理念的感性显现"的理论来源。席勒把心灵的自由及其客体化的表现作为美的最内在的根据,这个迈向实践领域的思路受到黑格尔的高度赞扬并且大加发挥。在《美学》里,黑格尔以小男孩投石水中,把水中所现圆圈看作为自己的作品来说明"在外在事物中进行自我创造"的思想,就是美学的实践观点的萌芽。

    康德美学的中心议题可以表述为个别的审美判断(趣味判断、鉴赏判断)为什么具有普遍性?讨论美学中的鉴赏现象当然不始于康德。有人把格拉夏恩视为鉴赏概念之父。[①]十七世纪时,鉴赏或好的鉴赏这个词就很流行了,人们把它看成有别于"知性的审辨"的一种富于创造性的"审辨"功能。经验论美学的集大成者休谟认为,审美趣味取决于感性气质的敏感程度,又非常依赖健全有力的理智。启蒙运动大师伏尔泰把超凡的鉴赏力看成感觉、体验的能力与理性分析技能的综合。博克指出,审美鉴赏力(包括感觉、想象力、理性判断力)是心灵的一种官能,存在着共同的、确定无疑的原则。这些理论探索给康德很大启

[①] 克罗齐《美学的历史》,王天清译,中国社会科学出版社1984年版,第40页。

发,但又不十分满意。因为这些人要么停留在经验心理学领地(博克),要么陷入不可知论(休谟),要么固守新古典主义法则(伏尔泰),都对人的先天观念在审美活动中的主观能动性估计不足,因而还没有进入哲学领地。康德就是要在先验哲学的基地上试图克服这些缺陷,为纯粹的鉴赏判断的法则奠定一个先验原理。

依照塔达基维奇的梳理,与内容、含义、意蕴相关的被直接给予感觉的东西(感性形式)最初是由智者提出的,在十八世纪之前,它主要被用在诗学领域里。在十九世纪,这个形式概念才被推广到一切艺术理论之中。[1]而在我看来,塔氏认为十八世纪这个形式概念很少出现在诗学中是不确切的,而且他似乎也没留心感性形式能够居于美学思想史显著地位的哲学背景。如本雅明指出的,艺术理念概念是浪漫派艺术理论的顶峰。对早期浪漫主义者如施雷格尔来说,具体作品作为一种表现形式,表露的是对艺术理念的绝对依赖,是在艺术理念中的永恒的、不可毁灭的扬弃。[2]德国古典哲学是浪漫哲学的核心课题即有限的感性形象如何表达无限的理性概念的理论化。从古代形式概念向近代形式概念的转变,即从客观、普遍、抽象的理性形式(整体性、和谐形式)向主观、个别、具体的感性形式的转变,感性形式变成哲学美学范畴,是在启蒙运动的现代性思想诉求中诞生的美学学科的必然结果。由于鲍姆加登,尽管比逻辑学的地位低,研究感性认识的美学还是初步获得了独立性;谢林则把美界定为个别事物显出了本源的和谐与完满,黑格尔又进一步把用感性形象表现绝对真理的艺术放置到与宗教、哲学比肩的精神哲学范域内,于是美就实现了形式与内容、主观与客观的统一了。我们可以称之为感性形式的理性内容派。到了十九世纪,艺术(诗)被狄尔泰用作为生命的体验和理解的表达式。

---

[1] 符·塔塔科维奇《西方美学概念史》,褚朔维译,学苑出版社1991年版,第308—314页。
[2] 本雅明《德国浪漫派的艺术批评概念》,见《经验与贫乏》,王炳钧等译,百花文艺出版社1999年版,第87—106页。

和谐与自由

二、康德：形式的合目的性

康德批判哲学的核心问题可以表述为"先天综合判断如何可能"？实质上就是如何才能把理性派的先天观念和经验派的感性经验结合起来的问题。康德先是人为地把现象与本体、感性与理性、直觉与知性、必然与自由、理论与实践、特殊与普遍、自然与道德等分割、对立起来，然后又企图用判断力作为调和、沟通现象界（自然因果）和本体界（意志自由）的中介，因为"判断力一般是把特殊包涵在普遍之下的机在普遍之下来思维的机能"①，也就是说，既与感性直觉现象（特殊）相关，又能通向知性的规律、范畴（普遍），因此，美和艺术可以在从自由到必然、现象到本体（物自体），自然到人（伦理）的过渡中起到桥梁作用。那么，审美判断的先验原理（审美的先天综合判断）是什么呢？康德的研究结论为：无概念的合目的性，即客体（对象）形式的主观合目的性，审美判断不基于对象的现存的任何概念，也不供应任何一个概念。"无概念的合目的性"又叫做"无目的合目的性"、"形式的合目的性"，它是鉴赏判断的规定根据，全部康德美学的纽结。这里的无目的指不涉及任何明确的主客观目的，只和一种合目的的纯形式相关，"只能是一对象的表象中无任何目的（既无客观目的又无主观目的）的主观合目的性"②，既然无目的，为何又有合目的性呢？康德解释道，纯形式当然没有主客观目的，但却有形式上的合目的性。就是说，无利害、无概念的纯粹形式与主体的心意状态相适应、契合，主体的想象力和知性等心理机能被激发起来了，它们自由地互相协调，并由此产生出愉快感。这种目的性是内在的、自我相关的。显然这个命题关乎主体情感和纯形式之间的关系。不过康德特别声明，在无概念的自由活动和主体愉快之间，总是判断在先，愉快在后。为

---

① 康德《判断力批判》（上卷），宗白华译，商务印书馆1987年版，第16页。
② 同上，第59页。

什么这样说呢？道理很简单，经验性的质料刺激只有个别的有效性，判断的对象是不夹杂任何感官成分、不受质料限制的纯形式，只有判断在先，纯形式引起的愉快才既保证了可传达的普遍性，又有了情感愉悦。经过如此这般的论证，康德得出了结论，鉴赏判断的普遍性只能是形式的，美在纯形式。

康德对审美性质做出这样的规定，基于他的"审美无利害"的假设，全部康德美学就建筑在这个假设上。"规定鉴赏的快感是没有任何利害关系的"[①]就是说，审美只对对象的单纯表象感兴趣，而漠视对象的实际存在（内容、质料）。一旦审美快感中夹杂了任何利害感，就有了偏爱，就不纯粹了。如上所说，美不涉及概念。但照康德的说法，美不凭借概念却又具有普遍性、必然性。这听起来很奇怪，因为通常的讲法是只有概念性的逻辑的东西才有普遍性和必然性。康德自有他的一套讲法。在他看来，审美的普遍性是主观的普遍性，审美愉快的必然性不是逻辑的客观必然性，只能称之为范例的必然性。也就是说，鉴赏判断的普遍性和必然性的根基是共同的，根据就是主体方面的普遍赞同，心意状态的普遍可传达性，人人具有的内在的"共通感"。共通感仅仅是一种假设，当然不能令人信服，但康德思路的特点就是如此。他看到了主观与客观、内容与形式、感性与理性之间存在着矛盾对立，也想解决这种矛盾，但正如黑格尔正确而深刻地批评过的，康德总是把统一归结到理性的主观观念的形式，普遍、必然的形式封闭在自我的思维主体内"还是，把这种解决与和解看成只是主观的，而不是自在自为真实的"[②]，三大批判的先验原理都是主观的，仅停留在主体诸心意功能的统一上，没有达到客观的、现实的统一，因而这种解决就是抽象的、片面的。

康德说美在纯形式，它指素描、音响、颜色等质料的组合，如颜色组成了花纹，音响联结成旋律。这类的美，康德称之为自由美。自由美不以对象的概念

---

① 康德《判断力批判》（上卷），宗白华译，第40页。
② 黑格尔《美学》（第1卷），朱光潜译，商务印书馆1979年版，第71页。

为前提，也没有目的，是只为自身而存在的美，是纯粹的，先验美学要研究的就是这些自存自在，纯粹自由的对象，它只在形式，与内容和质料无关。但是，纯粹美是少之又少的，康德只找到了簇叶饰、阿拉伯花纹、花、鸟、贝类、无标题音乐之类。大量的美是依存美，如人体美、建筑物。依存美以概念为基础，以有目的的完满性为前提，是不纯粹的附属性的有条件的美。虽然并非先验美学研究的主要对象，但康德还是承认依存美的。

三、席勒：形式冲动

席勒美学的工作其实是康德调和英国经验派与大陆理性派美学的继续。在他的著作中，我们可以辨识出，采用了康德的赋予事物以形式的能动的"自我"概念（绝对主体），因为只有通过理性的本性，自我才能赋予杂多以形式，保持它的永久性。但是，他把康德的自我的存在规则转换成了一种心理学冲动。席勒的"形象"概念和用"形式"（把杂多整理成普遍有序关联的整体）解释美的理性主义者的见解相似，但他不满意"完善"论者忽视、贬低感性；席勒肯定博克派美学把美定位在人的"感性生活"的范围内，但是又批评他们把美限制在主体的纯感性生活中，因为这样的美学理论不可能导致普遍性或必然性。不过，从最直接的主题和分析方法看，席勒的思想是典型的康德式的，对此他毫不讳言，宣称他的理论命题"绝大部分是基于康德的各项原则"。[1]当然，席勒又加以创造性的发挥、丰富、完善，从而把德国古典美学推向了一个新阶段，"康德理论使席勒能够把形式美学和生活美学统一成'活的形象美学'"。[2]具体地说，一方面，他赞赏并接受了康德以人为目的，把美学当作从自然的必然王国向理性的自由王

---

[1] 席勒《美育书简》，徐恒醇译，中国文联出版公司1984年版，第35页。
[2] 维塞尔《活的形象美学——席勒美学与近代哲学》。毛萍、熊志翔译，学林出版社2000年版，第146页。

国(理想王国)过渡之中间环节的伟大构想,用他的话说,审美的人等于人性完整的人,"美只能表现为人性的一种必然条件"①。另一方面,他又运用康德的抽象分析方法,先验地设定普遍人性中两种冲动的机械对立,然后再寻找统一,力图为审美理论奠定一个牢固的先验的人性基础。

什么是美呢？席勒认为,人性中有两股强大的对立力量：一股是源于人的肉体存在的感性冲动,构成感性冲动对象的感性杂多,席勒称之为"生命"(又译"生活"),另一股是源于人的理性本性形式冲动。感性冲动要使抽象空洞的理性形式获取感性内容,由潜能变成实在；形式冲动把形式赋予一切外在的东西,使实在事物服从必然性法则。感性冲动追求自由、创造,形式冲动提供规律法则。惟有在一种新的冲动——"游戏冲动"中,这两个相互作用的概念才统一起来。

游戏冲动的对象叫做"活的形象",它是感性冲动和形式冲动的集合体,这个概念表示现象的一切审美特性,也就是最广义的美。游戏冲动同时消除了前两种冲动的强制性,消除了人在感性物质和理性精神两方面的抽象片面性,因此人才能获得自由。"只有当人在充分意义上是人的时候,他才游戏；只有当人游戏的时候,他才是完整的人。"②游戏冲动的对象是外观(席勒称之为"审美外观"),人的想象力创造的一种独立自由的形象,"在审美的国度中,人就只须以形象显现给别人,只作为自由游戏的对象而与人相处。通过自由去给予自由,这就是审美王国的基本法律"③。不同于感性存在王国和理性存在王国,审美和艺术创造的王国是"游戏和外观的愉快的王国"。席勒的论证表明,他想用"游戏"这一概念说明人的审美活动和艺术创造活动的特征：自由、超功利、主体性、纯形式。这一概念既指出了审美对象的客观的外在属性,又指出了它与主体相

---

① 席勒《美育书简》,徐恒醇译,第70页。
② 同上,第90页。
③ 同上,第145页。

关联的特点。在他看来,这种活动的最根本的目的是使人性完整。"游戏冲动使感性与理性、内容与形式、客体与主体相互统一起来,使人自由地显现为客体。因此,游戏冲动就使人达到自由,恢复人性的完整,而游戏冲动的对象就是美,所以,也就是美使人恢复人性的完整。"①

四、黑格尔:感性形式显现理性内容

黑格尔是古典美学形式论的集大成者,思辨辩证法容纳了古今一切形式观念。绝对理念其实就是柏拉图的"理式",自在自为的绝对精神(绝对观念、绝对理念)经过自身的辩证运动实现了事物与其概念、感性和理性、主观与客观、内容与形式的统一。不过我们要注意,柏拉图绝对轻视感性事物,"理式"在他那里是空洞的,它和感性事物之间的关系是绝对形式和相对形式的关系。到了黑格尔,就变成了内容(理性内容)和形式(感性形象)的关系。就美学而言,美的理念是具体的,是形象化的普遍性与现实事物的特殊定性的统一,理性内容要通过感性形象(感性形式)来显现。和谐、比例、对称之类的古代形式美概念在黑格尔的美学中变成了美的构成原则,而亚里士多德的实体形式观念则被黑格尔纳入到对艺术创造过程的解释中。

不过,在黑格尔的美学体系的诸种形式观念中,起核心作用的却是外在的感性形象,它不但能显现美,更构成了艺术美存在的理由。感性形象的兴起当然是承认研究感性认识的美学的独立地位和价值的自然产物,虽然美学仍然不得不屈从于逻辑学这位"老大姐"的权威。黑格尔亦复如此。艺术和哲学都要表现绝对理念,但两者的等级和差别一目了然。哲学认识绝对用自由思考的形式,用概念方式抽象地把握绝对,能产生普遍性的知识,所以最完

---

① 曹俊峰等《德国古典美学》,上海文艺出版社1999年版,第397页。

满,是绝对理念发展的最高阶段。艺术表现绝对理念用的是确定的外在的感性形象,艺术美的普遍内容"不应该只以它的普遍性出现,这普遍性须经过明晰的个性化,化成个别的感性的东西"[1]。美的理念只能在个别的具体的事物中才能得到,"艺术的内容就是理念,艺术的形式就是诉诸感官的形象。艺术要把这两方面调和成为一个自由的统一的整体"[2]。感性形式的地位介于直接的感性事物和观念性的思想之间,是普遍性(理性内容)和特殊形式(外在感性事物)的直接、和谐的统一。

尽管黑格尔一再表明真正的艺术品是内容与形式的彻底统一,但是,在内容和形式的有机统一的辩证法中,内容(理念、意蕴、题材)是内在的第一位的东西,起决定性的作用;形式(外在因素、感性形状)只是内容的表现方式,直接显现的形象,只具有相对独立性和能动作用。这种决定作用,黑格尔用了一个形象的比喻,感性形象好比眼睛,理念则是从眼睛中透出的心灵,眼睛的作用就在于把心灵、灵魂显现出来。因此我们可以说,黑格尔美学是内容美学的极至,而且较之狄尔泰学派重生命意蕴的感性表达,它又是理性美学的极致。谢林、黑格尔及其追随者和赫尔巴特—齐美尔曼学派、叔本华(后康德派)之间关于内容美学和形式美学之间的斗争在德国进行了一个世纪之久,从势不两立到折衷调和、喧嚣争议,构成了十九世纪美学的一个壮观图景。

黑格尔的美的定义(美是理念的感性显现)作为德国唯心主义的最高成就,不但使美的概念和艺术的概念相合并,企图实现美学、艺术批评和艺术史的统一;而且第一次把艺术的发展与对理念的表现联系起来,为艺术史的观念注入了历史的因素。在黑格尔看来,艺术美包含着内容与形式、精神与物质、意义与形象的基本矛盾,他由此建立了三种历史类型(象征、古典、浪漫)和艺术分类序列(象征型的建筑、古典型的雕刻、浪漫型的绘画、音乐、诗)的学说。这种观念

---

[1] 黑格尔《美学》(第1卷),朱光潜译,第63页。
[2] 同上,第87页。

在当时是新鲜的,体现了黑格尔尝试为艺术史的发展寻找最初动力(抽象理念的运动)的理论诉求,其中固然不乏为逻辑而牺牲历史的弊病,但是,时代精神氛围决定艺术状况的合理论断,对后来的里格尔、沃林格等艺术史学大师都产生过重大的积极影响。对此,著名艺术史家文杜里有一客观公允的评价:"直到今天,唯心主义类型的艺术史中,最严密、最渊博、最精彩的作品还是属于黑格尔的。"①

五、形式:艺术本体与抵御力量

在我们看来,形式美学过于强调形式自律性,因而无法正确地回答审美和艺术活动与社会现实、道德功利的关系问题;又因为形式美学片面地夸大心灵的某方面功能而忽略了心灵作用的历史,从而难以解决审美和艺术的历史过程问题。这两方面最典型的要数唯美主义和克罗齐的直觉主义。但是,感性学作为不同于其他学科的生存权利和价值初步得到理论上的说明是康德的大功劳。艺术和审美活动的独立自主性(无利害)、纯粹性、主体性(形式性)、情感性,这些形式主义命题,经过十九世纪美学的消化、酝酿、激荡,到了二十世纪蔚为大观,成为思想家们探讨、界定艺术和审美活动的本质和决定因素的基本立场。

黑格尔运用理性辩证法把感性与理性、内容与形式、个别与一般等等矛盾对立的双方统一到他的绝对精神的自我完成的体系中,从而给德国古典哲学美学的主题思想画上了句号。但是,后德国古典美学的发展实情表明,这些老问题在新的历史阶段又在新的解决方法下呈现出来。形而上学唯心主义已成强弩之末,自然科学技术的突飞猛进导致实证主义和心理主义方法研究美学和艺术的盛行。整个十九世纪,内容美学和形式美学的斗争持久而激烈。一方面,沃林格把艺术的绝对目的视为因人类应世观物的"世界感"而产生的"需要"的

---

① 文杜里《西方艺术批评史》,迟轲译,海南人民出版社1987年版,第196页。

结果,康定斯基认为艺术是内容(内在需要)的外在表现,艺术作为绝对精神的客观显现的德国唯心主义者的表述痕迹清晰可见;另一方面,赫尔巴特学派撰写了大量的著作反对谢林、黑格尔及其追随者;叔本华的"理念"尽管和柏拉图的"永恒理式"很类似,但是艺术在他那里已经直接成了形而上学,音乐能表现意志自身了;狄尔泰学派则把艺术的表现形式用作为对人类历史的生命精神的理解、解释和表达。

这两派错综喧闹的争斗到了二十世纪渐见分晓。可以毫不夸张地说,现代西方美学就是一种形式美学。这表现在两个方面:一、肇始于现代形式美学的鼻祖索绪尔结构语言学,有一条非常清楚的俄国形式主义—布拉格学派—巴黎结构主义的思想谱系,战后风靡欧美学界的新批评推波助澜,这是现代形式论主流话语,尽管他们对形式涵义的界说、使用分歧很大,但几乎都一致认为,艺术之为艺术,审美之所以有价值就在于其形式。二、更为重要的是,这派的理论证明和辩护工作最初是由康德完成的。康德是形式理论获得主流地位的起点。他从主观方面将形式绝对化,把审美和艺术活动看成与功利、普遍概念无关的纯形式的东西,从赫尔巴特学派偏重客观形式的"误读",唯美主义的"为艺术而艺术",克罗齐的"艺术即直觉即表现",贝尔的"有意味的表式",直到后现代主义大师利奥塔批评康德感性学的不彻底,注入海德格尔的存在论,无不可以看到康德思想躯体的巨大历史投影。

在《1844年经济学—哲学手稿》里,马克思分析、批判了近代资本主义劳动造成的异化现象,把积极扬弃私有财产的共产主义作为克服人性分裂和异化,全面实现人的自由解放的根本途径。马克思的思想课题就是康德特别是席勒苦心思虑而未获正确解答的继续。

当席勒说"美既是我们的状态又是我们的行为"[①]时,表明他已经超越了康

---

① 席勒《美育书简》,徐恒醇译,第131页。

和谐与自由

德局限于对主体心意状态进行抽象、机械、静止的思考，跨入了实践的领域。席勒希望通过审美教育获得人的精神的自由解放，具有浓重的乌托邦性质和政治学品格，对此席勒是有意识而又无可奈何的。在名诗《向往》里，席勒以凉气逼人的深山谷底与甘美宁静的和谐天国象征阴沉的现实世界和永恒的理想世界的对立，表达了对自由、平等，人的身心全面发展之世界的渴望，但是，执着、顽强的奋进精神，永恒超越之春意的渲染仍旧掩盖不了对逃逸之途的乌托邦式解决——"只有奇迹能将你送往那美丽的神山仙岛"。黑格尔在《美学》中对希腊艺术的极度推崇也蕴含着对古希腊和谐世界逝去的哀叹和对近代大工业社会的不满。不过这一浪漫主义哲学的思想史课题，不但启发了马克思，也是20世纪的法兰克福学派思想家如马尔库塞、阿多诺等人的理论核心和归宿。把审美和艺术活动当作理想的工具、中介、手段和桥梁，以形式的抵御力量建立自由王国，恢复人性的和谐统一，用艺术统一感性与理性、主体和客体的分裂，从审美上的自由转入到政治上的自由，诸如此类的席勒的思想主旋律和信念，都被他们接受、整合，并运用到对当代资本主义社会的现实问题的批判性思考中。在这当中，形式的赋形超越的强大力量，成为批判思想家们的最有力的武器，甚至席勒形式概念的含糊、界说不够清晰的特征都能在法兰克福学派思想家那里见到。

原载《重庆社会科学》2007年第3期

编　后　记

接到中文系领导委托我主持编辑《和谐与自由——德国古典美学卷》的任务,我既感到喜悦兴奋,又感到责任重大。因为这是为纪念我们系中文学科创建100周年编辑的大型学术文丛中的一种,它从一个侧面反映了我们文艺学学科建设和发展的历程。

复旦中文系文艺学学科是由我国著名美学家、文艺理论家蒋孔阳教授亲自创建起来的,并为学科的成长呕心沥血,付出了艰辛的劳动。他在美学、文艺理论、西方美学与文论、中国古典美学、中西方美学比较等多个方向上都作出了重大的、有独创性的理论贡献,在中国美学界、文艺理论界独树一帜,产生了巨大的学术影响。其中,德国古典美学研究,蒋先生是全国学界的开创者。早在上世纪60年代,他在政治上遭受"极左"路线批判、压制的极其困难的情况下,一边教学,一边写作,"文革"前夕就完成了《德国古典美学》一书的初稿,出版社也出了清样,但是"文革"一开始,就被扔到废纸堆里了。"文革"结束后,蒋先生对《德国古典美学》作了精心修改,1980年由商务印书馆正式出版面世了。这部著作出版后在学界产生了重大、深远的影响。经受了将近40年学界和广大读者的考验,它毫无疑义地成为了德国古典美学研究领域的经典之作,同时也成为西方美学断代史研究的成功范例。

对于我们复旦文艺学学科而言,《德国古典美学》也有着特殊的意义:它引领我们学科发展出一个有代表性的、走在全国前列的研究方向。蒋先生培养出了一批批研究生、博士生,他们直接受到蒋先生的影响,多数人都对德国古典美学进行过研究和探索。他们中有几位教授的研究成果,如对康德、席勒、黑格尔等大师的研究,在全国学界产生了较大影响,有一定的权威性。由此,德国古典美学研究实际上成为我们文艺学学科一个有鲜明特色和突出优势的研究方向;在高峰建设和创"双一流"进程中,也成为整个学科创新和继续发展的坚实基础。在编辑本卷时,我们对蒋先生和他的学生们(以现在复旦中文系任教的老师为主,也包括几位在其他单位工作的教授)写的有关德国古典美学的论著作了精选,以检阅我们学科在这一领域所取得的成就;同时,也显示出我们努力传承蒋先生的遗志,弘扬他所开创的优秀学术传统。我们希望,通过本卷的编辑,我们学科能够有意识地培育新生力量,老中青合力,不断将德国古典美学的研究向前推进,力争不但在国内学界继续处于领先地位,而且走出国门,在国际学术界发出自己的声音,扩大学术影响。

由于时间和篇幅有限,我们的编选一定有不尽妥当之处,还望读者谅解。

编选者

2017 年 7 月大暑